U0232413

遥感大数据与云计算支持下的
自然资源监测与应用

肖 武 著

本书得到国家自然科学基金（42071250）、浙江大学数字社会科学会聚研究计划、浙江大学公共管理学院科研创新团队"自然资源大数据与国土空间治理"资助

科 学 出 版 社

北 京

内 容 简 介

本书围绕着自然资源的遥感大数据监测方法展开，着重阐述了遥感大数据以及云计算在自然资源监测中的重要作用，通过运用海量遥感影像以及云计算的高速运算能力，结合机器学习与变化检测等算法，实现高时间分辨率和高空间分辨率的自然资源监测。本书针对不同自然资源要素开发出高效且实用的监测方法，通过案例介绍了各类方法在自然资源监测中的应用场景。

本书可供包括从事自然资源监测与管理、生态环境遥感监测、国土空间规划、国土整治与生态修复的科研和工作人员，以及国内外高校从事土地资源管理、遥感、资源、生态等相关专业的广大师生阅读参考。

图书在版编目（CIP）数据

遥感大数据与云计算支持下的自然资源监测与应用 / 肖武著. —北京：科学出版社，2024.6

ISBN 978-7-03-076653-3

Ⅰ. ①遥⋯ Ⅱ. ①肖⋯ Ⅲ. ①自然资源—环境监测—研究—中国 Ⅳ. ①X83

中国国家版本馆 CIP 数据核字（2023）第 197218 号

责任编辑：王丹妮 / 责任校对：姜丽策
责任印制：张　伟 / 封面设计：有道设计

科　学　出　版　社 出版
北京东黄城根北街 16 号
邮政编码：100717
http://www.sciencep.com

北京盛通数码印刷有限公司印刷
科学出版社发行　各地新华书店经销

*

2024 年 6 月第　一　版　　开本：720 × 1000　1/16
2024 年 6 月第一次印刷　　印张：19 1/2
字数：395 000

定价：236.00 元
（如有印装质量问题，我社负责调换）

序

　　自然资源是经济发展的基础，为人类文明、社会、经济可持续发展提供了根本支撑。近些年来，经济快速发展对地球生态环境的负面影响依然存在，局部地区不可再生资源枯竭的现象时有发生，迫切需要构建先进、科学的自然资源治理体系，实现自然资源治理能力的现代化，其中发挥遥感观测的独特技术优势，开展自然资源监测，成为一项重要任务。

　　20 世纪以来，全球众多国家陆续开启了地球观测计划，遥感已成为自然资源高效监测的重要手段。但传统遥感技术应用面临着数据处理能力有限、存储成本高、共享和协作困难以及缺乏扩展性和灵活性等问题，需要利用云计算技术提供的强大计算能力和存储空间，对海量遥感数据进行处理和分析，为大尺度自然资源动态监测提供全新的解决途径。《遥感大数据与云计算支持下的自然资源监测与应用》一书介绍了肖武参与的课题组在这方面的研究探索，包括研发了基于多源堆栈时序数据融合的监测方法、变化检测与机器学习结合的时序分析技术、"裸煤"频率等典型指数，形成了"监测-评价-预测-治理"的技术体系与分析框架。该书还介绍了在城市扩张、水稻种植监测、耕地"非粮化"耕地撂荒监测，以及矿产资源开发扰动等自然资源治理的典型应用场景。

　　近年来，国家大力倡导和积极推进构建统一自然资源调查监测体系，这是一项意义深远、复杂艰巨的科技工程。该书对于开展统一自然资源调查监测体系建设与应用有着参考价值和意义，也为广大自然资源管理、国土空间规划、生态环境遥感监测等领域的科技工作者提供了内容丰富的参考资料。

陈　军

中国工程院院士

2024 年 5 月 29 日

前　　言

在全球气候变化的大背景下，人类活动对自然资源的过度开发加速了对地球的生态平衡的威胁，生态系统的保护和可持续发展成为全球亟须面对的重大挑战。罗马俱乐部的《增长的极限》报告提出人口快速增长将很快超越地球承载极限的论断，人类社会发展与自然资源利用的关联关系引发了广泛的关注与讨论。在此背景下，全球各国积极开展合作，出台了《2030 年可持续发展议程》《联合国气候变化框架公约》《巴黎协定》《2015—2030 年仙台减少灾害风险框架》《新城市议程》《生物多样性公约》等全球性政策框架，旨在共同应对环境危机，维护全球生态平衡。在这一全球性议题中，自然资源治理的重要性越发凸显，学者通过探讨自然资源利用的方式和人类社会发展模式以期保护人类的长期福祉。

地球观测卫星以其提供高分辨率影像的独特优势成为自然资源监测的重要工具。美国、欧洲、中国等国家或地区先后开启地球观测计划，通过对地观测卫星的运用实现对自然资源的高效监测，进而为制定科学合理的资源管理政策提供支持。但在面对复杂的环境背景时，数据获取和处理方法方面依然有较大的难度，存在着数据障碍和技术壁垒。在这一时代背景下，遥感大数据与云计算应运而生，为大尺度的自然资源监测提供了新的可能性。运用海量遥感影像以及云计算的高速运算能力，结合机器学习算法与变化检测算法，能够实现高时间分辨率和高空间分辨率的自然资源监测。

本书是在课题组近十年研究积累上形成的阶段性成果，旨在深入探讨遥感大数据驱动下的自然资源监测方法。研究围绕"自然资源遥感监测"开展了系统的研究，开发了基于多源堆栈时序数据融合的监测方法，构建了适用于自然资源监测的典型指数，集成创新了变化检测与机器学习结合的时序分析技术，形成了"监测-评价-预测-治理"的技术体系与分析框架。研究过程将遥感技术视为自然资源监测不可或缺的工具，实现了空间大数据在应对自然资源和生态环境问题时的高效利用，为自然资源治理和决策提供了必要的技术与数据支持。研究系统地介绍了遥感大数据和云计算在自然资源领域的应用与发展，为读者提供了深入了解和掌握这一前沿技术的综合性指南。全书共 12 章，从自然资源治理的角度出发，首先介绍了当前自然资源治理的需求与挑战，并提出了自然资源监测与治理的技术体系和分析框架；其次详细介绍了当前的遥感大数据、遥感云计算的进展和运用，以及常用的遥感影像处理工具和方法；最后针对自然资源治理主体面临的主要问题和典型场景，分别分析和阐述了遥感大数据与云计算在城市扩张、水稻种植监测、耕地"非粮化"监测与耕地撂荒监测，以及矿产资源开发对生态环境的扰动与评估等方面的应用。研究尝试为遥感大数据与云计算在自然资源领域的发展提供重要的理论指导、技术支撑和实践应用。

全书由肖武统筹撰写并负责定稿，全书凝结了课题组成员在过去十年围绕自然资源监测方面的努力，相关成员包括：何厅厅、姜素琴、郭既望、许健鹏、陈文琦、陈航、阮琳琳、邓欣雨、王可超、邱雨宣等。在本书撰写过程中，参阅了国内外学者提供的大量文献资料，在此表示诚挚的谢意。在这个信息爆炸的时代，我们深知信息的获取和处理已经成为科学研究和实际应用的关键环节，遥感大数据和云计算技术目前仍在快速发展中，作者所获取和掌握的信息不全，敬请各位专家学者不吝赐教，以便不断完善和提升在这一领域的认识。

目　　录

第1章 绪 论

近百年来全球气候变化突出的特征是温度的显著上升。与此同时，人类活动，如城市发展、农业种植和工业生产活动，也被认为是对全球生态环境产生深远影响的重要因素。气候变化与人类活动交织的背景下，当前世界发展面临着前所未有的全新挑战。包括阳光、大气、水、土地、所有矿物质以及所有植被和动物等在内的自然资源是地球的重要组成部分。伴随人类社会的发展，人类对自然资源的过度开发导致的自然资源枯竭，已经成为各国政府和国际组织最为关注的问题，换种说法，这被认为关乎全球的可持续发展。由于自然资源的有限性，为了保障当代以及后代的自然资源供给，必须审慎看待当前的自然资源利用问题。自然资源治理涉及生态环境、人类健康、社会文明等方方面面，众多国家和组织已经达成共识，逐渐开始采取相应行动，进一步保护自然资源从而推动社会生态的可持续发展。当前，伴随着自然资源利用强度的加剧与治理需求的增长，高时空分辨率的自然资源变化监测仍然面临着重大的挑战，遥感技术和大数据的发展为自然资源监测提供了有力的支撑，通过遥感影像和云计算平台能够评估不同自然资源的动态变化，为未来自然资源治理筑牢技术基础。

1.1 全球社会生态系统的危机

地球发展到现在已经走过了 46 亿年的历程，经历了漫长而复杂的自然环境的变化和演化过程。人类的出现和发展只是其中的一个相对较短的历史阶段，在人类出现于地球后数万年的发展过程中，绝大部分时间是被动地适应居住环境和相应的气候条件。在此期间，人类的生存与繁衍依赖于自然环境的资源和条件，并未对环境和气候产生显著的影响。然而，随着人类社会的不断发展和进步，人类对自然环境的影响也越来越大，特别是近 200 年来，随着人类科技的迅猛发展和人口的不断增长，人类活动已经对地球生态环境和气候造成了越来越大的影响。近年来，全球范围内出现了一系列全球性的环境问题，包括气候变化、海洋污染、物种灭绝、土地荒漠化等，这些问题给人类和地球的未来都带来了严峻的挑战，已经严重威胁到了全球的社会生态系统的稳定和可持续发展。

地质学家根据地球状态的变化来划分地球的不同发展阶段，将地质事件划分为一系列的精细单元，从而对地球的发展有了深刻的认识。最近的全球环境变化表明，地球可能已经进入了一个新的人类主导的地质时代，即人类世（Lewis and Maslin，2015）。进入人类世以来，人口增长和土地致密化不仅扩大了当前生态系统和社会经济系统的供需规模，而且一定程度上改变了两个系统原有的性质，并削弱了系统之间的直接反馈。人口增长、技术发展和社会经济实力提升的相互作用过程通过复杂的反馈导致生态系统的过度开发，这对资源的可持续利用产生重要影响，使当前全球的社会生态系统面临着前所未有的全新挑战（Cumming et al.，2014）。为了应对全球社会生态系统面临的挑战，需要通过全球合作和协调，加强国际社会在环境和气候变化领域的合作，共同应对全球环境问题，推动全球社会生态系统的可持续发展。

1.1.1　城市化与人居环境威胁

随着信息网络高速发展，全球资本和劳动力流动性增加，以及城市化的浪潮兴起，全球发生了重大变化。由于全球 GDP 的 80%来自城市，如果得到合理的治理，城市化可以通过提高生产力和创新来促进可持续增长。发达国家已步入后城市化阶段，而大多数发展中国家仍处于城市化起步阶段或快速发展阶段。世界银行研究表明，到 2023 年世界约 56%的人口（44 亿居民）居住在城市，预计城市化趋势将继续增长，到 2050 年，将有近七成的人口生活在城市。城市化的速度和规模给城市发展带来了挑战，如城市发展需要满足居民对住房、交通等基础设施建设的需求导致城市快速扩张。从 2001 年到 2018 年，全球建设用地面积从 7.47×10^5 km² 增加到 8.0×10^5 km²，相当于每天增加 1130 个标准足球场的面积（Sun et al.，2020）。城市土地消费的扩张比人口增长快 50%，预计到 2030 年，世界新增城市建成区面积为 120 万 km²。这种扩张对土地和其他自然资源造成的压力，导致城市向外延伸的不良后果，因此占据了原有的农村土地或自然景观。城市扩张趋势虽然在当前发达国家并不显著，但是在亚洲、非洲的众多发展中国家中尤其显著（Henderson，2002）。与此同时，在城市化过程中全球南北方国家的基础设施建设出现了严重不平等的现象。一些发达国家的人均城市基础设施比发展中国家高出 30 多倍，约占全球人口 16%的发达国家与约占全球人口 74%的发展中国家拥有的城市基础设施数量几乎相等，发达国家的人口量与其对基础设施建成量的贡献不成比例（Zhou et al.，2022）。

城市化最初表现为一定程度的要素聚集，以减少区域间和区域内的基础设施支出，这就潜在造成了环境和社会问题，如交通拥堵、空气污染、住房不足。一旦一座城市建成，人口持续增加，城市物理形态和土地利用模式可能会不断调整变化，出现扩张。然而，过去几十年，全球城市土地增长率远高于人口增长率，这反映了当前城市化潜在造成的城市蔓延现象。城市扩张中往往伴随城市无序蔓延的现象，也就是城市化地区的增长速度超过了区域内居民增长的速度，呈现出低密度的、蛙跳式的、带状式的和不连续的城市形态（方创琳和祁魏锋，2007）。城市蔓延的发生主要源于市场经济下自发的市场力，大城市周边城镇都希望向外扩张以吸引开发项目，主要导致了土地资源的浪费、基础设施成本的增加、城市土地的低效率使用和城市中心区的衰败等问题（张庭伟，1999）。与城市蔓延相对应的概念是城市收缩，最早出现在美国、英国和德国的部分工业城市，工业化浪潮退去后出现了城市人口流失以及空心化等现象，导致城市失去原有的活力。2004 年，收缩城市国际研究网络（Shrinking City International Research Network）将城市收缩定义为"人口规模在 1 万以上的城市区域，面临人口流失超过两年并经历结构性经济危机的现象"。城市收缩的原因主要在于两方面，一是从制造业向服务业的经济转型，以及由此造成的劳动力结构性失业和产业资本外流；二是郊区化（suburbanization）、老龄化以及低生育率等其他因素（龙瀛等，2015）。城市收缩可能会导致城市空洞化和经济萎缩，这可能会对城市和周边地区的就业和经济造成负面影响。此外，城市收缩可能会导致住房和基础设施过剩，这可能会增加城市的运营成本和资源浪费，也给城市发展增加了挑战。

城市化的一个显著特征就是形成了城市小气候。由于人为原因，城市地表的局部温度、湿度、气流发生变化，比较显著的就是城市热岛效应。城市热岛效应指的是城市内气温在同一时间高于周围郊区气温的现象。这是因为城市内的建筑区域相比于城郊的植被环境具有更强的吸热效应，导致高温区域被低温的郊区环绕。众多研究已经表明，城市核心的地表变暖趋势比邻近的农村地区更快，总体而言增长趋势高出约 29%。特别是在中国和印度等地的城市群，城市核心区的温度增长主要是由于城市的扩张（Liu et al.，2022）。由于城市土地温度高于周围农村土地温度，城市居民比农村居民更容易暴露在高温环境中。此外，城市中也更常见各种极端高温事件，极大地影响了城市居民的正常生活。极端高温现象的增加和加剧对居民健康和社会经济造成了严重影响，与高温相关的健康后果因不同地区的景观特征和极端高温类型而异（Giam et al.，2018）。由于人口暴露和城市热岛效应的增加，城市地区的死亡率往往更高。城市热岛效应会随着城市规模的增大而加强。尽管目前许多发达国家已广泛采取增加绿色植被覆盖的措施，如扩大行道树的种植以降低城市温度，通过改变城市地表的反射率影响城市地区的热量储存和净辐射状态。

城市化所带来的问题不仅限于热岛效应，近年来城市内涝事件也屡见不鲜。随着不透水表面逐渐覆盖原本具有透水性的自然环境，如沥青和混凝土的使用导致城市的地表径流比率增加。换句话说，在相同的降水量下，雨水能够渗透进土壤的量显著减少，从而导致地表径流比率的增加。有研究表明，全球约有 18.1 亿人（即约四分之一的人口）生活在高风险洪涝区。自 1985 年以来，在严重洪水事件中，全球涉及淹没深度超过 0.5 m 的城市化土地面积增加了约 76 400 km²，相当于伦敦面积的约 50 倍。在发展中国家，人口稠密、快速城市化的河流平原和海岸线地区特别容易受到洪水的威胁，全球约 89%的洪水暴露人口居住在这些地区。例如，2017 年 8 月，飓风"哈维"袭击了人口稠密的休斯敦地区，短短 5 天带来超过 1 m 的降水量，对该地区的社会状况造成了巨大破坏。研究者对这次事件进行了分析，量化了城市化与风暴灾害之间的关系，发现城市化不仅显著增强了该地区的洪水响应能力，还增加了风暴总降水量（Zhang et al.，2018）。尽管已经采取了大量的防洪措施，但随着城市化的发展、人口增加和城市范围扩大，洪水仍然对该地区的基础设施、居民住所和财产造成破坏，严重影响了当地的经济活动，并导致生态系统退化。

1.1.2　工业化与矿业资源开采

工业革命的开始被普遍视为人类世时代的开端。在 18 世纪，詹姆斯·瓦特改进蒸汽机，工业化浪潮在全球范围展开。随着工业革命的发展，化石燃料的广泛使用引起了社会结构和人类生活方式的巨大变化。化石燃料包括煤炭、石油、天然气等埋藏在地下和海底的不可再生能源。化石燃料的使用也带来了环境问题，造成了空气污染物的扩散，这些污染物通常是有毒化学物质。同时，人类不断燃烧化石燃料，排放出二氧化碳，这是加速全球变暖的一个因素。自 1750 年以来，人类活动已经将 655 Pg① 的碳排放到大气中，使大气中的二氧化碳浓度达到至少 80 万年来未曾见过的水平。大气中碳含量的增加导致海洋酸化加剧，并延缓了地球的下一次冰期时间。

化石燃料的开采对于支持全球发达国家和新兴国家的当代社会至关重要，然而这一过程也带来了明显的土地覆被破坏。进入 21 世纪以来，全球对矿产资源的需求增长，导致全球各地的采矿活动显著增多。截至 2019 年，矿业开发占据了世界上 101 583 km² 的范围，且分布极为广泛，引发了土地利用覆被的广泛变化，破坏了包括森林、草地等地表植被（Werner et al.，2019）。矿山的特征包括露天矿坑、废石堆、尾矿坝、储水池和配套基础设施等，通过地表的直接影响破坏了区域的地表覆被。矿业开采扰动驱动了基础设施的建设，如道路和工厂的建设，导致森林受到了更加广泛的生态破坏（Sonter et al.，2017）。

除了地表覆被的变化，矿业开采还导致了大量环境问题的出现，对人类和自然产生大量威胁（Omer，2008）。矿山开采造成的土地、森林和植被大面积破坏，引发了自然栖息地消失，造成了动植物大量死亡。这种破坏还增加了生物多样性

---

① 1 Pg = 1×10⁹ t。

受威胁的程度，导致景观破碎化，进而对生态系统服务产生潜在影响，对全球生态格局造成冲击（Giam et al.，2018；Boldy et al.，2021）。原有的景观格局发生变化，进而造成了水土流失、开采残留的土壤重金属污染、水资源污染以及地下水位降低等不可逆的生态破坏。采矿作业期间产生的大量工业废弃物对周围环境产生很大的影响，矿山生产中产生的含有多种重金属、酸和有机质等有害物质的废水会部分渗入地下水中，使地下水水质恶化，甚至排入附近及下游河湖等水体，使水体和土壤的污染进一步扩大，从而影响人类住区、农业生产等。以煤矿为例，当前主流的煤炭开采作业方式有露天开采和井工开采两种，均对土地资源造成不可逆转的损害，并且随着煤矿的开采强度的增长，造成的破坏程度也大大增强。在大规模的地下开采过程中所形成的采空区会导致地表出现裂缝甚至出现土地沉陷现象，露天开采通过剥离岩土破坏了土层原有的结构，同时产生的排土场以及堆积的煤矸石都会压占污染土地，直接对土壤造成严重的破坏从而间接造成地表植被覆被破坏。不仅如此，煤矿开采作业也与当地的社会经济系统存在复杂的共生关系。煤矿开采所导致的土地资源的破坏可能会带来耕地受损以致抛荒等情况，由此造成地区农业发展停滞，导致土地利用的变化。与此同时，土地沉陷带来的村庄房屋的安全问题，村民正常生产生活受到了影响导致人口迁移，压煤村庄的整村搬迁已成为常态。煤炭开采沉陷会带来地面水平与竖直方向的移动，并进而产生倾斜变形、水平变形、曲率变形等影响，对区域内基础设施造成危害，包括高速公路、管线、输电线路、居民点，这种影响与危害短则几个月，长则达到数十年。

随着全球对矿产资源需求不断增长，矿产开采已不断扩展至全球各国。除南极洲外，采矿遍布各大洲，其中包括一些热点地区的开采，如智利北部的铜矿开采，澳大利亚东北部和印度尼西亚东加里曼丹的煤炭开采，亚马逊热带雨林的小规模金矿开采（Maus et al.，2022）。矿业开采对区域的生态系统都造成了严重扰动。更严重的是，矿产资源需求的增长不断涉及更多影响高生态系统服务价值的生态区。对于陆地生态系统而言，当前采矿可能对 5000 万 km^2 地球陆地表面造成潜在影响，其中 8%与保护区重合，7%与生物多样性关键地区重合，16%与荒野重合。同时近一半的金属矿区开采发生在距离保护区 20 km 的地方，众所周知，保护区内具有包括水源保护、土壤保持、气候调节、生物多样性维护和景观美化等重要生态服务功能。然而，矿业开采活动破坏了这些生态服务，对区域生态系统产生了严重的负面影响。

人类逐渐认识到化石燃料对环境产生的负面影响，并将可再生能源视为减少全球碳排放和应对气候变化的有效工具之一。然而，可再生能源目前只占全球能源消耗的约 17%，为逐步取代化石燃料的使用，必须大幅增加可再生能源的产量。在联合国可持续发展目标（Sustainable Development Goals，SDGs）的推动下，各国逐渐达成了从化石能源向清洁能源转变的共识。然而，随着向低碳全球经济和循环经济的转型，清洁能源的发展面临着另一个挑战，即对能源转型所需的金属资源，如铁、铜等矿产资源的大量需求。这些需求很难通过从其他行业或仅依靠回收材料来满足。当生物多样性丰富的国家缺乏有效的资源管理时，可能出现较严重的生态后果，如玻利维亚作为 2023 年全球最大锂储量国，其采矿活动对物种和生态系统构成了严重威胁（Sonter et al.，2020）。当前严峻的气候变化背景以及因俄乌冲突等国际争端引发的能源动荡局势下，一些国家甚至重新考虑采用煤炭计划，如德国等欧盟国家由于能源短缺而重新投入煤电以确保国家的能源供应。这表明矿业开发在未来相当长一段时间内仍将承担全球巨大的能源需求。因而，在当前情况下，矿业开采将继续扮演着满足全球能源需求的重要角色，采矿导致的土地利用变化问题以及能源开发与生态保护的冲突问题仍然是全球面临的重大挑战（Hodge et al.，2022）。

1.1.3　农业发展与农业面源污染

农业生产活动的开展对地球环境和自然资源产生了重大影响。农业生产活动源于狩猎采集，而后这一模式逐渐从由自然攫取转变为耕作生产，从而逐渐实现了满足人类生存所需要的粮食资源供应。为了生产供应人类生活所必需的粮食资源，地表覆被发生改变，原有的自然植被转变为农业植被，种植作物的多样性也在不断下降，区域的生物多样性和生物地球化学循环也被逐渐改变，农业发展造成了环境退化（Canfield et al.，2010）。当前，联合国粮食及农业组织（Food and Agriculture Organization of the United Nations，FAO）数据表明：全球农业用地面积约为 50 亿 ha，占全球陆地面积的 38%。其中约三分之一用作耕地，其余三分之二为草地和牧场，用于放牧牲畜。2000~2017 年，全球耕地面积增加 7500 万 ha，相当于日本国土面积的两倍，耕地的任何大规模扩张都可能对生物多样性产生重大影响，通过将自然栖息地转变为农业系统并释放温室气体，进一步破坏区域生物多样性。这一现象在热带森林尤为突出，从 20 世纪 80 年代开始，人们就广泛通过砍伐森林来新增农业用地，至今仍然存在。通过扩大耕地和提高产量，人类对食物日益增长的需求大致可以得到满足，但是如今，随着人口的迅速增长，尽管土地利用效率大幅提高，人类对陆地生物圈的压力仍在增加。

与此同时，以往支持高度生物多样性的传统耕作方法已被更集约化的系统所取代，从小规模的农民农业转变为大规模的单一栽培种植园。伴随全球人口的增加，全球人均耕地面积持续下降，从 1961 年的人均约 0.45 ha，降至 2016 年的人均约 0.21 ha。耕地资源成了主要限制因素，因而为了满足全球日益增长的粮食需求,众多工业化国家通过规模化农业实现了不到 1% 的人口从事粮食生产的巨大转变。例如,在德国,1950 年,一个农民平均养活 10 个人,但到了 2010 年,通过规模化经营,一个农民可以养活 131 人(Cumming et al.,2014)。但是随着规模化农业的发展,强烈的人为活动潜在地改变了土壤属性。不当的种植制度,包括未进行浇水和排水管理、用大量的水进行浇灌或者低洼地区只灌水不排水,容易使耕地积盐形成盐碱地,使得耕地的作物生产力显著降低(Dudley and Alexander,2017)。

更严重的是,在生产过程中化肥的不合理使用等,带来了严重的农业面源污染问题,使环境中的活性氮增加。1840 年,德国人尤斯图斯·冯·李比希首次发现植物所需的化学养分,进而通过将大气中的氨转化为农业肥料,促进作物生长和产量提升,从此化学肥料开始广泛运用于农业生产,成为支撑农业生产的重要工具。但是化肥的使用却对全球环境带来了极大伤害,根本上改变了全球氮循环。小麦、水稻和玉米,作为世界重要的粮食作物,其氮肥的施用约占目前肥料施用的 50%。与此同时,这些作物的氮利用效率通常低于 40%,这意味着大多数施用的肥料可能冲出作物根部进入土壤,或者在同化为生物质之前通过反硝化消失到大气中。氮肥由于流失而进入河流、湖泊和溪流,造成沿海水域的富营养化,这一现象在世界范围内广泛存在。农业面源污染造成的水华,长期以来一直破坏淡水生物多样性,并且加重了对海洋栖息地的影响,导致海洋缺氧面积由 20 世纪 60 年代的 45 处低氧海域增加到 2019 年的 700 处。

农药能够控制病虫害提升农业产量,被农民广泛地用来清除杂草和昆虫,是农业生产中不可缺少的组成部分(Tudi et al.,2021)。据统计,20 世纪大约三分之一的农产品的生产取决于农药的使用,如果不使用农药,水果产量将损失 78%,蔬菜产量损失 54%,谷物产量损失 32%。因此,农药在提高全球作物产量方面发挥着关键作用。但是,由于过度使用和误用,农药存在着大量残留,并在食物链中逐渐积累,这些化学残留物通过环境和食品污染影响人类健康。一旦施用,农用化学品会在土壤中长期存在,并对土壤微生物菌群产生负面影响。同时农药的化学成分也可能对其他生物和非生物产生负面影响,包括鸟类、鱼类、益虫和其他植物,以及空气、水等,从而对整个生态系统造成一定损害。

1.1.4　气候变化带来众多生态问题

近年来,全球气候发生了显著变化,这不仅对自然生态产生了显著影响,也对人类社会的可持续发展造成威胁。气候变化的后果包括严重干旱、缺水、严重火灾、海平面上升、洪水、极地冰层融化、灾难性风暴和生物多样性下降等。有证据表明,当前气候变暖的趋势下,热浪越来越多,造成的影响范围也越来越广。

高山冰川也迅速融化萎缩，海平面升高，导致全球水文系统改变。温度升高带来地表潜在蒸发量增加的同时加剧了干旱和半干旱地区的缺水问题，河流径流量明显减少。当前气候变化的原因主要是人类活动，如燃烧化石燃料，即天然气、石油和煤炭等。能源、工业、运输、建筑、农业和土地利用是主要温室气体排放源。这些温室气体将来自大气层内太阳光线的热量捕获，导致地球平均温度上升。地球温度的上升被称为全球变暖。全球变暖影响当地和区域气候。纵观地球历史，气候一直在不断变化。这一过程的自然发生是一个缓慢的过程，而当前由于受人类影响，气候变化正在以更快的速度发生。

地球上几乎所有的生命都依赖于初级生产者，光合生物是大多数食物网的基础，是负责产生地球的氧气并调节碳循环和碳封存的重要组成部分。气候变化在空间和时间尺度上对初级生产产生了不同的影响。初级生产的变化可能会在更高的营养水平上被放大，导致生态系统功能的进一步变化，并可能对整个生态系统产生重大影响。在全球范围内，由于大气中二氧化碳增加，以及人类施肥、生长季节的延长等因素的共同作用，陆地初级生产力在 20 世纪末和 21 世纪初有所增加。然而，区域趋势各不相同，气候变化的不同组成部分可能对生产产生不同的影响。增加大气中的二氧化碳可以促进植被生长，而植被营养过剩或缺乏、缺水和空气污染会限制生长。气候变暖和大气二氧化碳增加还可能影响地下生物地球化学过程，如碳和氮循环，这可能会影响陆地生产。气候驱动的森林初级生产力变化因森林类型和海拔而异。在生长季节土壤水分供应有限的森林中，初级生产力可能会减少，但在生长季节受积雪和严寒气温限制的森林中，初级生产力可能会增加。然而，即使在能源有限的森林中，干旱和极端温度也会限制初级生产力的增长（Weiskopf et al.，2020）。

气候变化还改变了许多生物物种的地理分布、季节活动、迁徙模式、生物多样性等。陆生植物物种已向北移动（Sun et al.，2016）。气候变化影响单个物种和其与其他生物及它们的栖息地相互作用的方式，从而改变了生态系统的结构和功能以及自然系统为社会提供的商品和服务。2012～2017 年美国加利福尼亚州的干旱对树木造成了直接的生理压力，并促进了树皮甲虫的爆发，导致内华达山脉森林中 1.29 亿棵树死亡，可以发现干旱、昆虫和群落组成改变的综合影响极大地改变了这个生态系统。气候变化改变了极端事件的持续时间、规模和频率，包括干旱、森林火灾和热浪。其中许多事件对生态系统产生了重大影响，并与其他气候驱动的变化相互作用，降低了生态系统的韧性。

1.2　自然资源治理的进展

自然资源治理包括对能源、水资源、土地、生物多样性等自然资源的开发和管理，旨在确保资源的可持续利用和生态环境的可持续发展。但是由于自然资源的有限性和稀缺性，以及在地域分布上呈现较大的空间差异，自然资源的高效合理利用难以实现。全球范围内，城市化、工业化和农业发展等人类活动，导致了人类对自然资源的过度索取和不合理利用，对自然资源造成了压力，自然资源短缺所引发的问题越来越突出，如土地资源浪费、环境污染、生态失衡等。在当前气候变化与人类活动交织的背景下，自然资源治理面临着前所未有的巨大挑战。

为了实现可持续发展的愿景，各国政府和国际组织共同提出了一系列远景目标，旨在通过协同努力保护地球现有的自然资源并缓解气候变化对全球的生存危机。基于这一基础，为促进社会和生态的协同发展，各国已经展开了探索自然资源治理的实践活动，并在全球各地采取了保护自然资源的相应措施，包括制定和实施法律和政策、加强国际合作、推动创新和研发等，进一步推动全球的可持续发展。

1.2.1 自然资源的利用现状

自然资源是地球环境中不可或缺的重要组成部分，它们是维持生态平衡和支撑人类社会经济发展的基石。自然资源的范畴广泛，包括生物资源和非生物资源。生物资源涵盖了来自生物圈的具有生命的资源，如动植物。此外，化石燃料如煤炭和石油也被归类为生物资源，因为它们是由腐烂的有机物质形成的。非生物资源则包括土地、淡水、空气、稀土元素和重金属等非生物和无机物质，其中还包括各种矿石，如金、铁、铜、银等。在人类社会经济的发展背景下，对自然资源的开发和利用迅速增长，但是总体而言开发利用水平仍有待提升，利用率仍可通过技术手段以及经营管理模式的改变而提高。

耕地作为粮食生产的重要基础，已有研究人员利用 Landsat 卫星图像进行估算，显示 2019 年全球农田总面积达到 12.44 亿 ha。其中，非洲增长速度最快，在 2003～2019 年增加了 5320 万 ha（增长了 34%）；其次是南美洲，2003～2019 年增加了 3710 万 ha（增长了 49%）。澳大利亚和新西兰，以及西南亚地区的农田有所减少。2003 年至 2019 年间，有 2.18 亿 ha 农田被新开垦，1.16 亿 ha 农田被废弃，净增长超过 1 亿 ha。在被新开垦的农田中，约 49%通过新开发自然土地实现，另外的 51%则是通过对废弃的农田进行复耕完成（Potapov et al.，2022）。尽管全球农田的数量大幅度增加，但在同时期，全球人均农田却下降了 10%，其主要的原因是，在 2003 年至 2019 年间，全球人口增加了 21%，从而导致全球人均农田从 2013 年的 0.18 ha 下降到 2019 年的 0.16 ha。在这段时期，只有南美洲的人均农田面积有所增加，而西南亚是人均农田面积下降较严重的地区。

森林生态系统是最大的陆地碳储存库。森林砍伐是温室气体排放的最大来源之一，并在不同空间尺度下造成更严重的环境影响，包括栖息地的丧失和相关物种灭绝的风险。2020年，世界森林总面积为40.6亿ha，占陆地总面积的31%，相当于每人0.52ha。热带森林在世界森林的占比最大，高达约45%，其次是寒带、温带和亚热带地区。根据联合国粮食及农业组织统计，全世界每年约有1200万ha的森林消失。虽然20世纪90年代大力建设人工林，年均增长约300万ha，但全球森林仍以每年约0.3%的速度下降。森林净损失率从1990～2000年的每年780万ha，下降到2000～2010年的每年520万ha，到2010～2020年，下降到每年470万ha。然而，世界各地的森林砍伐趋势差异很大，主要原因是热带雨林地区的毁林开荒与过度砍伐，以及酸雨造成大片森林衰退，使林地失去转化为耕地的能力（Allen and Barnes，1985）。研究表明：2001～2015年，27%的全球森林损失可归因于生产包括牛肉、大豆、棕榈油和木纤维等商品的土地利用变化，其余损失主要归因于林业生产（26%）、农业转移（24%）和野火（23%）（Curtis et al.，2018）。森林大面积的砍伐对生物资源的利用、生物多样性及其多方面的价值造成严重影响，必然会破坏生物圈内的食物链关系，使原有的生态系统功能受阻，生态平衡被大规模破坏，从而间接影响全球气候变化，影响人类的生存环境。虽然森林以每年大约1×10^7 ha的速度在热带和亚热带地区消失，但是在许多国家（主要是发达国家），森林覆盖率正在增加。近年来，人们尝试采用政策措施和行政手段限制森林砍伐，这在一些热带国家表现得较为明显，尤其是巴西森林砍伐率显著下降（Pendrill et al.，2019）。森林不仅为人类的生存与发展提供自然基础，又成为衡量人类社会是否健康发展的指标。

草地从遥感角度可分为开阔草地、灌木草地和稀疏草地，约占全球表面积的40%和农业用地面积的69%。草地是重要的全球生物多样性库，具有很多独有物种，为人类提供了大量的物质和非物质利益，包括众多生态系统服务，如粮食生产、供水、碳储存和缓解气候变化等一系列服务（Gang et al.，2014）。尽管草地十分重要，但草地却仍然面临严峻的退化困境。据估计，全球49%的草地和大约一半的天然草地已经出现不同程度的退化。然而，对草地退化程度的评估差别很大。例如，自20世纪40年代以来，由于集约化农业和草地开垦，英国大量的半自然草地已经退化。据估计，由于人类活动和气候变化，青藏高原上一些草地已经出现不同程度的退化，同时巴西南部部分草地由于管理方式不恰当以及土地利用方式的改变已经消失（Bardgett et al.，2021）。

水是生物赖以生存的最基本物质，同时也是经济社会持续发展最基础的资源。作为参与地表物质迁移和能量转化过程的基本要素，水资源缺失超过一定的阈值就会对人类文明发展造成严重威胁。在1984年至2015年间，地表的永久水体已经消失了近90 000 km²，大致相当于一个苏必利尔湖的面积。全球地表的永久水体损失有70%以上发生在中东和中亚，与气候干旱和人类活动直接相关，如河流改道或筑坝等大型工程与人类无节制地取用水。与此同时，在澳大利亚和美国等地出现的水体损失与长期干旱的联系也很显著（Pekel et al.，2016）。根据水资源紧缺阈值界线，经预测，到 21 世纪 30 年代，我国人均水量将接近缺水界线值。全球水资源短缺是由水量和水质问题共同驱动的，有研究结合了水质（包括水温、盐度、有机污染和营养物质）和水量因素，发现目前每年平均 30% 至 40% 的世界人口处于严重缺水的生活状态。在这些地区，过度取水不仅从水量的角度造成水资源短缺，而且受污染的回流还会降低水质，加剧水资源短缺（van Vliet et al.，2021）。

21 世纪以来世界能源总体上形成了煤炭、石油、天然气三分天下，清洁能源快速发展的新格局。石油、煤炭、天然气作为不可再生资源，是全球大部分国家的战略储备，关系到国家的安全和发展。2020 年全球石油已探明储量为 1.7 万亿桶，煤炭已探明储量为 1.1 万亿 t，天然气已探明储量为 188.1 万亿 m^3。《2022 年世界能源展望》表明：自 18 世纪工业革命开始以来，全球化石燃料的使用量与 GDP 一起上升。几十年来，化石燃料在全球能源结构中的份额一直居高不下，约为 80%。如何在减少化石燃料使用的同时继续保障全球经济增长，是能源发展的关键问题。2020 年受新冠疫情影响全球三大能源产量缩减，全球用电量也出现下滑。2021 年全球主要能源产量均增加，其中石油产量为 42 亿 t，同比增长 1.4%；煤炭产量为 81 亿 t，同比增长 5.6%；天然气产量为 4036.88 亿 m^3，同比增长 4.8%。2022 年 6 月 15 日，联合国环境规划署发布《2022 年全球可再生能源现状报告》，截至 2020 年，现代可再生能源占最终能源消耗总量的比例约为 12.6%，比 2019 年高出近一个百分点，因为 2020 年能源需求的暂时减少有利于可再生能源占更高的份额，而化石燃料的份额几乎没有变化。然而目前，在节能、提高能源效率和生产可再生资源方面的进展缓慢，阻碍了从传统化石燃料向可再生能源的过渡。推广可再生能源是满足全球能源需求和减少温室气体排放的必要举措，我们迫切需要对能源系统进行结构性转变，使节能和基于可再生能源的经济成为改变游戏规则的关键因素，从而实现更安全、更灵活、更低成本和更可持续的能源未来。

1.2.2　共同的愿景目标

当前人类正在经历着前所未有的全球生态危机，各国以及联合国等国际组织为了应对当前的世界问题，为全球的可持续发展设置目标愿景，提出了一系列举措旨在希望能促进不同国家间合作。

可持续发展是联合国推动众多国际组织积极参与的全球议程。联合国可持续发展目标，是联合国制定的 17 个全球发展目标，在 2000～2015 年联合国千年发展目标（Millennium Development Goals，MDGs）到期之后指导 2015～2030 年全球的发展工作。自 2000 年《联合国千年宣言》公布千年发展目标以来，尽管全球发展成绩斐然，但区域之间的发展并不平衡，并且全球经济危机的影响仍然阻碍着发展工作的进程。2015 年 9 月 25 日，联合国可持续发展峰会在纽约总部召开，联合国 193 个成员国将在峰会上正式通过 17 个可持续发展目标。可持续发展目标旨在从 2015 年到 2030 年间以综合方式彻底解决社会、经济和环境三个维度的发展问题，转向可持续发展道路。这些目标紧急呼吁所有国家包括发达国家和发展中国家，在全球伙伴关系中采取行动。他们认识到，消除贫困和其他匮乏必须与改善健康和教育、减少不平等和刺激经济增长的战略齐头并进，同时应对气候变化并努力保护我们的海洋和森林。17 项可持续发展目标包括无贫穷，零饥饿，良好健康与福祉，优质教育，性别平等，清洁饮水和卫生设施，经济适用的清洁能源，体面工作和经济增长，产业、创新和基础设施，减少不平等，可持续城市和社区，负责任消费和生产，气候行动，水下生物，陆地生物，和平、正义与强大机构和促进目标实现的伙伴关系。

在气候变化方面，《巴黎协定》是一项全球性的气候变化协定，截至 2023 年 10 月，有 195 个缔约方共同签署。该协定旨在统一安排全球在 2020 年后应对气候变化的行动。它于 2015 年 12 月 12 日在第 21 届联合国气候变化大会（巴黎气候大会）上通过，并于 2016 年 4 月 22 日在美国纽约联合国大厦正式签署，自 2016 年 11 月 4 日起正式生效。2021 年 11 月 13 日，第 26 届联合国气候变化大会在英国格拉斯哥圆满闭幕。经过两周的谈判，各缔约方成功达成了《巴黎协定》的实施细则。该协定的长期目标是将全球平均气温较工业化前上升幅度控制在 2℃以内，并努力将温度上升幅度限制在工业化前水平以上 1.5℃以内。国际标准化组织发布了《伦敦宣言》，承诺通过国际标准的制定来更好地支持《巴黎协定》、联合国可持续发展目标以及联合国可持续发展目标的实施。《欧洲绿色协议》明确提出，欧盟将利用其经济地位塑造国际标准，以实现环境和气候方面的雄心。

气候变化对生物多样性构成严重威胁，但是生物多样性的保护对有效缓解气候变化至关重要。为了阻止相关的生物多样性减少，碳中和即将温室气体排放量与吸收量平衡，以实现净零排放。

全球范围内，生物多样性减少和自然供给系统衰退的趋势仍在持续。世界自然基金会发布的《地球生命力报告 2022》显示，自 1970 年以来，监测范围内包括哺乳动物、鸟类、两栖动物、爬行动物和鱼类在内的野生动物种群平均下降了 69%，全球生物多样性面临的压力仍在加剧。人类活动对物种栖息地的破坏加剧了物种濒危的程度。早在 1982 年联合国就制定了《世界自然宪章》，承认有必要保护自然免受人类活动的进一步破坏。该宪章强调了从各个社会层面采取措施来保护自然的必要性，并呼吁将资源保护纳入国家和国际法律体系。《生物多样性公约》是一项旨在保护地球生物资源的国际公约。该公约的协议文本于 1992 年在肯尼亚内罗毕通过，1993 年正式生效，常设秘书处设在加拿大蒙特利尔。截至 2021 年，该公约已有 196 个缔约方，是全球签署国家最多的国际环境公约之一。2021 年，联合国《生物多样性公约》缔约方大会第十五次会议正式通过了"昆明-蒙特利尔全球生物多样性框架"，设定了富有雄心的全球目标——于 2030 年前遏止并扭转生物多样性丧失，以及陆地保护区、海洋保护区、生物多样性保护筹资相关行动目标，指明了全球生物多样性保护的前进方向。同时为了进一步推动生物多样性保护的科学政策，联合国环境规划署于 2012 年建立了生物多样性和生态系统服务政府间科学政策平台（Intergovernmental Science-Policy Platform on Biodiversity and Ecosystem Services，IPBES）。作为生物多样性领域一个独立的政府间机制，IPBES 旨在加强生物多样性和生态系统服务方面科学与政策之间的互动，从而实现生物多样性保护与可持续发展。

1.2.3 自然资源保护的响应行动

近年来，许多重要的全球性政策框架出台，其中包括《2030 年可持续发展议程》《巴黎协定》《2015—2030 年仙台减少灾害风险框架》《小岛屿发展中国家快速行动方式（萨摩亚途径）》《新城市议程》《亚的斯亚贝巴行动议程》。这些框架引入了可持续发展目标、可持续能源利用、国家自主贡献和土地退化中和等重要概念，特别是设定了专门针对水资源和土地保护的具体目标。与这些框架相辅相成的是各种全球自然资源评估活动，包括土壤、林业、生物多样性、荒漠化和气候等方面的评估工作。

在农业领域，《世界粮食和农业领域土地及水资源状况：系统濒临极限》报告旨在深入了解其对农业的影响并提出相应解决方案，以改变土地和水资源在全球粮食体系中共同承担的角色。全球范围内，我们面临着多种因素交织的挑战，这给土地和水资源带来了前所未有的压力，对人类造成多重影响，尤其是对食物供给造成冲击。该报告强调了过去常常被忽视的对公共政策和人类福祉领域的关注，以及对土地和水资源未来的重视。联合国粮食及农业组织提出了保护性农业的概念，旨在运用这种农业管理系统来防止耕地流失并帮助恢复退化的土壤。保护性农业倡导最低程度的土壤干扰、保持永久性土壤有机物覆盖和植物物种多样性。通过发展保护性农业，可以丰富生物多样性，增强地表和地下的生物活动过程，提高水和养分的利用效率，改善作物生产。保护性农业原则适用于所有农业系统、农业景观和土地利用。保护性农业可以最小化或避免土壤扰动（如机械性扰动），使外部投入效益最大化（如无机或有机来源的农用化学品和植物养分），并且在方式和数量上不会干扰或破坏生物过程。

自然保护地作为人类干扰程度较小的地区，也是野生动物的重要栖息地，对生物多样性的保护发挥着重要的作用。联合国环境规划署与世界自然保护联盟联合发布了《保护地球报告》（Protected Planet Report）。该报告总结了爱知生物多样性目标 11 的完成情况，该目标是全球自然保护地设定的十年目标，旨在到2020 年保护全球至少 17%的陆地和内陆水域以及 10%的海洋和沿海水域，并在此基础上恢复生物多样性。根据报告，全球现有的自然保护地和保留地中，陆地和内陆水域生态系统占地达 2250 万 km^2，沿海水域和海洋达 2810 万 km^2。2010～2020 年，新增保护地的面积超过 2100 万 km^2，占 2020 年保护地和保留地总面积的 42%。报告指出，全球陆地自然保护地和保留地的覆盖率已达到 17%的目标，但保护质量仍有待提高，而全球海洋自然保护地的覆盖目标尚未实现。此外，全球约有三分之一的生物多样性关键区域未受到任何保护，因此需要加强各自然保护地之间的连通性，以确保物种能够迁移到新的适应区域并维持生态过程。为确保保护工作的有效性，必须将生物多样性关键区纳入自然保护地和保留地的范畴。此外，欧盟还建立了 Natura 2000 自然保护地网络。这一网络最初由欧洲共同体于1979 年根据《鸟类指令》确立，该指令要求为鸟类建立特殊保护区。1992 年，欧洲共同体通过立法进一步保护整个欧洲受威胁最严重的栖息地和物种，建立了保护保育区，以保护除鸟类以外的其他物种和栖息地类型（如特定的森林、草原和湿地等）。特殊保护区和特别保育区共同构成了 Natura 2000 自然保护地网络。截至 2017 年 11 月，欧盟国家境内的保护地面积已达到 123.4 万 km^2。

在能源领域，全球普遍推广从化石燃料转向可再生能源，如太阳能和风能，以减少温室气体的排放。根据 2022 年版《跟踪可持续发展目标 7：能源进展报告》，全球目前仍有 7.33 亿人用不上电，24 亿人仍在使用有害健康和环境的燃料做饭，预计到 2030 年将有 6.7 亿人用不上电，比 2021 年的预计多 1000 万人。虽然在气候变化背景下，许多国家联盟承诺到 2050 年实现净零排放，但是这一目标要求化石燃料产量必须每年下降约 6%。2010～2020 年，全球能源消费总量增长了近 15%。在此之前，2000 年至 2010 年间，消费总量增长了近 25%。2021 年，全球 77%的能源来自煤炭、石油和天然气。即便如此，自 2000 年以来，风能、太阳能和水力发电等可再生能源已经获得了发展。水电是 2021 年最大的可再生能源，占总能耗的 6.3%。随着全球人口增加和经济发展，世界能源需求不断增长，给现有能源基础设施带来巨大压力，并对世界环境健康造成损害。为了解决当今面临的环境问题，全球能源领域面临着转型和挑战，包括减少对化石燃料的依赖、推动可再生能源的发展、实现减排目标、提高能源效率和保障能源安全等方面。

1.3 自然资源监测的挑战与机遇

当今地球系统面临的挑战是复杂的。对自然资源的压力继续增加，进一步导致对国家安全、粮食和水供应、自然灾害、人类健康和生物多样性的不良后果。因而对国家的土地、水、矿产、能源和生态系统资源的管理需要一个广泛适用且相互关联的体系，这涉及多个经常相互竞争的目标之间的复杂权衡。在面对日益复杂的自然资源治理需求时，有效的自然资源监测成为不可或缺的环节。只有通过全面、准确地了解自然资源的状况和变化，才能采取相应的管理和保护措施，实现可持续发展的目标。

然而，自然资源监测也面临着一系列挑战和问题，人类活动的扰动导致自然资源面临前所未有的复杂性评估需求。在面对这些挑战和问题时，遥感大数据和云计算技术提供了重要的机遇。遥感大数据的广泛应用，高分辨率数据的获取能力以及云计算的强大处理和存储能力的提高，为数据获取、处理和分析提供了更高效、可靠的手段，为自然资源监测的改进和创新提供了新的机遇。

1.3.1 人类活动下的自然资源监测

虽然大都把自然资源看作天然生成物，但实际上整个地球都或多或少地带有了人类活动的印记，人类活动对自然资源的干扰使现在的自然资源已融入不同程度的人类劳动结果。1864 年，马什（Marsh）在《人与自然》一书中提到"人类活动在多大程度上影响了自然的进程"这一问题，自此以来人类活动已经成为全球自然资源治理的重点和热点问题。为了有效捕捉和量化人类动态及其对环境的影响，自然资源监测面临更复杂的需求。

人类活动造成的自然资源变化，首要表现为土地利用变化。世界土地资源对于实现《2030 年可持续发展议程》的各种可持续发展目标至关重要，但受到人口增长和人均消费增加的巨大压力。从世界土地资源的角度来看，可持续发展挑战是一个特别的问题，因为全球可持续性解决方案取决于国家、区域或地方情况，需要对土地利用与土地覆盖变化（Land Use and Land Cover Change，LUCC）进行精细分析（Hertel et al.，2019）。在短短约 60 年（1960～2019 年）中，土地利用变化影响了全球近三分之一（32%）的土地面积（Winkler et al.，2021）。LUCC是国际地圈生物圈计划（International Geosphere-Biosphere Programme，IGBP）与国际全球环境变化人文因素计划（International Human Dimensions Programme on Global Environmental Change，IHDP）两大国际项目合作进行的纲领性交叉科学研究课题，其目的在于揭示人类赖以生存的地球环境系统与人类日益发展的生产系统（农业化、工业化和城市化等）之间相互作用的基本过程。国际上1996年通过的LUCC研究计划以五个中心问题为导向：第一，近三百年来人类利用导致的土地覆盖的变化；第二，人类土地利用发生变化的主要原因；第三，土地利用的变化在今后50年如何改变土地覆盖；第四，人类和生物物理的直接驱动力对特定类型土地利用可持续发展的影响；第五，全球气候变化及生物地球化学变化与土地利用与覆盖之间的相互影响（Liu and Deng，2010）。该方法论框架以地理学经典理论与遥感和地理信息系统发展技术相结合为基础，促进全球变化适应和可持续发展研究。通过地理学和宏观生态学的跨学科努力，在一定程度上推动了研究LUCC时空过程的方法论框架的形成，能够通过地表覆被变化反映自然资源的变化，以及分析其与人类活动的关联。

　　自然资源受到人类活动干扰时会与自然状态下存在差异，通过运用指标测度这种差异，可以一定程度上定量评价自然资源的扰动程度，包括植被指数（vegetation index）如归一化植被指数（normalized differential vegetation index，NDVI），增强植被指数（enhanced vegetation index，EVI）等。净初级生产力（net primary productivity，NPP），代表通过光合作用在单位面积和时间内所积累的有机物总量，可以用于衡量生态系统响应和服务。受到土地面积、水、太阳辐射和土壤等的限制，净初级生产力是地球的有限资源。虽然人类对于净初级生产力也有较高的占用率，当前25%～38%全球净初级生产力被人类利用（Krausmann et al.，2013）。尽管土地利用效率大幅提高，但人类对陆地生物圈的压力仍在增加。鉴于越来越多的证据表明，人类已经在破坏地球生态系统维持重要生态系统服务的能力，并且可以说已经侵入了生物多样性减少和活性氮释放的关键地球边界，这种不断上升的压力会引起关注。生态指标是认识和表征这些交互作用的重要指标，可为决策者提供制定土地管理和利用政策的依据。

　　联合国"千年生态系统评估"提出的"驱动力-压力-状态-影响-响应"（Driver-Pressure-State-Impact-Response，DPSIR）框架和生态系统与生物多样性经济学（The Economics of Ecosystems and Biodiversity，TEEB）框架均致力于研究土地管理—生态系统服务—人类福祉的相互关联，可为建立生态系统服务方法学框架提供支持。生态足迹是20世纪90年代发展起来的一种生态可持续性评估方法，它通过计量人类对生态服务的需求与自然能提供的生态服务之间的差距，来研究人类对自然的利用状况以及生态系统的承受能力，从而判断生态的可持续性（杨开忠等，2000）。碳足迹、氮足迹和水足迹都是发源于生态足迹概念，是用于衡量人类活动对生态环境影响程度的生态学指标，将对自然资源的需求与支持人类生活的生物世界联系起来进行比较，包含了可持续的内涵（张志强等，2000）。近来有研究发现农作物生产的碳足迹和水足迹、能源作物的碳足迹和氮足迹可能出现此消彼长的特征，而且可通过整合足迹的计算判别作物生产过程中温室气体排放和水资源消耗对生态环境的相对贡献。通过跟踪区域的自然资源消费，并将其与区域提供的自然资源进行比较，能定量判断区域的发展是否处于生态承载力的范围，有利于可持续发展的策略评估。

人类干扰指数（human interference index，HII）的提出可以用于衡量所有人类干预措施对生态组成部分或生态系统的影响程度（Chi et al.，2018）。基于土地覆盖类型计算的人类干扰指数可以量化人类活动对生态环境的影响程度，这也是当前量化人类活动强度常用的研究方法。基于土地利用与土地覆被的概念，陆地表层人类干扰强度可被定义为一定地域人类对陆地表层自然覆被利用、改造和开发的程度。已有学者在绘制和测量人类在不同空间范围内对物种和栖息地的影响、评估人类在环境的影响方面做出的大量努力，一些学者尝试将多个压力参数进行组合来开展人类干扰研究，不仅能直观反映人类活动对重要生态保护区域的影响，而且能反映不同生态系统在区域和类别上的差异性，如人类活动对森林植被景观的干扰模式，重点生态保护区域的人类活动特征，这些研究表明人类干扰与生物多样性下降、物种灭绝风险增加和物种减少直接相关（刘晓曼等，2022；Rito et al.，2017）。由于同种人类活动往往在区域生态影响差异上难以往往区分，人类干扰指数的应用定量刻画人类活动强度，精细化展示区域内的空间异质性，从而用于反映并监测不同时间特定区域的自然生态环境受到人类活动的影响程度。

国内外研究趋势表明，对于测度人类活动下自然资源的时序变化，LUCC 时空过程方法框架以及人类干扰指数等指标体系被构建用于评估对自然资源造成的影响。这些方法在世界各国都引起了强烈的反响，在不同的地域空间尺度以及不同领域都进行了实践，但是未来的监测需要更大范围、更高空间精度以及更长时间维度的探索，这需要在数据获取和方法技术上进一步创新和发展。

1.3.2　对地观测卫星的涌现

对地观测卫星是一类专门用于观测和监测地球表面的卫星，通过携带各种传感器和其他仪器，从太空中对地球进行长时间序列、高分辨率的观测和测量。随着对地观测卫星的涌现，自然资源的大范围和长时序监测得到了极大的推动和改进。对地观测卫星的运行轨道覆盖了广阔的地域范围，并具备连续观测的能力，使得我们能够获取到全球各地的自然资源数据。各国和国际组织都积极开展对地观测计划，通过这种全球性的覆盖和连续观测获得了大范围监测自然资源的能力，以满足对自然资源、环境和气候变化等方面的需求。

美国国家航空航天局（National Aeronautics and Space Administration，NASA）致力于推动科学研究和探索太空，NASA 开展了一系列的对地观测项目，旨在通过运用空间技术全面地观测地球系统，收集关于地球的各种数据以加深对地球系统的理解和监测，包括陆地表面、生物圈、固体地球、大气和海洋等，深入了解地球系统的现状与变化，为生态环境变化研究做出贡献。主要观测计划包括中分辨率成像光谱仪（moderate-resolution imaging spectroradio-meter，MODIS）、Landsat 计划，全球降水测量（Global Precipitation Measurement，GPM）卫星计划，重力恢复及气候实验（Gravity Recovery and Climate Experiment，GRACE）卫星，"轨道碳观测者 2 号"（Orbiting Carbon Observatory-2，OCO-2）卫星，总太阳辐射传输校准实验计划（Total Solar Irradiance Calibration Transfer Experiment，TCTE）、土壤水分主被动探测计划（Soil Moisture Active Passive，SMAP）、海风散射计（Rapid Scatterometer，RapidScat）、浮游生物、气溶胶、云和海洋生态系统（Plankton，Aerosol，Cloud，Ocean Ecosystem，PACE）计划，冰、云和陆地高程卫星 2 号（Ice，Cloud and Land Elevation Satellite-2，ICESat-2），高光谱红外成像（Hyperspectral Infrared Imager，HyspIRI）任务，以及地表水和海洋地形（Surface Water and Ocean Topography，SWOT）卫星计划等。其中 Landsat 是运行时间最长的地球观测计划，从 1972 年开始发射了一系列卫星至今仍持续运行，最新的 Landsat 卫星是 2021 年 9 月 27 日发射的 Landsat-9。地球观测系统（Earth Observing System，EOS）计划，是近年来国际上较宏大的一项遥测地球计划，是一项跨世纪的长期计划。EOS 计划于 20 世纪 90 年代启动，运用极轨道和低倾角卫星长期全球观测，包括地球观测卫星（Terra）、水循环观测卫星（Aqua）、臭氧监测卫星（Aura）以及云和大气颗粒物探测（Cloud-Aerosol Lidar and Infrared Pathfinder Satellite Observations，CALIPSO）卫星等。

2020 年 12 月，欧盟"欧洲地平线"（Horizon Europe）计划正式批准，作为欧洲有史以来最大规模支持研发和创新的跨国计划，预计投入 1000 亿欧元的预算以推动"地平线 2020"计划一系列研发和创新计划的实施。"地平线 2020"计划提出专注于生态保护、社会和经济转型方面的研发和创新，推动欧洲社会的绿色可持续发展。在"地平线 2020"计划的支持下，欧洲航天局（European Space Agency，ESA）通过卫星技术、遥感数据监测和研究地球系统，加深对地球环境、气候变化、自然资源管理等问题的理解，帮助应对诸如城市化、粮食安全、海平面上升、极地冰减少、自然灾害以及气候变化等挑战。在对地观测方面拥有多个重要的计划和项目，包括哥白尼（Copernicus）计划、欧洲环境卫星（Environmental Satellite，Envisat）、极地冰层探测卫星（CryoSat）、风神（Aeolus）卫星、阿尔蒂乌斯（Altius）卫星、北极天气卫星（Arctic Weather Satellite）等，对包括臭氧、生物量、大气二氧化碳等生态指标进行长时序监测。其中哥白尼计划被誉为最雄心勃勃的地球观测计划，是欧盟与欧洲航天局合作开展的，旨在提供开放的地球观测数据，以支持全球环境监测、气候变化研究和灾害管理等领域的发展。该计划涵盖了多颗卫星任务，用于监测陆地、海洋、大气和气候等方面的数据。2014 年 4 月 3 日，"哥白尼计划"的首颗卫星"哨兵-1A"发射成功，该卫星搭载的雷达系统能够全天时工作，能够在一些多云地区（如热带雨林）进行持续成像工作。哥白尼二氧化碳监测任务卫星（Copernicus Carbon Dioxide Monitoring Mission，CO2M）作为六项哥白尼哨兵扩展任务之一，预计将于 2025 年发射。CO2M 任务将携带一个近红外（near infrared，NIR）和短波红外光谱仪来测量人类活动产生的大气二氧化碳。这些测量将减少目前在国家和地区范围内化石燃料燃烧产生的二氧化碳排放量估算中的不确定性。这将为欧盟提供独特、独立的信息来源，以评估政策措施的有效性，并跟踪其对欧洲脱碳和实现国家减排目标的影响。

中国也在推动对地观测计划的开展。中国国家航天局（China National Space Administration，CNSA）负责组织和实施的对地观测计划，旨在通过卫星技术和遥感数据获取、监测和研究地球系统的各个方面，以支持国家的可持续发展和环境保护。中国自主研发了一系列资源卫星，如资源一号、资源三号等，用于获取土地利用、植被覆盖、农作物生长等信息，支持资源管理和环境保护。据统计，2001～2015 年，我国成功将 228 个航天器送入轨道，其中对地观测卫星占比超过45%，逐步建立了以风云、高分、资源等为代表的在轨长期稳定运行的空间对地观测体系。

除此之外，日本、法国、加拿大等也构建有本国的对地观测网络。可以看出高空间、高时间、高光谱分辨率成像数据是监测生态环境变化以及自然资源利用的重要保障，高效利用遥感卫星资源获取成像数据具有极大价值。对地观测卫星的发展为长时序的自然资源变化监测提供了可能，能够提供对未来自然资源治理效能变化的高时间精度和高空间分辨率的监测，从而能够及时反馈自然资源治理效果。

1.3.3　大数据时代的发展趋势

在当前大数据时代，全球各国都越来越重视大数据的发展。发达国家如美国、英国、日本和韩国等都意识到大数据在推动经济发展、社会变革以及提升国家整体竞争力方面的重要作用，并将大数据发展纳入国家战略。在自然资源监测领域，目前海量来自卫星观测和其他来源的地球大数据，为地球系统科学深入研究带来了新的机遇。全球各地纷纷开展科研计划，旨在利用云计算和人工智能（artificial intelligence，AI）等先进技术来应对遥感大数据带来的监测挑战（安培浚等，2021）。这些科研计划的主要目标是通过跨学科合作、数据整合以及创新的方法和技术，深入了解和评估自然资源的状态、变化和潜在风险，从而为制定保护和管理策略提供科学依据，推动自然资源监测并确保地球生态系统的可持续发展。

2021 年 1 月，美国地质调查局（United States Geological Survey，USGS）发布了新的十年（2020～2030 年）科学战略，突出了地球系统科学理论在美国地质调查局的应用，将生态系统、气候变化、能源矿产、自然灾害、环境健康、水资源等六大领域进行融合，重在突出观测、模拟、评估、预测等整个流程。同时，美国地质调查局提出要全面实施地球监测、分析和预测，启动数据标准化及人工智能模拟的土地变化监测、评估计划（Land Change Monitoring Assessment，and Projection，LCMAP），监测和分析土地覆盖变化情况、植被状况，模拟过去、现在和未来的地质景观数据，实现对不同的时空尺度上地球系统未来状态的模拟和预测。为了实现 2050 年气候中立的目标，欧盟呼吁并实施"目的地地球"（Destination Earth）计划。"目的地地球"计划的核心是建立一个基于云的联合建模和仿真平台，提供对数据、高级计算基础设施（包括高性能计算）、软件、人工智能应用程序的集成、分析和访问。该计划预计整合全欧洲开放公共数据集，从而持续监测地球的健康状况、高精度动态模拟地球自然系统，在模拟、建模、预测数据和人工智能、高性能计算方面技术能力的基础上，提高欧洲监测和预测地球动态变化的能力。同时，NASA 也计划开发地球系统数字孪生（Earth System Digital Twins，ESDT），通过动态集成先进的地球和人类活动模型与大数据观测分析工具，提供包括空间、大气、地面、水、社会经济等领域全面的预测，从而支持未来的决策。地球系统数字孪生具有互联、多领域、大规模建模等特性，由不断更新的地球系统数字数据、动态预测模型和影响评估功能组成（Oza et al.，2022）。其中，地球系统数字数据由连续和有针对性的多样化观测提供，通过数据同化和融合，准确表示系统当前的状态。动态预测模型主要运用先进的计算功能、机器学习（machine learning，ML）和代理建模等技术，从而实现对系统未来状态的实时或近乎实时的预测。利用地球系统数字数据和动态预测模型，结合机器学习、因果关系、不确定性量化以及高级计算和可视化功能，能够快速运行大量模拟预测，覆盖多种空间和时间尺度。这为研究和探索各种"假设"场景提供了便利。从本质上讲，地球系统数字孪生可以对可能的实际结果和问题进行数字监控和预测，将有助于科学家和政策制定者评估环境变化和人类影响，以支持可持续发展。

在当前的自然资源监测领域中，大数据、云技术和人工智能的应用以及多学科交叉合作变得尤为重要。特别是以机器学习为代表的人工智能与大数据的深度融合，为数据集成和分析提供了全新的方法。深度学习的快速发展为科学的数据处理带来了巨大的便利，并且遥感多源大数据的突破也加速了深度学习在该领域的应用。并行计算技术的发展使得遥感大数据的计算成为可能，人工智能提高了对遥感大数据的理解和分析能力。此外，数字孪生技术的发展使得地球物理模型和虚拟模型之间可以相互关联和交流，高性能计算的应用推动了地球系统的模拟和预测能力的实现。在未来，计算科学和地球系统建模的连接与协同发展将成为主要的发展方向。通过整合不同领域的知识和技术，我们可以更好地理解和预测自然资源的变化趋势，并为制定有效的保护和管理策略提供科学依据。计算科学和地球系统建模的协同发展是未来主要发展方向，未来通过多源数据融合模拟不同利用和保护策略，可以为自然资源可持续发展做出更明智的决策。

本章参考文献

安培浚, 刘细文, 李佳蕾, 等. 2021. 趋势观察: 国际地球大数据领域研究态势与热点趋势. 中国科学院院刊, 36 (8): 989-992.

方创琳, 祁巍锋. 2007. 紧凑城市理念与测度研究进展及思考. 城市规划学刊, (4): 65-73.

刘晓曼, 王超, 肖如林, 等. 2022. 中国重要生态保护区域人类干扰时空变化特征分析. 地理科学, 42 (6): 1082-1090.

龙瀛, 吴康, 王江浩. 2015. 中国收缩城市及其研究框架. 现代城市研究, (9): 14-19.

杨开忠, 杨咏, 陈洁. 2000. 生态足迹分析理论与方法. 地球科学进展, (6): 630-636.

张庭伟. 1999. 控制城市用地蔓延: 一个全球的问题. 城市规划, (8): 43-47, 62.

张志强, 徐中民, 程国栋. 2000. 生态足迹的概念及计算模型. 生态经济, (10): 8-10.

Allen J C, Barnes D F. 1985. The causes of deforestation in developing countries. Annals of the Association of American Geographers, 75: 163-184.

Bardgett R D, Bullock J M, Lavorel S, et al. 2021. Combatting global grassland degradation. Nature Reviews Earth & Environment, 2: 720-735.

Boldy R, Santini T, Annandale M, et al. 2021. Understanding the impacts of mining on ecosystem services through a systematic review. The Extractive Industries and Society, 8: 457-466.

Canfield D E, Glazer A N, Falkowski P G. 2010. The evolution and future of Earth's nitrogen cycle. Science, 330: 192-196.

Chi Y, Shi H H, Zheng W, et al. 2018. Spatiotemporal characteristics and ecological effects of the human interference index of the Yellow River Delta in the last 30 years. Ecological Indicators, 89: 880-892.

Cumming G S, Buerkert A, Hoffmann E M, et al. 2014. Implications of agricultural transitions and urbanization for ecosystem services. Nature, 515: 50-57.

Curtis P G, Slay C M, Harris N L, et al. 2018. Classifying drivers of global forest loss. Science, 361: 1108-1111.

Dudley N, Alexander S. 2017. Agriculture and biodiversity: a review. Biodiversity, 18: 45-49.

Gang C C, Zhou W, Chen Y Z, et al. 2014. Quantitative assessment of the contributions of climate change and human activities on global grassland degradation. Environmental Earth Sciences, 72: 4273-4282.

Giam X, Olden J D, Simberloff D. 2018. Impact of coal mining on stream biodiversity in the US and its regulatory implications. Nature Sustainability, 1: 176-183.

Henderson V. 2002. Urbanization in developing countries. The World Bank Research Observer, 17: 89-112.

Hertel T W, West T A P, Börner J, et al. 2019. A review of global-local-global linkages in economic land-use/cover change models. Environmental Research Letters，14：053003.

Hodge R A，Ericsson M，Löf O，et al. 2022. The global mining industry：corporate profile，complexity，and change. Mineral Economics，35：587-606.

Krausmann F，Erb K H，Gingrich S，et al. 2013. Global human appropriation of net primary production doubled in the 20th century. PNAS，110：10324-10329.

Lewis S L，Maslin M A. 2015. Defining the anthropocene. Nature，519：171-180.

Liu J Y，Deng X Z. 2010. Progress of the research methodologies on the temporal and spatial process of LUCC. Chinese Science Bulletin，55：1354-1362.

Liu Z H，Zhan W F，Bechtel B，et al. 2022. Surface warming in global cities is substantially more rapid than in rural background areas. Communications Earth & Environment，3：219.

Maus V，Giljum S，da Silva D M，et al. 2022. An update on global mining land use. Scientific Data，9：433.

Omer A M. 2008. Energy，environment and sustainable development. Renewable and Sustainable Energy Reviews，12：2265-2300.

Oza N，LeMoigne J，Cole M，et al. 2022. NASA Earth Science Technology for Earth System Digital Twins（ESDT）. Chicago：AGU Fall Meeting.

Pekel J F，Cottam A，Gorelick N，et al. 2016. High-resolution mapping of global surface water and its long-term changes. Nature，540：418-422.

Pendrill F，Persson U M，Godar J，et al. 2019. Deforestation displaced：trade in forest-risk commodities and the prospects for a global forest transition. Environmental Research Letters，14：055003.

Potapov P，Turubanova S，Hansen M C，et al. 2022. Global maps of cropland extent and change show accelerated cropland expansion in the twenty-first century. Nature Food，3：19-28.

Rito K F，Arroyo-Rodríguez V，Queiroz R T，et al. 2017. Precipitation mediates the effect of human disturbance on the Brazilian Caatinga vegetation. Journal of Ecology，105：828-838.

Sonter L J，Dade M C，Watson J E M，et al. 2020. Renewable energy production will exacerbate mining threats to biodiversity. Nature Communications，11：4174.

Sonter L J，Herrera D，Barrett D J，et al. 2017. Mining drives extensive deforestation in the Brazilian Amazon. Nature Communications，8：1013.

Sun L Q，Chen J，Li Q L，et al. 2020. Dramatic uneven urbanization of large cities throughout the world in recent decades. Nature Communications，11：5366.

Sun Y，Zhang X B，Ren G Y，et al. 2016. Contribution of urbanization to warming in China. Nature Climate Change，6：706-709.

Tudi M，Ruan H D，Wang L，et al. 2021. Agriculture development，pesticide application and its impact on the environment. International Journal of Environmental Research and Public Health，18：1112.

van Vliet M T H，Jones E R，Flörke M，et al. 2021. Global water scarcity including surface water quality and expansions of clean water technologies. Environmental Research Letters，16：024020.

Weiskopf S R，Rubenstein M A，Crozier L G，et al. 2020. Climate change effects on biodiversity， ecosystems，ecosystem services，and natural resource management in the United States. Science of The Total Environment，733：137782.

Werner T T，Bebbington A，Gregory G. 2019. Assessing impacts of mining：recent contributions from GIS and remote sensing. The Extractive Industries and Society，6：993-1012.

Winkler K，Fuchs R，Rounsevell M，et al. 2021. Global land use changes are four times greater than previously estimated. Nature Communications，12：2501.

Zhang W，Villarini G，Vecchi G A，et al. 2018. Urbanization exacerbated the rainfall and flooding caused by hurricane Harvey in Houston. Nature，563：384-388.

Zhou Y Y，Li X C，Chen W，et al. 2022. Satellite mapping of urban built-up heights reveals extreme infrastructure gaps and inequalities in the Global South. Proceedings of the National Academy of Sciences，119：e2214813119.

第 2 章　自然资源治理的需求与挑战

随着社会经济的发展，我国对自然资源的需求快速增长，城市用地快速扩张，城乡建设用地增减挂钩背景下耕地面积与种植结构发生变化，矿产资源的开发又进一步挤占生态空间，威胁生态安全。为应对自然资源变化带来的挑战，我国展开了低效用地治理、耕地"非粮化"与空心村治理、生态空间治理等一系列工作。为了掌握我国自然资源历史、现状与变化，需要建立自然资源统一调查、评价、监测制度，形成协调有序的自然资源调查监测工作机制，并展开基础调查与常规监测以及专项调查与专题监测工作。遥感技术的发展为我国自然资源治理带来机遇，但是在遥感数据的获取与应用方面，我们仍然面临深度学习算法开发、遥感数据时空融合、多源数据协同感知等挑战，高时空分辨率的制图与时序变化监测是当前遥感技术在自然资源治理领域的应用趋势。

2.1　自然资源变化特点

自然资源是具有社会有效性和相对稀缺性的自然物质或自然环境的总称。从广义上来说，自然资源包括全球范围内的一切要素，它既包括过去进化阶段中无生命的物理成分，如矿物，又包括地球演化过程中的产物，如植物、动物、景观要素、地形、水、空气、土壤和化石资源等。在我国，自然资源涉及土地、矿产、森林、草原、水、湿地、海域海岛，涵盖陆地和海洋、地上和地下。按照自然资源产生、发育、演化和利用的全生命周期，可以以三维空间位置为基础，把所有的自然资源体（即单一自然资源分布的空间单元）联系起来，建立一个立体的自然资源框架。该框架以基础测绘成果为骨架，以数字高程模型（digital elevation model，DEM）为底层，以高分辨率遥感影像为背景，按照空间位置，把各类自然资源信息分为地球表面、地表以上和地表以下三个层次。

虽然我国自然资源总量大，但人均占有量低，资源供需矛盾突出，且存在资源结构不合理、资源分布不均衡、利用效率低等问题。从改革开放到 21 世纪初，我国对自然资源的利用持续增强，自然生态系统遭到破坏，生物多样性下降，生态安全风险随之增加，经济-社会-生态系统复合问题频发（傅伯杰，2017）。一方面，随着城市化进程的加快，城市用地不断扩张，城市规模和人口密度不断增加，城市生态环境和资源安全面临压力；另一方面，城市生产生活对耕地、森林、草原等自然资源的占用和消耗加剧，虽然拥有严格的耕地保护政策，但是耕地安全和粮食安全仍面临着挑战，耕地质量也面临着土壤污染、退化、盐碱化等威胁。此外，矿产资源是我国重要战略资源，支撑着国家社会经济发展，然而，矿产资源开发对自然资源和生态环境造成了一定程度的破坏和影响，使矿区土地利用结构发生了较大变化，矿区生态系统的稳定性和可持续性也受到了影响。因此需要分门别类对我国自然资源变化特点进行梳理。

2.1.1　城市扩张

随着我国经济飞速发展，人口持续增长，我国城市空间也在持续扩张（谈明洪等，2003）。城市空间扩张是城市空间变化的一种常见形式，表现为城市在地理空间上的外延和扩散。城市空间扩张会导致耕地侵占和土地消耗。如果城市空间边界的扩张超过了人口和经济活动的需求，就会造成土地资源的无效利用和过度开发，进而威胁城市的高质量发展（莫长炜等，2022）。根据统计数据，1978 年至 2021 年我国 GDP 由 3679 亿元增长至 1 143 670 亿元，常住人口城镇化率从 17.92% 增长至 64.72%；相应地，我国城市建成区从 1985 年的 8842 km² 增长至 2021 年的 62 421 km²。城市建成区扩张可概括为独立增长型和空间聚合型两种类型。前者是指城市建成区在扩张过程中始终依托于单体，包括从无到有形成的新的建成区，此类城市建成区扩张在全国各地都有发生。后者是指在扩张过程中，多个城市建成区逐渐相互靠近并融合为一个整体的情况，这种情况下的城市建成区面积通常较大，如北京、上海和粤港澳大湾区等地的城市建成区就属于空间聚合型（徐智邦等，2022）。我国城市扩张有明显的阶段性特征，在 20 世纪，我国城市建成区面积保持平稳增长，平均增速为 5.1%；在 2000～2005 年，城市建成区面积高速增长，平均增速高达 8.95%，这可能受到国家城镇化政策调整的影响，2002 年党的十六大确立了"坚持大中小城市和小城镇协调发展，走中国特色的城镇化道路"的方针，在一定程度上放开了对城市发展的束缚，促进了城市规模的扩大。2006 年以来，为了应对城市用地总量过快增长的问题，国家加强了土地管理，城市建成区面积的增速回归平稳水平，2006 年国务院发布《关于加强土地调控有关问题的通知》，有力遏制了城市用地的过快增长（贾雁岭，2017）。从空间上看，我国城市扩张分布存在明显空间异质性。21 世纪初期，东部沿海和中部地区的城市扩张规模远超过东北和西部地区，并且差异越来越大。2010 年以后，东部城市扩张速度明显减缓，而中部、东北和西部地区的城市则呈现出持续上升的城市扩张势头，扩张速度提高（童陆亿和胡守庚，2016）。

在快速扩张的过程中，我国城市扩张呈现了如下特点。

首先是土地城镇化快于人口城镇化。城市空间高质量发展要求提高城市生活空间的舒适性，但广泛存在的人口城镇化滞后于土地城镇化的现象导致人地关系失衡。人地关系是指人类社会和自然环境之间的相互作用，它反映了人类活动对地理环境的影响和适应。城市区域发展要遵循人地关系的规律，实现人口城镇化和土地城镇化的协调发展（卓玛措，2005）。在城市扩张中，人地协调可以被认为是追求建设用地扩张与生态环境的协调发展。我国一些地区一方面人口外流，经济增速放缓，另一方面城市持续扩张，造成住房空置、建设用地低效利用。这是城市发展不合理、人地不和谐的典型现象。研究表明，由于城市用地规模扩张的速度过快，而城市人口并没有出现相应的增加，我国土地城镇化速度一直快于人口城镇化速度，且趋势一直在加强，城市扩张效率较低，这在西部城市尤为明显。

其次是城市蔓延的趋势。美国经济学家与城市学家安东尼·当斯在《美国大城市地区最新增长模式》中将城市蔓延表述为"郊区化的特别形式，它包括以极低的人口密度向现有城市化地区的边缘扩展，占用过去从未开发过的土地"，后来城市蔓延进一步被学者定义为"低密度地在城镇边远地区的发展"（马强和徐循初，2004）。根据北京大学光华管理学院周黎安的观点，就我国而言，发展越快的城市，越倾向于向城市外围扩张，而不是集约使用稀缺的土地。城市蔓延的特征是低密度扩张，这种现象在我国很普遍，尤其是中小城市和中西部的大城市（Liu et al.，2018）。与西方国家相比，我国城市蔓延的原因更复杂，除了城市人口收入增加和交通条件改善等普遍因素外，还有我国特有的土地财政制度和城乡二元户籍制度。这些因素导致了我国城市蔓延在形成机制和表现形式上的特殊性（秦蒙和刘修岩，2015）。

最后是城市群的出现。国家级城市群是中央政府为了推动区域协调发展而做出的重要部署，也是我国城市扩张中自然形成的城市集聚综合体。目前我国的国家级城市群包括京津冀、长三角、珠三角、成渝、长江中游、山东半岛、粤闽浙沿海、中原、关中平原、北部湾、哈长、辽中南、山西中部、黔中、滇中、呼包鄂榆、兰州—西宁、宁夏沿黄、天山北坡城市群。2019 年 10 个国家级城市群以全国 19.17%的国土面积，集聚了全国 54.17%的人口，创造了全国 67.23%的 GDP，成为中国经济发展格局中最具潜力的核心区域。城市群的发展使中心城市的规模和功能不断增强，成为区域的增长引擎，同时各城市协同发展，形成了合理的区域劳动分工机制（严亚磊等，2021）。目前粤港澳大湾区和长三角城市群是我国城市群发展的先行者，已经进入高级和较高级阶段，具有较强的区域协调和创新能力。中原、北部湾、关中平原等城市群则处于中级和初级阶段，还需要加强基础设施建设和产业协同。从城市扩张的角度看，高级阶段的城市群已经形成了稳定的空间结构和功能分工，建成区开发强度高但增速放缓；低级阶段的城市群则处于快速开发建设的阶段，建成区开发强度低但增速较快。

在信息技术快速发展的时代，人类进入三元空间，即物理空间、社会空间与信息空间（郭仁忠等，2020），包括人类生活的自然环境与物质系统、计算机、互联网及其数据信息社会活动、人类数据信息。为了适应城市三元空间监测的需求，掌握我国城市扩张的特征与趋势，除了城市扩张的动态监测，还需关注城市扩张的驱动机制，并展开城市扩张的预测与评价。具体而言，首先需要利用多时相、多源、多尺度的遥感数据，分析城市用地的数量、质量、结构和形态的变化，揭示城市扩张的速度、方向、范围和模式，评估城市扩张对自然资源和生态环境的影响；其次利用遥感数据与社会经济数据、土地利用规划数据等进行关联分析，探究城市扩张的内在动力和外部因素，识别城市扩张的主导因素和影响因素，为城市规划和管理提供科学依据；最后利用遥感数据与数学模型、地理信息系统等技术，建立城市扩张的预测模型和评价指标体系，预测未来一定时期内城市用地的变化趋势和空间分布，评价城市扩张对资源、环境、社会等方面的影响程度和后果，为城市可持续发展提供参考。

2.1.2　耕地扩张与种植结构变化

粮食安全是我国社会稳定和经济发展的重要基石，也是确保全球粮食安全的关键。我国用占世界 9%的耕地养活了约 20%的人口，实现了谷物基本自给、口粮相对安全。但我国粮食供需总体保持紧平衡，保护耕地资源对我国依然至关重要（唐华俊，2014）。从改革开放开始到 20 世纪 90 年代末，我国城市迅速扩张，大量的耕地被用于城市建设。在"谁来养活中国"的质疑和全球粮食危机的影响下，耕地保护问题受到了政府和社会的高度重视。据统计，改革开放后的 20 年间，我国新增耕地 1140 万 ha，减少耕地 1605 万 ha，净减少 465 万 ha，约占耕地总面积的 3.5%，平均每年净减少约 25 万 ha，只有 1979 年、1990 年、1995 年和 1996 年，新增耕地超过了减少的耕地，但是净增加的耕地很少，不超过 10 万 ha。沿海经济发达地区和中部地区耕地减少，而东北、西北和西南等地区是新增耕地的主要来源。这意味着在我国耕地总量动态平衡中，优质良田的数量下降，而低效农田的数量上升。另外，新开垦的耕地多为边际土地，生产力低下，而被非农建设占用的耕地往往是优质农田（李秀彬，1999）。

随着耕地占补平衡与城乡建设用地增减挂钩政策的出台，我国耕地面积下降的趋势得到缓解。研究表明，从 2000 年到 2015 年，我国耕地面积减少了 144 万 ha。新增的耕地主要分布在西北和东北地区，多为林地和草地转变为耕地。东部沿海地区则失去了大量耕地，城市化进程的加快导致建设用地占用了大量耕地（程维明等，2018）。也有研究统计了 2009 年至 2018 年我国耕地面积，结果发现中国耕地数量总体稳定，全国耕地共减少 39.37 万 ha，减少幅度为 0.29%（袁承程等，

2021）。从土地利用变化的类型来看，草地、林地和未利用地是新增耕地的主要来源，而建设用地、林地和草地是流失耕地的主要去向。建设用地占用一直是耕地流失的主要原因，大量优质耕地被建设用地占用。从地貌形态类型的分布来看，平原地区是新增耕地和流失耕地的集中区域。尽管我国耕地总量的减少有所放缓，但是优质耕地的流失仍然存在，而且有时会出现以劣补优的现象。

在耕地曲折扩张的过程中，我国耕地扩张呈现了如下特点。

首先是占优补劣。"建设用地占用耕地"大多为肥沃、位置优越的良田，而"补充耕地"却基本上是以前没有从事过农业生产的土地，或是收益低下而被弃耕的土地（孙蕊等，2014）。据统计，2000 年至 2010 年间通过占补平衡新增的耕地只有不到一半适宜农业耕作（许丽丽等，2015）。中原和下游流域是城市和耕地的主要分布区域，城市扩张对周边平缓的耕地造成了一定的影响，而新增的耕地多数是坡地或梯田。这样虽然有利于维持或增加耕地的总面积，但也使得耕地从低平缓地逐步向陡坡转移，这对于保证产量和生态的平衡是不利的。研究表明，1990 年至 2021 年，我国不稳定耕地面积占全部耕地的 20%左右，由于土地利用转换，其坡度从 1990 年的 5.77°增加到 2019 年的 6.25°（Chen et al.，2022）。这些新增耕地的撂荒风险远大于稳定的耕地，"补充耕地"项目建设的标准和质量有待进一步提高。

其次是耕地边际化。土地边际化是指土地利用方式发生变化导致土地经济效益下降的过程。这是一个复杂的社会经济现象，受到自然条件、市场需求、政策制度等多重因素的影响。当土地收入低于成本，土地净收益减少到零或零以下的时候，土地使用者会选择更粗放的土地利用方式，甚至放弃使用土地。耕地撂荒是耕地边际化的一种典型表现（李升发和李秀彬，2018）。西南财经大学中国家庭金融调查与研究中心对 29 个省区市、262 个县（市、区）的住户跟踪调查发现，2011 年和 2013 年分别有 13.5%和 15%的农用地处于闲置状态。全国山区抽样调查的结果表明，截至 2014 年撂荒率为 14.32%。对中国山区而言，耕地边际化有两面性。一方面，它有助于保护山区的生态系统，为退耕还林工程提供了条件。另一方面，它也给中国的粮食安全带来了挑战，因为中国是一个人均耕地资源少、坡耕地比重大的国家。山区耕地边际化对粮食生产的影响仍是一个无法忽视的问题。

最后是耕地"非粮化"，这是我国耕地种植结构变化的表现。广义的耕地"非粮化"是指耕地的用途发生变化，从种植粮食作物转向种植其他农作物，如林木、果树等，进而导致粮食的播种面积在农作物总播种面积中的比例降低（黄祖辉等，2022）。改革开放以来，我国耕地"非粮化"主要经历了两个阶段。第一阶段是"非粮化"扩张阶段，粮食播种面积占比大幅下降，由 1978 年的 80.34%降至 2005 年的 67.06%，我国农作物的种植结构发生了显著的变化，粮食作物与其他作物之间比例关系失调，其他农作物对粮食作物存在替代效应。2006 年后"非粮化"趋势进入稳定阶段，粮食播种面积占比下降趋势得到改善，稳定在农作物播种总面积的约 70%，但值得注意的是，2016 年后"非粮化"又见扩大态势，粮食播种面积占比由 71.42%逐年下降至 2020 年的 69.72%。我国耕地"非粮化"的根本原因是粮食生产效率不高，导致个体农民为了追求利益而转种经济作物（蔡瑞林等，2015），这不仅降低了我国粮食生产的可持续性，也危及了我国的粮食安全。

因而需要展开耕地数量和质量的动态监测，及时掌握耕地的总量、结构、分布、利用状况和变化趋势，评估耕地的生产能力和生态功能；需要进行耕地保护和利用的效果评价，分析耕地保护政策和措施的实施情况和成效，提出改进建设对策；需要对耕地生态环境展开监测评估，包括对耕地的土壤质量、土壤侵蚀、土壤盐碱化、土壤污染等指标，以及耕地的生态服务功能、生态风险和生态补偿等进行评估，并展开耕地保护和发展的监测预警，关注耕地的供需平衡、供需矛盾、供需预测等指标，预测耕地的保护目标、保护措施、保护效果等。上述监测可作为耕地规划和管理的科学支撑，为耕地划定、确权、登记、承包、流转等提供准确的数据基础，为耕地优化配置、合理布局、高效利用提供技术支持。

2.1.3　矿产资源开发与生态环境保护

我国是世界上最大的矿产资源消费国和生产国，据《中国矿产资源报告（2022）》，截至 2021 年底，我国已发现 173 种矿产，其中，能源矿产 13 种，金属矿产 59 种，非金属矿产 95 种，水气矿产 6 种。我国资源总量丰富，但是人均资源量少，这是我国资源的基本国情。此外，我国的矿产资源分布不均，小矿多、大矿少，贫矿多、富矿少，共伴生矿多、单一矿少，导致矿山开发存在着多、小、散的结构性问题（鞠建华和强海洋，2017）。我国矿业发展水平不高，矿产资源利用率低、矿区规模结构不合理、矿山建设质量差等问题长期存在（鞠建华等，2019）。通过多年努力，我国矿山规模结构不断优化，矿产资源开发集约化程度显著提高，自 2001 年至 2015 年，我国矿山数量从 15.3 万座减少到 9.2 万座，减少约 40%，大中型矿山比例由 1.1%提高到了 12.9%，但是小型及以下矿山占比仍高达 87.1%，产能占比却不足 40%。截至 2021 年底，我国登记采矿权 32 536 个，登记面积 27.6 万 km²，同比分别下降 6.1%和增长 7.3%，平均为 8.48 km²/个。近年来全球经济形势复杂多变，我国矿业面临多重压力和挑战，利润和营收下滑，采矿许可证发证量逐年走低，但矿产资源开发仍然对生态环境造成了一定程度的损害（李海婷，2021）。以煤矿为例，我国是世界上最大的煤炭生产国和消费国，煤炭一直是我国能源供给的主要来源。由于人口增长和经济发展，从 1990 年到

2015 年，我国露天采矿面积增加了两倍，扩大了 2302 km²，其中大部分集中在北方地区，尤其是内蒙古、山西和青海三省区（Xiang et al.，2021）。露天煤矿开采剥离了表土和植被，导致土地沙化和水土流失，自然生态系统受到严重破坏，自然栖息地的面积、土壤的保水性、净初级生产力和粮食产量明显下降。具体而言，露天采矿导致 1990 年至 2015 年间自然栖息地的总面积减少了 1765 km²，破坏了自然栖息地，对生物多样性构成威胁。此外，露天采矿破坏了土地的表层和形态，改变了地表水和地下水的平衡，导致植被生产力的下降，也给碳封存带来额外压力，并可能引发气候变化的连锁效应。

伴随着矿产资源开发的是工矿用地的扩张。相较 20 世纪，21 世纪我国经历了更快的工矿用地扩张，其中 21 世纪初的 10 年扩张速度是 20 世纪 90 年代扩张速度的 5.78 倍（Kuang et al.，2016）。根据第二次全国土地调查，截至 2010 年，我国工矿用地已达 4.3 万 km²，近 70% 集中在中西部和东北地区。按照国土资源部[①]制定的《1997—2010 年全国土地利用总体规划纲要》的要求，至 2010 年，独立工矿用地仅能增至 3.30 万 km²，即比 1996 年的 2.77 万 km² 计划增加 0.53 万 km² 左右。但实际上，到 2005 年底，全国独立工矿用地已增加了 0.89 万 km²，超出规划指标 67.92%。根据遥感数据，2015 年工矿用地面积为 3.93 万 km²，其中 75% 的集中分布在沿海和西部地区。1990~2015 年，工矿用地扩张面积 3 万 km²，是 1990 年工矿用地面积的 326%，且工矿用地扩张速度逐渐加快。从空间分布角度看，沿海地区的工矿用地扩张在近年有所减缓；西部地区受到西部大开发战略的推动，工矿用地扩张明显加快；中部地区也因为中部地区崛起战略的影响，工矿用地扩张步伐加快；东北地区的工矿用地扩张则最为缓慢（刘爱琳等，2017）。我国长期的工业化进程造成大量矿产资源开采与工矿用地扩张，对生态系统造成破坏，引起生态系统结构和功能的退化和紊乱，并造成了水资源匮乏、水土流失、土地沙化、物种减少等一系列生态问题，给我国生态安全带来了严重的危机（傅伯杰等，2009）。

总体而言，我国工矿用地的扩张呈现了如下几个特征。

首先是大量工矿用地的闲置。这种现象在 21 世纪前十年较为严重。根据《全国土地利用总体规划纲要（2006—2020 年）》，1997 年到 2005 年，我国新增建设用地中工矿用地比例占到 40%，部分地区高达 60%。大部分工矿用地位于中西部和东北地区，这些地区土地资源丰富，土地价格低廉，因而工矿用地扩张更快，造成了工矿用地的闲置和浪费问题。此外，我国首批 27 个高科技园区平均规模为 17.8 km²，到 2010 年左右我国工业区和开发区的规模几乎都超过 1000 ha，但企业有效规模的面积比重却很少，造成土地资源的浪费。

---

① 2018 年《国务院机构改革方案》决定不再保留国土资源部，组建自然资源部。

其次是工矿用地的低效利用。与工矿用地浪费闲置相对应的便是工矿用地的低效利用。为了发展经济，有些地方政府以低廉的地价招商引资，工业用地供给量剧增。尤其是东部地区，在 2006 年和 2010 年，工业用地分别占土地总供给比重的 65.4% 和 53.1%；在中部和西部地区，这个比例不超过 30%。由于长期缺乏透明的土地出让制度，工业用地的价格与城市商业用地的价格相差悬殊。低廉的土地成本和过剩的土地供应，降低了工业投资的密度，影响了我国工业土地利用效率。工业园区的规划应该与其所在城市的规模、经济水平相匹配，规模过大会超出城市的承载能力和对园区的支持力度，导致园区土地的粗放利用（费洁，2012）。

最后是废弃工矿用地修复工作亟待展开。随着城市化和工业化的快速发展，工矿用地不断扩张，占用了大量的耕地资源。这不仅直接降低了粮食的生产能力，而且造成了土壤重金属污染和土地退化等环境问题，进而降低了农作物的产量和质量，对国家粮食安全构成威胁。工矿用地扩张的影响不止于此，受矿山类型、规模、开采方式，以及矿区地质环境条件等因素的影响，我国废弃矿山面临多种生态环境问题，这些问题具有成因复杂、数量众多、分布广泛、危害严重等特点。根据中国地质调查局以市、县为单元的全国矿山地质环境调查数据，截至 2018 年，我国共有各类废弃矿山约 99 000 座，按矿产类型分，非金属矿山约 75 000 座，金属矿山 11 700 座，能源矿山 12 300 座。按生产规模分，大型废弃矿山共有 2000 座，中型废弃矿山共有 4200 座，小型废弃矿山共有 92 800 座。按开采方式分，露天开采的废弃矿山共有 80 600 座，井工开采的废弃矿山共有 16 400 座，其他混合开采的废弃矿山 2000 座。我国各地废弃矿山的空间分布情况差异很大，有的区域密集，有的区域稀疏，废弃矿山主要集中在东部地区，整体呈现出大中型矿少、小型矿多，建材等非金属矿多、能源和金属矿少，东部多西部少的趋势（张进德和郗富瑞，2020）。我国已大力展开露天矿区生态修复工作，1990～2000 年和 2000～2015 年，我国分别有 84 km² 和 54 km² 的露天矿区转为林地。此外，74 km² 和 53 km² 的露天矿区分别在 1990～2000 年和 2000～2015 年转为农田。1990～2000 年和 2000～2015 年，分别有 18 km² 和 19 km² 的露天矿区被恢复为湿地，21 km² 和 27 km² 被改造成草地。

矿产资源开发是我国社会经济发展的重要基础，然而其造成的长久生态风险值得关注。因此一方面我们需要检测、获取和更新矿产资源的分布、储量、品位、类型等基础信息，以及矿区的地质、地形、地貌、植被等自然环境特征，为矿产资源的合理开发和利用提供了科学依据；另一方面需要展开矿产资源开发过程中的环境影响和生态风险的评估和监测，以及矿区生态修复进展与成效的检测，为矿产资源的可持续开发和生态保护提供技术支持。同时需要关注矿产资源的开采、利用、消耗、储备等动态变化情况，以及矿区的生态环境变化、土地利用变化、矿山灾害等影响因素，为矿产资源的管理和监督提供数据支撑。

2.2　自然资源治理现状与需求

进入新的历史阶段，我国经济发展方式正在全面转变，发展重点逐步向提高社会民生水平转移，因此，我国自然资源利用效率不仅要实现质的提升，还要满足更高层次的生态环境保护要求。在自然资源治理方面，既要持续关注全球气候变化、地缘政治风险、国际贸易格局和资源价格波动等影响资源安全的重要因素，也要结合国内外经济发展方式、发展重心和发展目标等一系列重大变化，采取新的系统性视角，应对新的风险与挑战。为了应对自然资源变化带来的一系列挑战，针对土地资源浪费、空心村、耕地"非粮化"、生态空间退化等问题，我国相继出台了相应的自然资源治理方案。

2.2.1　低效用地治理

为了遏制土地资源的浪费，自 2004 年以来，我国便进入了严格节约用地阶段，最严格的土地管理制度在此阶段得到推行。在新时代，这些政策得到进一步发展。

一是最严格的节约集约用地制度的完善。为切实解决现存的土地粗放利用和浪费问题，以土地利用方式转变促进经济发展方式转变，推动生态文明建设和新型城镇化，国土资源部于 2014 年 5 月发布《节约集约利用土地规定》，同年 9 月，为了切实解决土地粗放利用和浪费问题，以土地利用方式转变促进经济发展方式转变，推动生态文明建设和新型城镇化，国土资源部发布《关于推进土地节约集约利用的指导意见》（国土资发〔2014〕119 号），强调"土地节约集约利用是生态文明建设的根本之策"，要求"最大限度保护耕地"。2019 年 7 月，为贯彻十分珍惜、合理利用土地和切实保护耕地的基本国策，落实最严格的耕地保护制度和最严格的节约集约用地制度，提升土地资源对经济社会发展的承载能力，促进生态文明建设，自然资源部修正《节约集约利用土地规定》，按照节约优先、合理使用、市场配置、改革创新的原则，将增存挂钩和开展全域国土综合整治等写入《节约集约利用土地规定》，明确"县级以上自然资源主管部门在分解下达新增建设用地计划时，应当与批而未供和闲置土地处置数量相挂钩，对批而未供、闲置土地数量较多和处置不力的地区，减少其新增建设用地计划安排"。

二是针对土地低效利用，提出闲置土地处置方案并推行城镇低效用地再开发。为有效处置和充分利用闲置土地，规范土地市场行为，促进节约集约用地，2012 年 5 月国土资源部修订《闲置土地处置办法》，在闲置土地的认定、处置和利用、预防和监管等方面进行修订和细化。2013 年 4 月，为推进城镇低效用地在开发利用、提高城镇化质量、促进经济发展方式上的改变，《国土资源部关于印发开展城镇低效用地再开发试点指导意见的通知》（国土资发〔2013〕3 号），要求通过开展城镇低效用地再开发试点，盘活城镇低效用地，增加城镇建设用地有效供给，促进节约集约用地和保护耕地，提高土地对经济社会发展的持续保障能力。2016 年 11 月，为健全节约集约用地制度，盘活建设用地存量，提高土地利用效率，国土资源部发布《关于深入推进城镇低效用地再开发的指导意见（试行）》，对城镇低效用地再开发的总体要求、统筹引导、激励机制、遗留问题处理、保障措施等方面进行了系统阐述。

三是为了优化土地利用的空间格局，我国也在持续推进土地利用规划和管理优化。2013 年 9 月，国务院发布《关于加强城市基础设施建设的意见》（国发〔2013〕36 号），要求科学编制城市总体规划，严格按照规划进行建设，防止各类开发活动无序蔓延。2014 年发布的《国家新型城镇化规划（2014—2020 年）》与2017 年发布的《全国土地整治规划（2016～2020 年）》均强调要实行与落实最严格的耕地保护制度和集约节约用地制度，要求划定永久基本农田、合理控制城镇开发边界，并调整优化土地利用结构布局。2017 年 5 月，国土资源部发布《土地利用总体规划管理办法》，规范了土地利用总体规划的编制、审查、实施、修改和监督检查等工作。但此办法于 2019 年被废止，我国土地规划转向"多规合一"的国土空间规划，"多规合一"是指在一级政府一级事权下，强化国民经济和社会发展规划、城乡规划、土地利用规划、环境保护、文物保护、林地与耕地保护、综合交通、水资源、文化与生态旅游资源、社会事业规划等各类规划的衔接，确保"多规"确定的保护性空间、开发边界、城市规模等重要空间参数一致，并在统一的空间信息平台上建立控制线体系，以实现优化空间布局、有效配置土地资源、提高政府空间管控水平和治理能力的目标。

2.2.2 耕地"非粮化"与空心村治理

近年来，我国农业发展取得了显著成效，农业结构更加合理，区域布局更加协调，粮食产量保持了高水平增长。然而，部分地区出现耕地"非粮化"倾向。例如，有的地方把农业结构调整简单理解为压减粮食生产，有的地方违反规定，在永久基本农田上种树挖塘，有的地方大量流转耕地种植经济作物等。为了遏制我国耕地"非粮化"的趋势，国务院办公厅于 2020 年 11 月发布《关于防止耕地"非粮化"稳定粮食生产的意见》（国办发〔2020〕44 号）（以下简称《意见》）。粮食生产功能区是从永久基本农田中划分出来的，是保障粮食基本产能的关键区域，也是稳定口粮种植面积的重要依据。

首先，永久基本农田的主要任务是发展粮食生产，尤其是保证稻谷、小麦、玉米等主要粮食作物的播种面积。其次，一般耕地的主要任务是生产粮食和棉花、油料、糖料、蔬菜等农产品以及饲草饲料。最后，非食用农产品的生产应在满足粮食和食用农产品需求的前提下，适度开展。对于市场供过于求的非食用农产品，应进行引导，避免盲目扩张。作为确保粮食基本产能的核心区域，从永久基本农田中划定的粮食生产功能区是稳定口粮种植面积的重要基础。《意见》要求，一方面要加强粮食生产功能区的监管，保障粮食种植面积。另一方面要完善粮食生产的支持政策，加快把粮食生产功能区建成"一季千斤，两季一吨"的高标准粮田，优先发展高标准农田和现代农业设施。2020 年，各地已划定 9 亿亩①粮食生产功能区，并基本完成上图入库，精准落实到地块。据测算，粮食生产功能区建成后，可以保障我国 95%的口粮和 90%以上的谷物需求。

针对工商资本下乡开展土地流转经营的情况，我们应当遵循依法、自愿、有偿的原则，鼓励和引导工商资本发挥比较优势，到农村从事良种繁育、粮食加工流通和粮食生产专业化社会化服务等适合企业化经营、效益高、不与农民争利的领域，保障流转双方的合法权益，促进农村土地资源的有效利用和农业现代化发展。在具体机制和办法上，修订《农村土地经营权流转管理办法》，规范工商企业等社会资本租赁农地行为。工商资本流转土地经营权应当符合产业规划，优先发展粮食生产和适合企业化经营的现代种养业，不得改变土地的农业用途，不得闲置、荒芜或者占用耕地。流转双方应当签订书面合同，并向发包方和乡镇政府备案，明确双方的权利义务和违约责任。受让方在流转或者向金融机构融资担保时，应当事先征得承包方的书面同意。受让方投资改良土壤或者建设农业设施时，应当与承包方协商确定补偿办法。各级政府应当加强对工商资本流转土地经营权的审查审核、监测监管和风险防范，建立健全相关制度和服务平台，维护农村土地秩序和社会稳定。农业农村部将会同有关部门摸清各地"非粮化"底数，每半年开展一次全国耕地种粮情况监测评价，建立有关情况通报机制。进一步明确占用永久基本农田发展林果业、挖塘养鱼等的处罚措施。

粮食生产效益低下是我国耕地"非粮化"的根本原因，因此需要加强对种粮主体的政策激励；加强粮食产业链建设，支持建设粮食产后烘干、粮食加工设施，打通粮食生产流通上下游产业链；大力推进代耕代种、土地托管等农业生产社会化服务；推进三大粮食作物完全成本保险和收入保险试点。近年来，一些粮食产销平衡区自给率明显下降，主销区自给率持续低位下行，主销区和产销平衡区粮食净调入量明显增加。②为稳定各地粮食生产，我国将采取激励和约束相结合措施，

---

① 1 亩≈666.67 km²。

② 《农业农村部：守住粮食安全生命线　严防耕地"非粮化"》，http://country.people.com.cn/n1/2020/1202/c419842-31951829.html[2024-01-15]。

根据各地区的粮食供需状况，制定合理的粮食种植目标，调动各地区重农抓粮积极性。产销平衡区要着力建成一批旱涝保收、高产稳产的口粮田，保证粮食基本自给；主销区要明确粮食种植面积底线，稳定和提高粮食自给率；健全粮食主产区利益补偿机制，发挥粮食生产大省大县的种粮积极性。

农村空心化是农业空间的一大问题。农村空心化是由农村人口流动引起的农村整体经济社会功能综合退化的过程。具体表现在以下几个方面：一是农村留守人口增多，从事农业和农村建设的人口减少，农业生产效率低下，耕地荒芜；二是农村住房空置，形成"空心村"，土地资源被浪费；三是农村社区管理能力下降，组织建设滞后，农村居民缺乏参与社区公共事务的意识和能力。此外，农村金融服务、基础设施建设、农村社会化服务体系等公共服务水平也落后于城市。随着农村家庭承包经营制度的确立，大量农村剩余劳动力开始从农业领域流出。21 世纪初，我国加大了对农业农村的财政投入，实施了一系列有利于农业和农村发展的政策，为我国的农业农村发展创造了良好的历史机遇，但这并没能阻止农民向城市迁移的趋势，农村人口外流现象持续加剧，农村人口总量下降；农村流动人口总量大幅上升，结构年轻化；完全从农业生产中脱节、常年在外务工的农民工比例扩大，务工的兼业性降低，农村全家外出劳动力不断增加；农村产生大量留守人口。从 20 世纪末的土地整理发展到如今的全域土地综合整治，土地整治被认为是应对以农村空心化为代表的农村衰败的重要举措。根据《自然资源部关于开展全域土地综合整治试点工作的通知》，全域土地综合整治是以科学合理规划为前提，以乡镇为基本实施单元（整治区域可以是乡镇全部或部分村庄），整体推进农用地整理、建设用地整理和乡村生态保护修复，优化生产、生活、生态空间格局，促进耕地保护和土地集约节约利用，改善农村人居环境，助推乡村全面振兴。到 2020 年，全国试点不少于 300 个，各省区市试点原则上不超过 20 个。乡镇政府负责组织统筹编制村庄规划，将整治任务、指标和布局要求落实到具体地块，确保整治区域内耕地质量有提升、新增耕地面积不少于原有耕地面积的 5%，并做到建设用地总量不增加、生态保护红线不突破。

2.2.3　生态空间治理与保护

面对自然资源的动态变化对生态环境造成的威胁，我国积极实施生态空间的保护措施，划分国家生态安全战略格局和国家重点生态功能区域。根据《全国主体功能区规划》，"两屏三带"是生态安全战略格局的主体，"两屏"指的是青藏高原生态屏障、黄土高原—川滇生态屏障，"三带"指的是东北森林带、北方防沙带与南方丘陵山地带。国家重点生态功能区是指具有重要生态价值和生态服务功能的区域，如水源保护、水土流失防治、风沙阻隔和生物多样性保护等。这些区域对于维护国家或跨区域的生态安全至关重要，因此在国土空间规划中应该严格控制大规模高强度的工业化城镇化活动，以保持并提高生态系统的产能和功能。根据《国家重点生态功能保护区规划纲要》，国家重点生态功能保护区是指对保障国家生态安全具有重要意义，需要国家和地方共同保护和管理的生态功能保护区。截至 2016 年 9 月国家重点生态功能县（市、区）区数量为 676 个，占国土面积的比例 53%。为了保护国家重点生态功能区的生态安全，必须严格限制人类活动对自然环境的影响，减少土地利用的范围和强度，避免城镇建设和工业开发对生态系统的破坏，原则上禁止在该区域内新建或扩大各种开发区。同时可以合理利用该区域的特色资源，发展符合生态条件的产业，但要按照规定的限制和禁止发展的产业名录，提高对生态环境的保护标准。此外，在国家重点生态功能区内要划定生态红线，对生态红线管制区内可能造成生态环境损害或污染的企业要及时采取关闭、搬迁等措施。对国家重点生态功能区，还要进行生态功能评估，监测和考核区域内的主要生态功能和生态产品的变化情况；加强生态环境监管，对该区域内的各类资源开发、生态建设和恢复等项目进行分类管理；完善生态补偿机制。

山水林田湖草沙一体化保护和修复工程（以下简称"山水工程"）是我国推进生态保护修复的重要举措。根据《三部门关于推进山水林田湖生态保护修复工作的通知》与《山水林田湖草生态保护修复工程指南（试行）》，"山水工程"是指按照山水林田湖草是生命共同体理念，依据国土空间总体规划以及国土空间生态保护修复等相关专项规划，在一定区域范围内，为提升生态系统自我恢复能力，增强生态系统稳定性，促进自然生态系统质量的整体改善和生态产品供应能力的全面增强，遵循自然生态系统演替规律和内在机理，对受损、退化、服务功能下降的生态系统进行整体保护、系统修复、综合治理的过程和活动。"山水工程"一般包括以下五个方面：①加强矿山环境的生态保护和修复，尤其是生态敏感区和居民集中区的废弃矿山，尽快恢复交通要道沿线的矿山山体稳定，增加植被覆盖率，减少岩坑裸露。②推进土地的整治和污染修复，重点是生态重要区域的沟坡丘壑综合整治，平整破损土地，治理土地沙化和盐碱化，改造耕地坡度，复垦历史遗留工矿废弃地。对于土地污染问题，要采取源头控制、隔离缓冲、土壤改良等措施，降低土壤污染风险。③开展生物多样性保护。加快对珍稀濒危动植物栖息地区域的生态保护和修复，并对已经破坏的跨区域生态廊道进行恢复，保证其连通性和完整性，构建生物多样性保护网络，促进生态空间整体修复，提升生态系统功能。④推动流域水环境的保护和治理。选择重要的江河源头及水源涵养区开展生态保护和修复，以重点流域为单元开展系统整治，采取工程与生物措施相结合、人工治理与自然修复相结合的方式进行流域水环境综合治理，推进生态功能重要的江河湖泊水体休养生息。⑤全方位系统综合治理修复。在生态系统类型比较丰富的地区，将湿地、草场、林地等统筹纳入重大工程，对集中连片、破碎化严重、功能退化的生态系统进行修复和综合整治，通过土地整治、植被恢复、河湖水系连通、岸线环境整治、野生动物栖息地恢复等手段，逐步恢复生态系统功能。2016 年至 2018 年，我国共计实施 3 批 25 个山水林田湖草生态保护修复试点项目试点，涉及 24 个省区市约 111 万 km² 的土地面积，投入中央支持建设资金共计 360 亿元。2021 年与 2022 年，我国分别批准 10 个和 9 个山水林田湖草沙一体化保护和修复工程项目，涉及 19 个省区市。

　　我国正在构建全新的国家公园体系，并将其作为未来国家保护地体系的主体。建设国家公园体系不仅是我国建设生态文明的重要举措，也将对全球整体自然资源保护和生态安全发挥巨大作用。根据《关于建立以国家公园为主体的自然保护地体系的指导意见》，"自然保护地是生态建设的核心载体、中华民族的宝贵财富、美丽中国的重要象征，在维护国家生态安全中居于首要地位。我国经过 60 多年的努力，已建立数量众多、类型丰富、功能多样的各级各类自然保护地，在保护生物多样性、保存自然遗产、改善生态环境质量和维护国家生态安全方面发挥了重要作用，但仍然存在重叠设置、多头管理、边界不清、权责不明、保护与发展矛盾突出等问题。"因此需要建设自然保护地体系。按照自然生态系统原真性、整体性、系统性及其内在规律，依据管理目标与效能并借鉴国际经验，将自然保护地按生态价值和保护强度高低依次分为三类：①国家公园。国家公园是我国自然生态系统的精华，是保护具有国家代表性和全球价值的自然资源，实现科学保护和合理利用的目标的陆地或海洋，拥有独特的自然景观、丰富的生物多样性和完整的生态过程。②自然保护区。自然保护区是保护自然生态系统、珍稀濒危野生动植物和自然遗迹的天然集中分布区。自然保护区有较大的面积，确保主要保护对象的安全，维持和恢复珍稀濒危野生动植物种群数量及赖以生存的栖息环境。③自然公园。自然公园是保护和利用自然生态系统、自然遗迹和自然景观的区域。自然公园具有生态、观赏、文化和科学价值，可确保森林、海洋、湿地、水域、冰川、草原、生物等珍贵自然资源，以及所承载的景观、地质地貌和文化多样性得到有效保护，包括森林公园、地质公园、海洋公园、湿地公园等各类自然公园。2021 年 10 月 12 日，国家主席习近平在《生物多样性公约》第十五次缔约方大会领导人峰会上宣布："中国正式设立三江源、大熊猫、东北虎豹、海南热带雨林、武夷山等第一批国家公园，保护面积达 23 万平方公里，涵盖近 30% 的陆域国家重点保护野生动植物种类。"①

---

① 《习近平在〈生物多样性公约〉第十五次缔约方大会领导人峰会上的主旨讲话（全文）》，https://www.gov.cn/xinwen/2021-10/12/content_5642048.htm[2023-08-15]。

2.2.4　自然资源治理需求

为了全面了解我国各类自然资源的分布、数量、质量和变化情况，我国自然资源调查监测工作在不同历史时期进行了不断地创新和发展。新中国成立后我国开展了一系列的自然资源综合考察，为国家经济建设和社会发展提供了重要的基础数据；改革开放以后，我国以农业自然资源调查为重点，逐步建立了土地、林业、水利等部门分别负责的自然资源调查监测体系；近年来，随着生态文明建设和自然资源管理的需要，我国加快了构建统一的自然资源调查监测体系，开展了森林、草原、湿地、海域海岛等各类自然资源专项调查，实现了自然资源调查监测工作的系统重构和质量提升（袁承程和高阳，2022）。进入新时代，为了掌握我国自然资源变化形势以及自然资源治理成效，自然资源部于 2020 年 1 月印发《自然资源调查监测体系构建总体方案》，要求建立自然资源统一调查、评价、监测制度，形成协调有序的自然资源调查监测工作机制。以自然资源科学和地球系统科学为理论基础，建立以自然资源分类标准为核心的自然资源调查监测标准体系。以空间信息、人工智能、大数据等先进技术为手段，构建高效的自然资源调查监测技术体系。查清我国土地、矿产、森林、草原、水、湿地、海域海岛等自然资源状况，强化全过程质量管控，保证成果数据真实准确可靠；依托基础测绘成果和各类自然资源调查监测数据，建立自然资源三维立体时空数据库和管理系统，实现调查监测数据集中管理；分析评价调查监测数据，揭示自然资源相互关系和演替规律。具体的工作任务包括：建立自然资源分类标准，构建调查监测系列规范；调查我国自然资源状况，包括种类、数量、质量、空间分布等；监测自然资源动态变化情况；建设调查监测数据库，建成自然资源日常管理所需的"一张底版、一套数据和一个平台"；分析评价自然资源调查监测数据，科学分析和客观评价自然资源和生态环境保护修复治理利用的效率。自然资源调查监测框架如图 2.1 所示。

为了加快构建自然资源调查监测技术体系，我国已开展了一系列试点工作，并制定了《自然资源调查监测体系构建总体方案》，从"天-空-地-网"一体化的视角，系统规划了自然资源调查监测体系构建的总体目标、工作任务、业务体系建设和组织实施与分工（陈军等，2022a）。《自然资源调查监测体系构建总体方案》还从监测调查角度对自然资源治理提出了具体要求。

首先是基础调查与常规监测，基础调查主要任务是查清各类自然资源体投射在地表的分布和范围，以及开发利用与保护等基本情况，掌握最基本的全国自然资源本底状况和共性特征。要求以第三次全国国土调查（以下简称国土三调）为基础，集成现有的森林资源清查、湿地资源调查、水资源调查、草原资源清查等

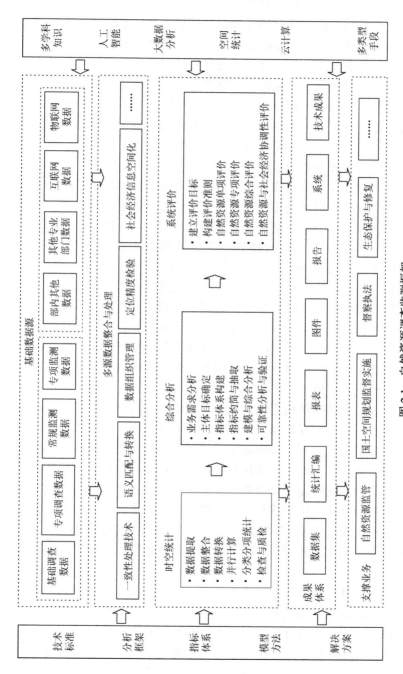

图 2.1 自然资源调查监测框架

资料来源：燕琴等（2022）

数据成果，形成自然资源管理的调查监测"一张底图"。常规监测是围绕自然资源管理目标，对我国范围内的自然资源定期开展的全覆盖动态遥感监测，及时掌握自然资源年度变化等信息，支撑基础调查成果年度更新，也服务年度自然资源督察执法以及各类考核工作等。就我国自然资源现状而言，自然资源治理需要可靠准确的土地利用覆被图作为支撑。虽然当前国土三调已经提供了可靠的中国土地利用现状信息，但国土三调与国土二调时间间隔十年，无法捕捉我国自然资源变化的动态信息，也无法回溯历史。因此需要借助遥感大数据与云计算的方法获得历史与现在的我国土地利用覆被图，进而捕捉我国城市扩张、耕地扩张与种植结构变化以及矿产资源开发的过程。

其次是专项调查与专题监测，专项调查要求针对土地、矿产、森林、草原、水、湿地、海域海岛等自然资源的特性、专业管理和宏观决策需求，组织开展自然资源的专业性调查，查清各类自然资源的数量、质量、结构、生态功能以及人文地理相关等多维度信息。专题检测要求对地表覆盖和某一区域、某一类型自然资源的特征指标进行动态跟踪，掌握地表覆盖及自然资源数量、质量等变化情况。针对城市扩张与低效用地治理，需要调查我国城市建设用地扩张动态，应用多源遥感数据进行建设用地利用强度与效率测度，判断其是否处于低效利用状态，以及利用效率是否得到提升，并监测低效用地再开发的过程。此外，根据京津冀协同发展、长江经济带发展、粤港澳大湾区建设、长三角一体化发展等国家战略的要求，需要对这些地区进行重点监测，动态跟踪国家重大战略实施、重大决策落实以及国土空间规划实施等情况。

针对耕地扩张与种植结构变化及耕地"非粮化"治理，需要在基础调查耕地范围内，开展耕地资源专项调查工作，查清耕地的等级、健康状况、产能等，掌握全国耕地资源的质量状况。每年对重点区域的耕地质量及其他情况进行调查，包括对耕地的质量、土壤酸化盐渍化及其他生物化学成分组成等进行跟踪，分析耕地质量变化趋势。同时需要监测耕地种植状况，调查耕地的动态变化，包括耕地的扩张与占用，以及应用遥感数据调查耕地撂荒和耕地"非粮化"的发生，通过构建作物生长曲线，获取复种指数、轮作方式、物候特征、耕地撂荒等信息（唐华俊等，2015），进行耕地产能的估算，判断全域土地综合整治在提升耕地产能上的成效。

针对矿产资源开发及其造成的生态破坏，以及生态空间的治理，需要展开森林、草原、湿地资源调查和生物多样性、生态系统功能等生态状况监测，分析其受到人类干扰的情况，并展开生态系统恢复监测（傅伯杰，2010）。对工矿用地，需要监测其水土流失、水量沙质、沙尘污染等生态状况，以及矿产资源开发及损毁情况、矿区生态环境状况等。森林资源调查需要查清森林资源的种类、数量、质量、结构、功能和生态状况以及变化情况等，获取全国森林覆盖率、森林蓄积量、树种、龄组、郁闭度等指标数据。因而需要调查森林的动态变化，包括森林的损毁和扩张，以及森林火灾的发生、森林冠层与绿度的变化等。草原资源调查需要查清草原的类型、生物量、等级、生态状况以及变化情况等，获取全国草原植被覆盖度、草原综合植被盖度、草原生产力等指标数据，掌握全国草原植被生长、利用、退化、鼠害病虫害、草原生态修复状况等信息。所以需要调查草原的动态变化，包括草原的侵占和扩张，以及沙漠化的发生和草原绿度的变化等。湿地资源调查需要查清湿地类型、分布、面积，湿地水环境、生物多样性、保护与利用、受威胁状况等现状及其变化情况，全面掌握湿地生态质量状况及湿地损毁等变化趋势，形成湿地面积、分布、湿地率、湿地保护率等数据。因而需要调查湿地（如红树林）的动态变化，尤其是其被侵占和干扰的过程。我国生态空间的治理，包括"山水工程"与国家森林的建设也需要遥感技术与大数据进行时序研究，监测区域自然资源状况、生态环境等变化情况，测度"山水工程"在不同尺度上的成效以及进行生态保护修复效果评价，如是否实现森林覆盖率增加，是否实现生态系统服务的增强，生态系统稳定性是否得到提高，生态廊道是否得到恢复等。

2.3　自然资源治理挑战与趋势

2.3.1　自然资源治理的挑战

自 1972 年第一颗 Landsat 陆地资源卫星发射起，人类已有半个世纪全球尺度的历史遥感数据的积累。遥感技术迅速发展，空间分辨率、时间分辨率和光谱分辨率等技术指标不断提高，遥感数据的获取趋于多平台、多传感器、多角度，我们进入前所未有的海量遥感数据时代，这为我国自然资源治理带来机遇，但是在遥感数据的获取与应用方面，我们仍然面临诸多技术挑战。

首先是遥感数据深度学习算法。遥感数据有"同谱异物、同物异谱"的特点，解译遥感影像进而生成 LUCC 图是遥感影像最重要的应用成果之一。LUCC 帮助了解、认识和解释土地系统的动态变化规律和特征，且在未来 LUCC 情景模拟和预测中发挥重要作用（唐华俊等，2009）。在以 GEE 为代表的云计算平台出现之前，LUCC 信息的获取只能通过下载单期影像，借助监督分类或非监督分类方法实现土地利用分类，该方法运算量大，对计算机性能要求很高，且依赖于单期遥感影像的质量。云计算平台的出现使得应用海量遥感数据进行数据处理成为可能，但大尺度全要素的 LUCC 制图需要解决提取细节、保证质量、选择最佳影像和处理海量数据等多方面的难题，这是一项复杂而艰巨的遥感科技工程（陈军等，2014）。在 LUCC 制图研究中，监督分类是主流方法。目前已经发展出相当多监督分类方法，包括最大似然分类器、最小距离分类器、支持向量机（support vector machine，SVM）分类器、神经网络，以及深度学习［包括卷积神经网络（convolutional neural network，CNN）、递归神经网络和随机森林（random forest，RF）］等机器学习分类方法。然而监督分类的本质是从传感器的测量空间到代表用户感兴趣的地面覆盖类型的标签字段的映射。这取决于有足够的可用像素，其类别标签是已知的，用于训练分类器。在这种情况下，训练是指估计分类器需要的参数，以便能够识别和标记看不见的像素。标签代表用户需要的地图上的类（Jog and Dixit，2016；Richards，2022）。因此监督分类对样本的要求很高，而目前大多数样本来源于人工目视解译，因而无法保障样本的客观性与一致性，进而影响最终的结果精度。

其次是遥感数据时空融合技术。Landsat 影像在 30 m 空间分辨率下提供了最广泛、最长时序的陆地表面观测记录，因此 Landsat 影像是研究不同类型土地覆盖变化的重要数据来源之一，如森林砍伐、农业扩张和集约化、城市增长和湿地丧失。Landsat 数据的缺点之一是时间频率相对较低。对于每个 Landsat 传感器，同一位置的扫描每 16 天发生一次，并且这种时间频率的数据仅在美国常见。对于世界其他地区，数据收集的频率通常较低，这取决于许多因素，如云量预测和国际地面站的可用性。云会减少收集到的图像中可用数据的数量。因此，大多数使用 Landsat 的变化检测算法都使用了 Landsat 图像的两个日期。尽管这些算法实现起来相对简单，但它们并不总是适用。可能需要几年时间才能找到一对理想的没有云、云阴影和雪并且在一年中同一时间获取的 Landsat 图像（Zhu and Woodcock，2014），所以研究中通常间隔五年乃至十年展开时序研究，无法捕捉土地利用的时序变化。此外，自然资源调查汇集不同类型、不同尺度、不同语义、不同坐标系的遥感影像，如何梳理不同遥感数据之间的复杂关系以及相互转换规律，研究多尺度遥感数据的自动匹配算法，实现多源异构时空大数据的融合也成为当下亟待解决的科学问题（王占宏等，2019）。

最后是多源数据协同感知技术。随着遥感卫星与无人机航空摄影技术的快速发展，航空航天遥感已成为大尺度自然资源调查最重要的数据来源之一。面向多要素自然资源调查与治理的目标，单一的遥感技术不能有效地获取所有所需的空间数据，因此需要结合陆地或海洋上的自然资源地面观测站（网）、各种调查监测样点（样地、样方、样带）等地面观测手段，甚至要借助手机信号、兴趣点（point of interest，POI）等社会感知或在线标报手段（陈军等，2022b；刘晓煌等，2020）。地理数据具有多维度的特性，如数据量大、来源多样、结构异质、时态变化、比例尺不同等（郭仁忠等，2012），为了有效地感知、获取和融合这些数据，需要运用协同任务规划、多星联合拍摄、航空组网观测、一体化采集和众包发现等技术，将各种观测手段，如卫星、航空、地面、海洋和网络数据挖掘等，有机地结合起来，建立一个"天–空–地–网"协同式的数据感知系统（王占宏等，2019）。

2.3.2　自然资源治理的趋势

在前期自然资源监测与治理实践中，遥感技术已广泛应用于土地利用调查、矿产资源开发与环境监测、基础地质与资源能源调查、生态环境调查以及地质灾害监测与应急调查等领域（陈玲等，2019）。随着计算机技术、遥感技术以及人工智能的飞速发展，遥感数据产品日趋成熟，在自然资源治理应用中呈现如下趋势。

（1）高精度的土地覆被制图。监测全球土地覆被变化对于管理地球的自然资本（如土壤、森林、水资源和生物多样性）至关重要。鉴于这种自然资源的变化状态，对及时、准确和高分辨率的土地覆被信息的需求比以往任何时候都更加紧迫。为了满足自然资源领域土地变化监测的需求，遥感卫星正向精细化、多样化、体系化发展，高分辨率遥感卫星也受到越来越多政府、企业和组织的关注（郭仁忠等，2018），也有相当多成熟的遥感数据集被开发出来，如 MODIS 地表覆被产品（MCD12Q1）、ESA CCI 地表覆被、中国基本城市土地利用类型图（Mapping Essential Urban Land Use Categories in China，EULUC-China）（Gong et al.，2019），以及中国土地覆被数据集（China Land Cover Dataset，CLCD）（Yang and Huang，2021）等，均已实现了较高精度的地表覆被制图。其中欧洲航天局发布的全球土地覆盖图（WorldCover），以及美国地质调查局发布的土地变化监测、评估与预测产品（Land Change Monitoring，Assessment，and Projection，LCMAP）因开放获取、多数据产品等特征受到广泛关注。

WorldCover 是基于哨兵-1 和哨兵-2 生成的，2022 年提供了 2020 年和 2021 年 10 m 分辨率的全球土地覆盖图，总体精度达到 74.4%，各个大洲的准确度水平在 68% 到 81% 之间，可以为生物多样性、粮食安全、碳评估和气候建模等提供重要信息。WorldCover 地图包含 11 个不同的土地覆盖等级，从农田或草地到建成区的永久性水体等。WorldCover 地图对于活跃在农业、生物多样性和自然保护、土地利用规划、自然资本核算以及气候变化等领域的各种用户来说非常有价值。与其他地图相比，WorldCover 添加了红树林类，因为其对碳汇至关重要。WorldCover 的优势在于其高分辨率，并且在具有持久云层的区域提供土地覆盖信息，几乎实时更新土地覆盖图。以城市为例，WorldCover 能准确识别主要道路和城市绿地，而在之前的产品中这类用地通常被忽略或归入建成区。目前 WorldCover 产品可以在其官方网站免费查看，网站提供了 WorldCover Version1、WorldCover Version2、哨兵-1 和哨兵-2 四个图层及其下载。此外，新的全球土地覆盖图也作为 GEE 数据目录的一部分发布，熟悉 GEE 平台的用户可以使用它来执行自定义分析和可视化。

LCMAP 是美国地质调查局地球资源观测与科学中心的新一代土地覆盖制图和变化监测成果。LCMAP 满足了以更高频率获得更高质量结果的需求，与以前的成果相比，它具有更多的土地覆盖类别与变化信息。根据 1985～2021 年 Landsat 记录的时间序列数据和 CCDC（continuous change detection and classification，连续变化监测和分类）算法，LCMAP 生成了一套 1985 年至 2021 年的 30 m 分辨率的美国本土年度土地覆被和地表变化产品（LCMAP Collection 1.3），包括 5 个土地覆被产品和 5 个地表变化产品。与其他土地覆被产品不同的是，LCMAP 产品提供了很多变化信息，包括年度土地覆被变化（annual land cover change）产品、变化幅度（change magnitude）、光谱变化时间（time of spectral change）、自上次变化以来的时间（time since last change）和光谱稳定期（spectral stability period）。LCMAP Collection 1.3 目前可通过 EarthExplorer、LCMAP Web Viewer 和 CONUS Mosaic 网站以及 LCMAP WMS 获得，并开放下载。此外，LCMAP 也提供了 LCMAP Collection 1.3 的历史版本：LCMAP Collection 1.0、1.1 和 1.2，但官方鼓励使用新版本。

（2）以变化检测算法为代表的时序信息捕捉也是自然资源治理的重要趋势。上述两个产品并不足以支撑当前的全球研究，前者是由于时间序列信息的缺失，后者是由于产品覆盖范围的局限，但这两个产品仍能代表未来遥感在自然资源领域应用的趋势，即更高的空间分辨率与时间分辨率。为了实现对土地覆被变化的捕捉，变化检测算法被提出，如 LandTrendr（Landsat-based detection of trends in disturbance and recovery，基于 Landsat 卫星检测干扰和恢复趋势）、VCT（vegetation change tracking，植被变化追踪）算法、BFAST（breaks for additive seasonal and trend，分离趋势和季节项的突变点方法）和 CCDC（Zhu，2017）。其中最广泛使用的是 LandTrendr 和 CCDC。LandTrendr 是使用相对辐射归一化和简单的云筛选规则来创建每年多幅图像的动态拼接，并逐个像素地提取光谱数据的时间轨迹；然后应用时间分割策略，将基于回归和点对点的光谱指数拟合作为时间的函数，允许捕获缓慢演变的过程（如再生）和突发事件（如森林采伐）（Kennedy et al.，2010）。后者基于不同土地覆盖变化在光谱响应上的差异实现变化检测。CCDC 算法通常使用 7 个 Landsat 波段得出阈值，当观测图像和预测图像之间的差异连续 3 次超过阈值时，将 1 个像素识别为地表变化；土地覆盖分类是在变化检测之后进行的（Zhu and Woodcock，2014）。我们认为，在未来自然资源治理中，这种能够准确捕捉时空动态变化的方法将受到青睐。

2.4　大数据赋能自然资源治理的分析框架

2.4.1　基于多源堆栈时序数据融合的监测方法

近年来，国产遥感卫星、无人机航空摄影等技术迅速发展，高空间分辨率遥感影像能够快速高效地覆盖大范围区域，航空航天遥感已成为大范围自然资源调查监测的主要数据来源之一。然而，航空航天遥感数据在获取信息上存在一定的限制，其对地观测极大程度上受到大气层的干扰，对天气的要求高。为了弥补这一缺陷，往往需要其他数据源作为补充。成像雷达的波束可以穿透云层，不受昼夜及云层因素的影响，全天时、全天候地获取对应的雷达遥感数据，可以极大地弥补航空航天遥感数据的不足，并且雷达遥感数据能够反映地物的复介电常数和表面粗糙度等物理特征信息，结合其与航空航天遥感互补的特性，可作为补充航空航天遥感的主要手段。

然而，在对耕地、森林、矿区、地表基质、自然保护区、滨海湿地、海洋生态系统等自然资源要素的监测中，单凭航空航天及雷达等遥感手段难以有效获取所需的有关数据资料，因此为达到具体的各种应用目的，通常还需要借助各类自然资源地面观测站（网）、调查监测样点等地面观测手段以及手机信息等社会感知手段，从中获取非遥感的有效数据信息。最终形成一套由各类遥感图像与各种地物信息数据分布图像构成的空间数据集。

采用多源堆栈时序数据融合分析的关键在于对数据集中的数据进行融合，融合不仅仅是各个数据的简单复合，而需要对信息进行优化，突出有用信息，并消除或抑制无关信息。对时空数据的融合主要有单一模型的多特征融合以及多模型特征提取的集成学习。通过数据融合可以扩大应用范围，提高地物识别能力，消除被云及云阴影覆盖的区域的影响，填补或修复信息的空缺，也可以改善目标识别的图像环境，减少模糊性、提升分类精度和应用效果，最终得到高精度的融合数据。

应用基于多源堆栈时序数据融合分析的方法能够更多地帮助解决遥感监测过程中的困难。例如，在自然资源典型要素解译的过程中，通过高精度多源融合数据结合深度学习等图像分割算法精确进行智能解译，极大降低了人力成本；在水稻种植监测中，通过高精度多源融合数据判定田块是否属于水稻田，大幅提升了识别精度；在地区降水监测中，由于单一遥感降水产品难以满足所有气候区的降水估算，精度多源融合数据可以有效提高降水估算精度；在干旱情况监测中，单一干旱指数不能够准确地反映由于综合变量而引发的干旱，使用多源融合数据，结合研究区域统一发布的气象数据，能够有效剔除异常值，实现对干旱状态的准确判断。

基于多源堆栈时序数据融合的监测方法对"时态、位置、数量、质量、生态"等信息进行融合，符合"全域覆盖、时相适宜、计划统筹、以需定取"的原则，能够实现自然资源精细化，消除数据中的随机波动和干扰，提高监测数据的质量和可靠性，能够为自然资源治理提供全覆盖、高可靠、高时效及多维度的自然资源监测手段，为后续建模、预测、分析提供可靠的数据基础，从而更好地实现对数据的挖掘和利用。

2.4.2 基于典型自然资源要素的自然资源治理遥感指数设定与体系构建

基于典型自然资源要素的指数是自然资源要素识别以及自然资源治理中的重要工具之一。当前在学术界已经出现了许多成熟的基础遥感指数，如 NDVI、归一化水体指数（normalized difference water index，NDWI）、归一化建筑指数(normalized difference built-up index，NDBI)等经典的遥感指数。这些指数能够通过遥感技术获取地表覆盖信息，用于监测和评估目标对象区域或者地类的变化情况，在生态环境评估、灾害监测与风险评估、农业生产和资源管理、城市规划与土地利用等自然资源治理领域均起到重要作用。

然而，在对特定研究区域进行研究或需要对特定地物的类别进行细分时，上述的基础遥感指数并不能很好地提供充足的信息，来对地物的类别进行综合分析，无法完整地反映地表覆盖的复杂情况，且无法提供地表覆盖变化的详细背景和原因，无法直接通过基础遥感指数来判断出现变化的因素主要是自然因素还是人为因素。因此，在实际的研究应用中，研究者需要结合多种指数以及位置信息构建新的适用于特定场景的指数并对其进行分析。

在对指数的构建中，需要综合考虑目标研究区域内的自然、社会经济、生态等多方面因素。指数的构建过程应从自然资源治理的需求角度出发，以准确识别指定研究区域的研究对象为目标，实现在时空域上对土地、矿产、森林、草原、水、湿地、海域、海岛等自然资源要素的精确区分。方法上主要使用已有的遥感影像与基础遥感指数进行特征、内涵、差异的分析，并采用分类、比较、分析与选取的方法，对指数进行确定。另外，还可以在基础遥感指数的组合中额外增加DEM 数据、夜间灯光等数据产品，将其作为指数构建的一部分。通过结合其中的人为和自然因素，更好地限定研究内容的范围，突出研究对象的特点。

在自然资源治理的实践中，构造的衍生指数很好地推进了研究的进展。露天煤矿山开采损毁监测研究通过对 NIR 以及短波红外的处理，并在时间序列上进行处理分别得到了"裸煤"指数与"裸煤"频率指数（frequency index of exposed coal，FIEC），实现了对露天开采矿区的裸煤区域精确识别；区域人居环境评估研究通过 DEM 数据、NDVI 与平均气温、相对湿度等数据进行耦合计算，构建了区域人居环境指数，实现了对人居环境的像素级精确评估；快速识别基性—超基性岩体研究则通过分析典型矿物在热红外波谱范围内的发射谱特征，构建并提出了一种"基性度"指数，能够更加精细地识别基性—超基性岩体。

在自然资源治理研究中，基于典型自然资源指数构建自然资源要素模型具有重要的理论和实践意义，可以为自然资源评估和管理提供科学依据和决策支持，推动自然资源的可持续利用和保护。不断构建与结合适用性强、针对性和有效特征突出的新遥感指数，最终形成"以遥感影像与基础遥感指数为基石，成熟数字产品为补充，衍生特定指数为主体"的较完整的、表达资源禀赋与利用状况的、统一的自然资源治理遥感指数体系。

2.4.3 变化检测与机器学习、神经网络结合的时序分析技术集成创新

面向多源融合数据，基于自然资源治理遥感指数的自动化的变化检测与时序分析技术，能够有效提高数据分析及特征提取效率，并且得益于近年来硬件设备的发展与算法的开发，分析数据的规模在逐渐扩大的同时，分析时间也明显缩短，为基于大数据赋能的自然资源治理提供了有效的数据支撑和指导。目前，在自然资源遥感影像分析中常见的有元胞自动机、随机森林等经典回归算法以及 k 近邻、支持向量机等经典的分类算法。

然而，当前基于精细化的数据与指数的分析，仅使用机器学习来提取遥感数据内部特征，依靠其数据来进行自然资源治理变得越来越不可靠。当下的机器学习方法通常需要手动进行特征工程，从原始数据中提取有效特征供模型学习，这要求研究者具备较高的专业素养且对原始数据有先验的特征知识。另外，由于传统机器学习方法通常基于线性模型或者浅层的非线性模型，在处理非线性和复杂的自然资源治理遥感数据并对其进行建模时能力有限，模型很难找到隐藏在原始数据中未知的特征关联，可能无法很好地处理复杂的问题。除此之外，机器学习模型的性能通常高度依赖于特征的选择和表示，当出现特征选择不当、特征表示不充分或特征维度较高时，模型可能无法很好地进行学习和泛化，导致性能下降，也可能出现过拟合的问题，也由于以上的缺陷，在当前进行的土地利用分类等重要自然资源治理方案中，出现了大量的错分、漏分的情况。

因此，对自然资源的变化检测及数据分析需要引入更加先进的神经网络以及深度学习，以提升其在数据隐藏特征挖掘中的能力。为能够更加精确地对原始多源数据进行处理，以自然资源指数为参照，实现了对目标特征信息端到端的映射。对一维信号数据/二维图像数据进行人工神经网络（artificial neural network，

ANN）/卷积神经网络的深度学习特征提取，不但能够同时实现分类、分割、检测等多任务的学习，而且能够学习到多源数据中的高层次特征表示，从而捕获其中的复杂模式和结构，如遥感图像中的纹理、形状、边缘等特征，有助于提高遥感图像的识别和分析的准确性。另外，深度学习具有较好的自适应性和泛化能力，无须手动进行特征工程，更好地适应不同的地物、地貌和环境条件。虽然基于深度学习的特征提取需要大量的样本作为训练样本，但训练完成后的模型特征提取能力远胜于传统的机器学习，且能够实现对信号或图像的快速处理与分析，进一步实现对自然资源的实时监测和自动化识别，赋予自然资源治理全新的治理方式，有效提升自然资源治理的水平。

深度学习特征提取在自然资源治理上应用的优势已有初步体现。森林资源变化监测研究使用了 U-Net 对研究区域的时序遥感图像进行识别，实现了森林资源变化图斑自动提取，充实和完善了森林资源动态监测的方法；三维城市扩张预测研究使用了人工神经网络和卷积神经网络结合的方法从公里格网的视角计算了特定位置的建筑建设适宜程度，并预测了该位置建造建筑的可能时间以及可能的建筑高度，实现了三维层面上的城市三维扩张预测；自然资源违法实时在线监测研究则构建了一整套人工智能深度学习算法用于识别与分析违法占地、违法烧荒、疑似"大棚房"等违法现象，实现了自然资源违法事件的自动化监测和预警。

神经网络和深度学习的引入是对当前自然资源治理的数据分析手段的重要补充，填补了机器学习等传统算法在面对高分辨率、高精度、高特征维度原始数据时处理能力不足的短板，为自然资源管理、环境保护等提供了有效的支持和决策依据，提升了自然资源治理的科学性与可靠性。

2.4.4　自然资源"监测—评价—预测—治理"技术体系与分析框架的构建与应用

自然资源"监测—评价—预测—治理"技术体系与分析框架（图 2.2）提出了以多源数据感知监测、特定细化指数评价、精确智能化预测分析等为核心组成部分的体系架构，构建了统一的自然资源治理遥感指数体系。这一体系的建立旨在有效整合各种信息源，以提供全面、准确的自然资源状况评估和未来趋势预测。其中，多源数据感知监测利用了遥感数据、地理信息数据等多种数据来源，以实现对自然资源状态的多维度、多角度监测。特定细化指数评价则通过制定具体、可操作的评价指标，对不同类型的自然资源进行全面评估，以便更好地了解其质量和利用状况，而精确智能化预测分析则运用先进的数据挖掘和人工智能技术，对未来自然资源变化进行精准预测，为决策者提供科学依据。具体地，通过构建基于多元堆栈时序数据融合的检测方法，实现"时态、位置、数量、质量、生态"

等信息融合，提供全覆盖、高可靠、高时效及多维度的自然资源监测手段，为后续评价工作的开展、未来预测和治理体系的构建提供了数据支撑。另外，通过构建基于典型自然资源要素的自然资源治理遥感指数与体系，有针对性地、统一完整地表达自然资源禀赋与利用状况，为自然资源评估与管理提供科学依据与决策支持。此外，创新集成变化检测与机器学习、神经网络相结合的时序分析技术，填补了高分辨率、高精度、高特征维度的原始数据处理能力不足的短板，提升了自然资源治理的科学性与可靠性。通过大数据赋能自然资源治理，构建起自然资源"监测—评价—预测—治理"的技术体系与分析框架，不仅为未来的自然资源治理提供了更为科学、精准的指导，为引导和规范自然资源治理决策奠定了基础，也对深化自然资源监测跨学科交叉融合起到了促进作用。

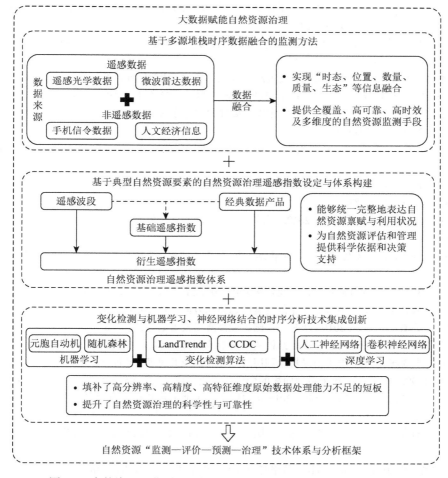

图 2.2　自然资源"监测—评价—预测—治理"技术体系与分析框架

本章参考文献

蔡瑞林, 陈万明, 朱雪春. 2015. 成本收益：耕地流转非粮化的内因与破解关键. 农村经济, (7)：44-49.

陈军, 陈晋, 廖安平, 等. 2014. 全球 30 m 地表覆盖遥感制图的总体技术. 测绘学报, 43（6）：551-557.

陈军, 王东华, 武昊, 等. 2022b. 自然资源统一调查监测技术体系构建试点设计与进展. 地理信息世界, 29（5）：4-5, 13.

陈军, 武昊, 张继贤, 等. 2022a. 自然资源调查监测技术体系构建的方向与任务. 地理学报, 77（5）：1041-1055.

陈玲, 贾佳, 王海庆. 2019. 高分遥感在自然资源调查中的应用综述. 国土资源遥感, 31（1）：1-7.

程维明, 高晓雨, 马廷, 等. 2018. 基于地貌分区的 1990-2015 年中国耕地时空特征变化分析. 地理学报, 73（9）：1613-1629.

费洁. 2012. 区域工业用地扩张的驱动力和制衡机制研究：基于产业发展与土地政策融合的框架. 杭州：浙江大学.

傅伯杰. 2010. 我国生态系统研究的发展趋势与优先领域. 地理研究, 29（3）：383-396.

傅伯杰. 2017. 地理学：从知识、科学到决策. 地理学报, 72（11）：1923-1932.

傅伯杰, 周国逸, 白永飞, 等. 2009. 中国主要陆地生态系统服务功能与生态安全. 地球科学进展, 24（6）：571-576.

郭仁忠, 胡芬, 唐新明. 2018. 高分辨率卫星遥感产业国际化发展思路研究. 中国软科学, (11)：1-9.

郭仁忠, 林浩嘉, 贺彪, 等. 2020. 面向智慧城市的 GIS 框架. 武汉大学学报（信息科学版）, 45（12）：1829-1835.

郭仁忠, 刘江涛, 彭子凤, 等. 2012. 开放式空间基础信息平台的发展特征与技术内涵. 测绘学报, 41（3）：323-326.

黄祖辉, 李懿芸, 毛晓红. 2022. 我国耕地"非农化""非粮化"的现状与对策. 江淮论坛, (4)：13-21.

贾雁岭. 2017. 我国城市扩张的特征及效率分析. 建筑经济, 38（2）：19-25.

鞠建华, 强海洋. 2017. 中国矿业绿色发展的趋势和方向. 中国矿业, 26（2）：7-12.

鞠建华, 王嫱, 陈甲斌. 2019. 新时代中国矿业高质量发展研究. 中国矿业, 28（1）：1-7.

李海婷. 2021. 环境规制对矿业产业结构的调整效应研究. 北京：中国地质大学（北京）.

李升发, 李秀彬. 2018. 中国山区耕地利用边际化表现及其机理. 地理学报, 73（5）：803-817.

李秀彬. 1999. 中国近 20 年来耕地面积的变化及其政策启示. 自然资源学报, (4)：329-333.

刘爱琳, 匡文慧, 张弛. 2017. 1990-2015 年中国工矿用地扩张及其对粮食安全的潜在影响. 地理科学进展, 36（5）：618-625.

刘晓煌, 刘晓洁, 程书波, 等. 2020. 中国自然资源要素综合观测网络构建与关键技术. 资源科学, 42（10）：1849-1859.

马强, 徐循初. 2004. "精明增长"策略与我国的城市空间扩展. 城市规划汇刊, (3)：16-22, 95.

莫长炜，闫毓龙，王燕武. 2022. 中国城市空间扩张质量测度、地区差异与分布动态. 经济研究
　　参考，（8）：80-102.

秦蒙，刘修岩. 2015. 城市蔓延是否带来了我国城市生产效率的损失？—基于夜间灯光数据的实
　　证研究. 财经研究，41（7）：28-40.

孙蕊，孙萍，吴金希，等. 2014. 中国耕地占补平衡政策的成效与局限. 中国人口·资源与环境，
　　24（3）：41-46.

谈明洪，李秀彬，吕昌河. 2003. 我国城市用地扩张的驱动力分析. 经济地理，（5）：635-639.

唐华俊. 2014. 新形势下中国粮食自给战略. 农业经济问题，35（2）：4-10，110.

唐华俊，吴文斌，杨鹏，等. 2009. 土地利用/土地覆被变化（LUCC）模型研究进展. 地理学报，
　　64（4）：456-468.

唐华俊，吴文斌，余强毅，等. 2015. 农业土地系统研究及其关键科学问题. 中国农业科学，
　　48（5）：900-910.

童陆亿，胡守庚. 2016. 中国主要城市建设用地扩张特征. 资源科学，38（1）：50-61.

王占宏，白穆，李宏建. 2019. 地理空间大数据服务自然资源调查监测的方向分析. 地理信息世
　　界，26（1）：1-5.

徐智邦，焦利民，王玉. 2022. 1988—2018 年中国城市实体地域与行政地域用地扩张对比. 地理
　　学报，77（10）：2514-2528.

许丽丽，李宝林，袁烨城，等. 2015. 2000-2010 年中国耕地变化与耕地占补平衡政策效果分析.
　　资源科学，37（8）：1543-1551.

严亚磊，于涛，陈浩. 2021. 国家级城市群发展阶段、空间扩张特征及动力机制. 地域研究与开
　　发，40（5）：51-57.

燕琴，刘纪平，董春，等. 2022. 自然资源调查监测分析评价框架设计及关键技术. 地理信息世
　　界，29（5）：6-13.

佚名. 2010. 我国工矿用地不断扩张的同时存在大量闲置和浪费. 国土资源，（2）：12-13.

袁承程，高阳. 2022. 我国自然资源综合调查监测发展历程、问题与建议. 草业科学，39（12）：
　　2670-2682.

袁承程，张定祥，刘黎明，等. 2021. 近 10 年中国耕地变化的区域特征及演变态势. 农业工程
　　学报，37（1）：267-278.

张进德，郗富瑞. 2020. 我国废弃矿山生态修复研究. 生态学报，40（21）：7921-7930.

卓玛措. 2005. 人地关系协调理论与区域开发. 青海师范大学学报（哲学社会科学版），（6）：
　　26-29.

Chen H, Tan Y Z, Xiao W, et al. 2022. Urbanization in China drives farmland uphill under the
　　constraint of the requisition-compensation balance. Science of the Total Environment，831：
　　154895.

Gong P, Chen B, Li X C, et al. 2019. Mapping essential urban land use categories in China
　　（EULUC-China）：preliminary results for 2018. Science Bulletin，65（3）：182-187.

Jog S, Dixit M. 2016. Supervised classification of satellite images//2016 Conference on Advances in
　　Signal Processing（CASP）. Pune：IEEE.

Kennedy R E, Yang Z Q, Cohen W B. 2010. Detecting trends in forest disturbance and recovery using
　　yearly Landsat time series：1. LandTrendr：temporal segmentation algorithms. Remote Sensing

of Environment，114（12）：2897-2910.

Kuang W H，Liu J Y，Dong J W，et al. 2016. The rapid and massive urban and industrial land expansions in China between 1990 and 2010：a CLUD-based analysis of their trajectories，patterns，and drivers. Landscape and Urban Planning，145：21-33.

Liu Z，Liu S H，Qi W，et al. 2018. Urban sprawl among Chinese cities of different population sizes. Habitat International，79：89-98.

Richards J A. 2022. Supervised classification techniques//Richards J A. Remote Sensing Digital Image Analysis. 6th ed. Berlin：Springer：263-367.

Xiang H X，Wang Z M，Mao D H，et al. 2021. Surface mining caused multiple ecosystem service losses in China. Journal of Environmental Management，290：112618.

Yang J，Huang X. 2021. The 30 m annual land cover dataset and its dynamics in China from 1990 to 2019. Earth System Science Data，13（8）：3907-3925.

Zhu Z. 2017. Change detection using Landsat time series：a review of frequencies，preprocessing，algorithms，and applications. ISPRS Journal of Photogrammetry and Remote Sensing，130：370-384.

Zhu Z，Woodcock C E. 2014. Continuous change detection and classification of land cover using all available Landsat data. Remote Sensing of Environment，144：152-171.

第3章 遥感大数据

自从 20 世纪 50 年代首颗遥感卫星发射成功以来，遥感技术在地球观测和环境监测领域发展迅猛，为人类深入了解地球、探索自然规律和应对全球变化提供了重要手段。随着科技的不断进步和信息化的快速发展，遥感卫星每天都产生着大量的遥感数据，形成了遥感大数据的新时代。遥感大数据不仅包含了丰富的地球观测信息，还蕴含着巨大的科学、应用和决策价值。

遥感卫星不断创新和升级，技术手段不断拓展，在光学、微波、高光谱、高分辨率、多源数据融合等方面取得了显著的突破，为地球观测和环境监测提供了更加丰富和精细的信息。同时，大数据技术的快速发展和广泛应用，为遥感卫星数据的处理、存储、分析和挖掘提供了强大的支持，推动了遥感卫星与大数据的深度融合，形成了遥感大数据的新格局（李国庆和黄震春，2017）。遥感大数据将为地球科学、环境保护、资源管理、城市规划、农业生产等领域提供更多高质量的信息支持，助力人类更好地了解和保护地球，实现可持续发展。本章旨在探讨遥感卫星及遥感大数据的特点和展望，为读者全面了解遥感大数据的重要性和前沿发展提供参考。

3.1 遥感卫星技术概述

3.1.1 遥感卫星简述

遥感卫星是一种远距离、非接触式的地球观测手段，遥感卫星技术通过搭载在轨道上的卫星对地球表面进行高效、高精度的观测和监测，获取丰富的地球观测信息。遥感卫星技术的发展经历了多个阶段，从最早的光学遥感卫星到当前的多源遥感卫星，技术不断升级和创新（Tang and Li，2008），为地球科学、环境监测、资源管理、气候变化等领域提供了强大的支持。

（1）光学遥感卫星技术：光学遥感卫星利用搭载在卫星上的光学传感器，通过对地球表面反射、散射、吸收等光学现象进行观测和记录，获取地表的图像数据。光学遥感卫星可以获取高分辨率、高精度的影像数据，包括可见光、红外、紫外等多个波段的信息，能够用于地表覆盖分类、植被监测、城市规划等。

（2）雷达遥感卫星技术：雷达遥感卫星通过搭载在卫星上的雷达传感器，利用雷达波段的电磁波与地表进行相互作用，获取地表的雷达散射、反射、干涉等信息。雷达遥感卫星具有独特的观测能力，可以在多云、多雾等天气条件下进行观测，适用于海洋观测、冰雪监测、土壤湿度监测等。

（3）气象遥感卫星技术：气象遥感卫星通过搭载在卫星上的气象传感器，对大气、云、降水等气象要素进行观测和监测，获取气象信息。气象遥感卫星一般处于低地球轨道（low earth orbit，LEO）或者地球静止轨道（geostationary earth orbit，GEO），以便实时观测地球表面的天气现象。气象遥感卫星在气象预测、气候监测、灾害预警等方面发挥着重要作用，为天气预报、气候研究和气象灾害防范提供了重要数据支持。

（4）热红外遥感卫星：热红外遥感卫星通过观测地球表面的热辐射，可以提供地表温度（land surface temperature）、火灾监测等数据。这些数据可以用于城市热岛效应研究、火灾监测与预警、农作物生长监测等。

（5）高空大气遥感卫星：高空大气遥感卫星通过观测大气成分、大气温度、气溶胶等参数，可以提供高层大气监测数据。高空大气遥感卫星一般处于较高的轨道，通常在地球表面以上数百公里甚至上千公里的高度，以便观测大气层中的气体分布情况。这些数据可以用于大气环境监测、气候变化研究等。

（6）多源遥感卫星技术：多源遥感卫星通过综合利用不同类型的遥感传感器，如光学、雷达、气象、热红外等，获取多源、多波段的地球观测信息。不同类型的遥感卫星可以提供不同波段、不同分辨率、不同观测能力的数据，通过将这些数据进行融合、互补，可以增强地球观测的精度、时空分辨率和信息内容，从而更好地支持资源管理、环境监测、灾害监测等领域。

3.1.2 遥感卫星的发展与现状

遥感卫星技术起源于 20 世纪 50 年代初期，随着航空航天技术的快速发展，人类开始尝试使用航天器进行对地观测。1957 年苏联发射了第一颗人造卫星——斯普特尼克 1 号，标志着遥感卫星技术的诞生。随后，美国、苏联、加拿大等国家陆续发射了一系列遥感卫星，用于地球表面的光学和雷达观测。

20 世纪 60 年代，随着卫星技术的不断发展，光学遥感卫星开始进入高分辨率时代，能够获取更为精细的地表影像。20 世纪 70 年代，气象遥感卫星开始应用于天气预报和气候研究，并成为气象监测和预警的重要工具。20 世纪 80 年代，合成孔径雷达（synthetic aperture radar，SAR）技术的应用使雷达遥感卫星具备了独特的观测能力，能够在任何天气条件下进行观测，广泛应用于海洋、冰雪、土壤湿度观测等领域。20 世纪 90 年代以后,多源遥感卫星技术逐渐成熟,不同类型的遥感传感器被综合利用,实现了多波段、多角度、多时间的地球观测,为遥感应用提供了更加丰富的信息。

各国相继发射了多颗光学、雷达、气象和多源遥感卫星,用于地球表面的观测和监测。光学遥感卫星如 Landsat、哨兵等,具备高分辨率、高灵敏度的观测能力,广泛应用于地表覆盖、植被监测、城市规划、资源管理等领域;雷达遥感卫星如 Envisat、Radarsat 等,具备全天候的观测能力,在海洋、冰雪、土壤湿度等领域具有重要应用;气象遥感卫星如风云气象卫星、高分系列卫星等,用于大气、云、降水等气象要素的观测和监测,为气象预报、气候研究和灾害预警提供了重要支撑。此外,多源遥感卫星技术也得到广泛应用。随着多个国家和地区发射遥感卫星,不同类型、不同分辨率的遥感数据不断增加。多源遥感数据融合应用成为当前的研究热点。通过将来自不同卫星的数据融合在一起,可以获得更全面、多角度的地球观测信息,提高遥感数据的应用效果。例如,光学和雷达遥感数据的融合可以在云层遮蔽下获取地表信息;高空大气遥感数据与气象遥感数据的融合可以在大气层监测和天气预报中提供更为精确的信息。

随着科技的不断进步,遥感卫星技术也在不断发展。高分辨率、高灵敏度的光学遥感卫星不断涌现,雷达遥感卫星的观测能力不断提升,气象遥感卫星不断更新换代,多源遥感卫星技术也不断发展创新。随着卫星光学传感器技术的不断改进,遥感卫星的分辨率不断提高,从米级、亚米级到亚米级以下。这使得遥感卫星能够提供更为细致、精确的地表信息,广泛应用于城市规划、土地利用、资源调查和环境监测等领域。

越来越多的国家和组织开始开放遥感卫星数据,促进了遥感卫星数据的开放共享,推动了遥感数据的广泛应用。例如,欧洲航天局和 NASA 等机构提供了大量的遥感卫星数据和工具,供科研、商业和公共部门使用。这种开放共享的趋势使得更多的用户可以免费或低成本获取遥感数据,从而推动了遥感应用的广泛普及。随着遥感数据量的不断增加,数据处理和分析技术也在不断提升。自动化图像处理、机器学习、人工智能等技术的应用,使得遥感数据的获取、处理和分析变得更加高效和精确。这些技术的不断提升,为遥感卫星数据的应用提供了更多的可能性。

总的来说,遥感卫星现状呈现出技术不断进步、多源数据融合、新型技术涌现、数据共享推动以及应用领域不断扩展等趋势。这些趋势将进一步推动遥感卫星技术的发展和遥感大数据的应用,为未来遥感卫星和大数据的发展提供了广阔的发展空间。

3.2 主要的卫星计划与数据特点

据 Dewesoft 统计，截至 2021 年 9 月 1 日，全球在轨卫星共 4550 颗，美国拥有绕地球运行的卫星最多，实际拥有或运营的 2804 颗卫星占目前在轨空间卫星总数的一半以上，其中有 1655 颗为美国太空探索技术公司（SpaceX）拥有；中国拥有 467 颗，英国拥有 249 颗，俄罗斯拥有 168 颗；根据统计结果，4550 颗卫星中约有 1033 颗遥感卫星，占比为 22.7%。绕地球运行的卫星有许多用途；超过一半的地球卫星用于通信，包括电视、电话、无线电、互联网和军事，且大多数这些通信卫星都可以在地球静止轨道上找到；天空中数千颗卫星的其他用途包括对地和空间观测、地球和空间科学、技术开发和演示以及导航和全球定位（杨贵军等，2009）。

目前全世界共有六个宇航局具有发射并修复多颗卫星、部署低温火箭发动机以及操控航天探测器这三种能实现完全自主发射的能力。这六个宇航局分别是中国国家航天局、欧洲航天局、印度空间研究组织（Indian Space Research Organization，ISRO）、日本宇宙航空研究开发机构（Japan Aerospace Exploration Agency，JAXA）、NASA 以及俄罗斯联邦航天局（Russian Federal Space Agency，RFSA）。下面介绍美国、欧洲、中国主要卫星计划。

3.2.1 美国

美国主要有三个联邦机构涉及地球观测卫星：NASA、美国国家海洋和大气管理局以及美国地质调查局。

下面主要介绍三类美国卫星计划：Landsat 系列卫星、EOS 系列卫星、NOAA 系列卫星。

1. Landsat 系列卫星

Landsat 系列卫星由 NASA 和美国地质调查局共同管理。民用地球资源卫星在 20 世纪 60 年代中期就由美国内政部（Department of the Interior，DOI）和美国地质调查局进行构思。1966 年 9 月 20 日，美国地质调查局在华盛顿一个新闻发布会上宣布了最早的专用民用空间地球表面成像项目计划——地球资源观测卫星（Earth Resources Observation Satellite，EROS）。该任务分配给了 NASA，由它设计并建造卫星和相关载荷。

NASA 在 1966 年发起地球资源技术卫星（Earth Resources Technology Satellite，ERTS）项目，在 1975 年改名为 Landsat。因此，早期的 ERTS-1 和 ERTS-2 卫星

后来被重新命名为 Landsat-1 和 Landsat-2。自 1972 年起，Landsat 系列卫星陆续发射，是美国用于探测地球资源与环境的系列地球观测卫星系统。

Landsat 的主要任务是调查地下矿藏、海洋资源和地下水资源，监视和协助管理农、林、畜牧业和水利资源的合理使用，预报农作物的收成，研究自然植物的生长和地貌（战川等，2018），考察和预报各种严重的自然灾害（如地震）和环境污染，拍摄各种目标的图像，以及绘制各种专题图（如地质图、地貌图、水文图）等。

从 Landsat-1 到 Landsat-9，所有 Landsat 图像均可通过 USGS Earth Explorer 网站获得[①]。

Landsat-1 于 1972 年 7 月 23 日发射，携带两种传感器：返回光束摄像机（return-beam vidicon，RBV）和多光谱扫描仪（multi-spectral scanner，MSS）系统，一直运行到 1978 年 1 月，比其设计寿命延长了 5 年。影像信息的质量和影响超出了所有人的预期。Landsat-2 于 1975 年 1 月 22 日发射，其在轨期间共收集了 240 000 景影像。Landsat-2 跟 Landsat-1 卫星一样，包含绿波段、红波段和两个 NIR 波段（NIR1，NIR2）。Landsat-3 发射的目标是在没有任何时间间隔的情况下继续对地球进行观测，它共服役 5 年，共收集了 140 000 景影像。Landsat-3 跟 Landsat-1 和 Landsat-2 相似，包含绿波段、红波段和两个 NIR 波段。同时，它增加了一个热红外波段，但在发射后不久就失效了。Landsat-4 是第一颗配备专题制图仪（thematic mapper，TM）的卫星，共收集了 217 650 景影像。Landsat-4 卫星包含蓝波段、绿波段、红波段、两个 NIR 波段、中红外（middle infrared，MIR）波段、热红外波段共 7 个波段，此外，地面分辨率提高到了 30 m，热红外波段的分辨率为 120 m。

Landsat-5 卫星于 1984 年 3 月发射升空，它是一颗光学对地观测卫星，有效载荷为专题制图仪和多光谱扫描仪。Landsat-5 卫星所获得的图像是迄今在全球应用最为广泛、成效最为显著的地球资源卫星遥感信息源，同时 Landsat-5 卫星也被吉尼斯世界纪录认定为历史上运行时间最长的地球观测卫星，它起初被设计的寿命是 3 年，但是持续运转了 28 年零 10 个月，在此期间收集了许多重大事件的影像，包括切尔诺贝利、毁灭性海啸和森林砍伐等。2012 年 12 月 21 日，美国地质调查局宣布：由于冗余陀螺仪发生故障，Landsat-5 即将退役。该卫星携带了三颗陀螺仪进行姿态控制，并且需要两颗陀螺仪来保持控制。

Landsat-7 卫星于 1999 年 4 月 15 日发射升空，这颗卫星搭载了增强型专题制图仪（enhanced thematic mapper plus，ETM＋），相比于 Landsat-4 和 Landsat-5 搭载的 TM 传感器，ETM＋有以下优点：①增加了一个 15 m 空间分辨率的全色波

---

① USGS Earth Explorer 网站链接：https://gisgeography.com/usgs-earth-explorer-download-free-landsat-imagery/。

段（panchromatic）；②能实现 5%绝对辐射校准；③拥有一个 60 m 空间分辨率的
热红外波段；④增加了一个板载数据记录仪。2003 年 5 月，Landsat-7 卫星遇到了
扫描线校正器（scan line corrector，SLC）的机械故障，部分卫星图像数据丢失。

Landsat-8 卫星于 2013 年 2 月发射升空，卫星搭载陆地成像仪（operational land
imager，OLI）和热红外传感器（thermal infrared sensor，TIRS）两种传感器，每
16 天可以实现一次影像全球覆盖。OLI 包括 9 个波段，空间分辨率为 30 m，其中
包括一个 15 m 的全色波段，成像宽幅为 185 km×185 km。TIRS 用于收集地球两
个热区地带的热量流失，能够了解所观测地带水分消耗。Landsat-8 卫星共有 11 个
光谱带，包括沿海波段（coastal）、蓝波段、绿波段、红波段、NIR 波段（NIR1）、
短波红外（short wave infrared，SWIR）波段（SWIR1、SWIR2）、卷云波段（cirrus）、
全色波段及长波红外波段（TIR-1、TIR-2），其中 7 个与 Landsat-7 上的 ETM + 基
本一致。全色波段的分辨率为 15 m，TIRS 的分辨率为 100 m。Landsat-8 卫星将
延续对地观测数据记录的时间，全球陆地观测任务将延长至 40 年以上，在能源和
水资源管理（Cohen and Goward，2004）、森林资源监测（Wulder et al.，2019）、
人类和环境健康、城市规划、灾后重建和农业（Hansen and Loveland，2012）等
众多领域发挥重要作用。

Landsat-9 于 2021 年 9 月发射，它完全取代了有故障的 Landsat-7 卫星，延长
了 Landsat 计划的生命线。Landsat-9 卫星几乎复制了 Landsat-8 卫星的设计，热传
感器同时将其升级为 TIR-2。与 Landsat-8 相同，这两个光学传感器将检测包含可见
光波段、NIR 波段、短波红外波段和热红外波段等 11 个光谱波段。

2. EOS 系列卫星

EOS 系列卫星的主要目标是实现在单系列极轨空间平台上对太阳辐射、大气、
海洋和陆地进行综合观测，获取有关海洋、陆地、冰雪圈和太阳动力系统等信息，
进行土地利用和土地覆盖研究、气候季节和年际变化研究、自然灾害监测和分析
研究、长期气候变率的变化以及大气臭氧变化研究等，进而实现对大气和地球环
境变化的长期观测和研究的总体目标。2002 年 5 月 4 日成功发射 Aqua 卫星后，
每天可以接收两颗卫星的资料。

EOS 系列卫星是美国 EOS 计划中一系列卫星的简称。经过长达 8 年的制造
和前期研究准备工作，1999 年 2 月 18 日，美国成功地发射了 EOS 系列卫星的第
一颗极地轨道环境遥感卫星 Terra。

Aqua 卫星于 2002 年 5 月 4 日发射成功。Terra 为上午星，从北向南于地方时
10：30 左右通过赤道，一天最多可以获得 4 条过境轨道资料。Aqua 为下午星，
从南向北于地方时 13：30 左右通过赤道。两颗星相互配合每 1~2 天可重复观测
整个地球表面，得到 36 个波段的观测数据。

MODIS 是搭载在 Terra 和 Aqua 卫星上的一个重要的传感器，是卫星上唯一将实时观测数据通过 x 波段向全世界直接广播，并可以免费接收数据并无偿使用的星载仪器，全球许多国家和地区都在接收和使用 MODIS 数据。

MODIS 是当前世界上新一代"图谱合一"的光学遥感仪器，有 36 个离散光谱波段，光谱范围宽，从 0.4 μm（可见光）到 14.4 μm（热红外）全光谱覆盖。MODIS 的多波段数据可以同时提供反映陆地表面状况、云边界、云特性、海洋水色、浮游植物、生物地理、化学、大气中水汽、气溶胶、地表温度、云顶温度、大气温度、臭氧和云顶高度等特征的信息，可用于对地表、生物圈、固态地球、大气和海洋进行长期全球观测。

MODIS 仪器的地面分辨率为 250 m、500 m 和 1000 m，扫描宽度为 2330 km。在对地观测过程中，每秒可同时获得 11 MB 的来自大气、海洋和陆地表面信息，每日或每两日可获取一次全球观测数据（Lu et al.，2015）。

3. NOAA 系列卫星

NOAA 系列卫星是美国国家海洋和大气管理局的第三代实用气象观测卫星，第一代称为泰罗斯（TIROS）系列（1960～1965 年），是世界上首颗发射的气象卫星，它为美国获取了大量的气象资料，但其空间分辨率较低，收集、存储和返回数据信息的过程并不十分理想，因此成为一颗测试卫星，为此后发送的气象卫星提供了很多宝贵的工作经验。第二代称为"艾托斯"（ITOS）/NOAA 系列（1970～1976 年），其后运行的第三代称为 TIROS-N/NOAA 系列。[①]

NOAA 系列卫星的轨道是接近正圆的太阳同步轨道，轨道高度为 833～870 km，轨道倾角为 98.9°，周期为 101.4 min。NOAA 系列卫星的应用目的是日常的气象业务，平时有两颗卫星在运行。因为用一颗卫星每天至少可以对地面同一地区进行 2 次观测，所以两颗卫星就可以进行 4 次以上的观测。

NOAA 系列卫星上携带的探测仪器主要为甚高分辨率辐射仪（孙志伟，2013）和泰罗斯垂直分布探测仪（TIROS operational vertical sounder，TOVS）。TOVS 是测量大气中气温及温度的垂直分布的多通道分光计，由高分辨率红外辐射探测仪（high resolution infrared radiation sounder/mod2，HIRS/2）、平流层探测仪（stratospheric sounding unit，SSU）和微波探测仪（microwave sounding unit，MSU）组成。除 AVHRR（advanced very high resolution radiometer，改进型甚高分辨率辐射计）和 TOVS 传感器，TIROS-N/NOAA 系列卫星还配备了多种仪器和设备，包括数据采集系统（data acquisition system）、空间环境监测仪（space environment monitor）、太阳紫外背向散射仪（solar backscatter UV experiment）、地球辐射预测

---

① 资料来源：https://www.nesdis.noaa.gov/our-satellites/related-information/history-of-noaa-satellites.

仪（earth radiation budget）、高级微波探测仪（advanced microwave sounder）和高级海岸带彩色扫描仪（advanced coastal zone color scanner）等。

AVHRR 作为 NOAA 通信卫星的核心传感器之一，随着卫星的更新换代，其传感器也从第一代到第三代依次发展。第一代 AVHRR 传感器搭载于 NOAA-1、NOAA-2、NOAA-3、NOAA-4、NOAA-5、NOAA-6、NOAA-8、NOAA-10 等卫星上，AVHRR/1 传感器包括四个辐射通道，分别为可见光、NIR、中红外以及热红外波段；第二代 AVHRR 传感器（AVHRR/2）搭载于 NOAA-7、NOAA-9、NOAA-11、NOAA-12、NOAA-14 卫星，它在第一代的基础上增加了一个热红外波段，即 AVHRR/2 包含五个辐射通道，分别是：可见光（0.55～0.68 μm）、NIR（0.725～1.1 μm）、中红外（3.55～3.93 μm）、TIR-1（10.5～11.3 μm）以及 TIR-2（11.5～12.5 μm）波段；第三代 AVHRR 传感器主要用于 NOAA-15、NOAA-16、NOAA-17、NOAA-18、NOAA-19 卫星，包括六个辐射通道，即 3A（1.58～1.64 μm）、3B（3.55～3.93 μm），其他辐射通道辐射波长信息并未改变。

AVHRR/2 传感器扫描角为 ±55.4°，相当于探测地面 2800 km 宽的带状区域，两条轨道可以覆盖我国大部分国土，三条并列轨道即可对我国全部国土面积进行扫描。该传感器的星下分辨率为 1.1 km，由于扫描角大，图像边缘部分变形较大，实际上最有用的部分在 ±15° 范围内（15° 处地面分辨率为 1.5 km），这个范围的成像周期为 6 天。

AVHRR/2 影像属于中等分辨率遥感数据，与其他分辨率的遥感数据相比，其单个像元面积相当于 TM 数据的 1340 倍，不适用于对空间分辨率要求较高的领域，但适用于大面积信息监测，并且能够缩减大量数据处理时间，提高大范围国土监测效率。此外，AVHRR/2 传感器获得的地表数据信息重访周期短，覆盖范围广，适用于气候变化监测、环境破坏监测以及大中型自然灾害监测等。具体来说，AVHRR/2 传感器的第一个波段，即可见光波段，主要接受的是反射信息，多用于日间的云图识别和地表监测；第二个波段，即 NIR 波段，对水质信息敏感，主要用于提取水陆边界；第三个波段是中红外波段，收集的信息包括反射信息和透射信息，对绿色植被较为敏感，常用于森林采伐和森林火情监测；第四个波段是热红外波段，波段范围为 10.30～11.30 μm，适合制作晚间云图，监测海面温度；第五个波段也是热红外波段，为 11.50～12.50 μm，常用于检测海面温度。除此之外，在实际应用中，多同时利用 AVHRR 的可见光和 NIR 波段，推算 NDVI，用于估算生物产量；利用第四个和第五个波段数据信息进行定量反演地表温度。

目前有两种全球尺度的 AVHRR 数据：NOAA 全球覆盖（global area coverage，GAC）数据和 NOAA 全球植被指数（global vegetation index，GVI）数据。GAC 数据是通过对原始 AVHRR 数据进行重采样而生成的，空间分辨率为 4 km，由 5 个

AVHRR 的原始波段组成，没有经过投影变换；GVI 数据是对 GAC 数据的进一步采样而得到的，空间分辨率为 15 km 或更低，经过了投影变换。此外，为了减少云的影响，GVI 数据是由连续 7 天图像中 NDVI 值最大的像元所组成。美国国家海洋和大气管理局从 1982 年起就开始生产 GVI 数据。

3.2.2　欧洲

欧洲航天局 2010～2030 年的卫星发射计划，主要分为三个计划：科学计划、哥白尼计划和气象计划。本节中主要介绍哨兵系列卫星，其作为哥白尼计划的一部分，主要目标便是对地球的观测任务（Phiri et al.，2020）。

每个哨兵卫星都是通过两颗卫星来满足重访周期和覆盖范围要求（Kaku，2019）。

哨兵-1 是用于完成陆地和海洋服务的极地轨道全天候昼夜雷达成像任务。哨兵-1 由 C 波段 SAR 和两颗相距 180° 的卫星组成，每 6 天对整个地球进行一次成像，欧洲和加拿大及主要运输线路重访周期为 3 天，北极重访周期不到 1 天。哨兵-1A 于 2014 年 4 月 3 日发射升空，哨兵-1B 于 2016 年 4 月 25 日发射升空。它们主要应用于监测北极海冰范围、海冰测绘、海洋环境监测、土地利用变化、土壤含水量、产量估计、地震、山体滑坡、城市地面沉降、支持人道主义援助和危机局势，包括溢油监测、海上安全船舶检测、洪水淹没。

哨兵-2 是一个极轨多光谱高分辨率成像卫星，载有多光谱成像仪（mutispectral imager，MSI），并有 13 个波段、290 km 幅宽和 5 天的重访周期。哨兵-2A 于 2015 年 6 月 23 日发射升空，哨兵-2B 于 2017 年 3 月 7 日发射升空。同一轨道上的两个相同卫星相距 180°，以实现最佳覆盖和数据传输。它们在一起每隔 5 天就覆盖地球的所有陆地表面和沿海水域的影像产生。哨兵-2 可用于监视植物生长，还可以绘制土地覆盖变化图，同时还可以提供有关湖泊和沿海水域污染的信息，可以捕获水质参数，如叶绿素的表面浓度，检测有害藻华并测量浊度（或水的澄清度），从而清楚地表明水的健康和污染水平；可提供洪水、火山喷发和山体滑坡的图像，有助于绘制灾害图，有助于人道主义救济工作。

哨兵-3 是一项多仪器任务，该任务基于两颗相同的卫星，它们在星座中运行，以实现最佳的全球覆盖范围和数据传输。影像幅宽为 1270 km 的海洋和陆地探测仪器每两天提供一次全球覆盖。哨兵-3A 于 2016 年 2 月 16 日发射升空，哨兵-3B 于 2018 年 4 月 25 日发射，扩展了哨兵-2 多光谱成像仪的覆盖范围和光谱范围。它将用于热环境检测，这对改善农业实践非常有用，并将用于监视城市的热岛。随着城市的不断扩张，了解热岛的发展方式对计划者和开发商至关重要。这将有助于绘制生物质燃烧的碳排放图，评估损害并估计燃烧区域的恢复情况。将哨兵-3

的测量值与气象预报数据相结合，可获得有助于管理森林火灾的信息。此外，可以对森林进行系统的监控，以评估风险并制定有效的计划来预防森林大火。哨兵-3的海洋和陆地探测仪器还将通过测量变量（如叶面积指数、植物冠层所吸收的光合有效辐射比例）来提供有关植被状态的独特且及时的信息——叶绿素指数。对海面温度和海面高度的测量将用于监视未来厄尔尼诺事件的发生和演变。海洋的表面温度也会影响飓风和热带气旋的强度，其造成的破坏损失达数亿欧元。哨兵-3是密切监视地表海洋水域、海况、海冰厚度以及估算上层海洋热量的重要工具。哨兵-3提供各种海洋生物地球化学产品的数据，以监测我们的海洋生态系统的健康状况，包括藻类色素浓度、总悬浮物、有色溶解有机物和叶绿素a等。

哨兵-5是一种有效载荷，它将监测MetOp第二代卫星上极地轨道的大气。该卫星搭载了先进的Tropomi传感器，可绘制多种微量气体浓度，如二氧化氮、臭氧、甲醛、二氧化硫、甲烷、一氧化碳和气溶胶，这些都会影响我们呼吸的空气，进而影响我们的呼吸健康和气候。Tropomi传感器之所以与众不同，是因为它在紫外线和可见光（270～500 nm），NIR（675～775 nm）和短波红外（2305～2385 nm）光谱带中进行测量。这意味着可以更精确地成像各种污染物。它的分辨率高达7 km×3.5 km，有潜力检测单个城市的空气污染。

哨兵-6装有雷达测高仪，用于测量全球海平面高度，主要用于海洋学和气候研究，已于2020年11月21日发射成功。

截至2023年8月，支持哨兵-1、哨兵-2、哨兵-3和哨兵-5P及哨兵-6影像的下载。

3.2.3　中国

截至2023年4月，中国已经发射了200多颗地球遥感卫星，可将其分为三大类别：陆地遥感卫星、气象遥感卫星和海洋遥感卫星（孙伟伟等，2020）。

我国陆地遥感卫星经过多年的发展，已经具备全色波段、多光谱、红外波段、SAR、视频和夜光等多种手段的观测能力，构建了包括资源、高分、环境、实践卫星在内的4个对地遥感观测卫星系列，正在应用于国土资源调查、环境保护、灾害监测和城市建设等领域。本节重点介绍高分遥感卫星系列。

在建立陆地遥感卫星系统的同时，中国十分重视气象遥感卫星的发展，是世界上少数同时具有极轨和静止轨道两个系列业务气象卫星的国家之一。我国气象遥感卫星经过数十年的发展，卫星遥感器性能逐步提高，卫星运行寿命不断增加，探测的大气要素更加细致全面，目前已经形成以风云卫星为主体的较为成熟的大气遥感观测体系，能够基本满足大气科学研究、天气分析和数字天气预报的应用需求。

在陆地、气象及海洋遥感卫星三大系统中，我国的海洋遥感卫星起步最晚，2002 年首颗海洋遥感卫星海洋一号 A 卫星（HY-1A）发射，经过 20 多年的发展，海洋卫星的时间和空间分辨率已得到较大提升，初步形成海洋水色、海洋动力环境和海洋监视监测三大卫星系列，能够实现海洋水色和关键海洋参数的大面积同步观测，并逐步从试验型向业务型应用转化，逐渐用于海洋权益维护、海域管理使用和海洋生态环境保护等领域。

1. 高分系列卫星计划

高分系列卫星，同属于高分专项工程。该工程全名为高分辨率对地观测系统重大专项，是《国家中长期科学和技术发展规划纲要（2006—2020 年）》确立的 16 个国家重大科技专项之一。该专项建立的初衷是建立一整套高时间分辨率、高空间分辨率、高光谱分辨率的自主可控卫星系列。从 2010 年项目实施到 2021 年，已累计发射数十颗相关卫星。以下对高分一号至高分五号做进一步详细的介绍。

高分一号（GF-1）卫星搭载了两台 2 m 分辨率全色/8 m 分辨率多光谱相机，四台 16 m 分辨率多光谱相机，光谱相机幅宽达到了 800 km。高分一号可以在更短的时间内对一个地区重复拍照，其重复周期只有 4 天，而世界上同类卫星的重复周期大多为 10 余天。可以说，高分一号实现了高空间分辨率和高时间分辨率的完美结合。

高分二号（GF-2）卫星是我国自主研制的空间分辨率优于 1 m 的民用光学遥感卫星，搭载有两台全色波段分辨率为 1 m、多光谱分辨率为 4 m 的相机，具有亚米级空间分辨率、高定位精度和快速姿态机动能力等特点。高分二号卫星于 2014 年 8 月 19 日成功发射，截至 2023 年 8 月是我国分辨率最高的民用陆地观测卫星，星下点空间分辨率可达 0.8 m，标志着我国遥感卫星进入了亚米级"高分时代"。主要用户为自然资源部、住房和城乡建设部、交通运输部和国家林业和草原局等部门，同时还将为其他用户部门和有关区域提供示范应用服务。

高分三号卫星于 2016 年 8 月 10 日 6 时 55 分发射升空。这是中国首颗分辨率达到 1 m 的 C 频段多极化 SAR 成像卫星。截至 2023 年，高分三号是世界上成像模式最多的 SAR 卫星，具有 12 种成像模式。它不仅涵盖了传统的条带、扫描成像模式，而且可在聚束、条带、扫描、波浪、全球观测、高低入射角等多种成像模式下实现自由切换，既可以探地，又可以观海，可以达到"一星多用"的效果。高分三号卫星可全天候、全天时监视监测全球海洋和陆地资源，通过左右姿态机动扩大观测范围、提升快速响应能力，为自然资源部、民政部、水利部、中国气象局等用户部门提供高质量和高精度的稳定观测数据，有力支撑海洋权益维护、灾害风险预警预报、水资源评价与管理、灾害天气和气候变化预测预报等领域，有效改变我国高分辨率 SAR 图像依赖进口的状况，对海洋强国、"一带一路"建设具有重大意义。

高分四号（GF-4）卫星于 2015 年 12 月 29 日在西昌卫星发射中心成功发射，是我国第一颗地球同步轨道高分辨率遥感卫星，搭载了一台可见光波段分辨率50 m/中波红外波段分辨率 400 m、大于 400 km 幅宽的凝视相机，采用面阵凝视方式成像，具备可见光、多光谱和红外成像能力，设计寿命 8 年，通过指向控制实现对中国及周边地区的观测。高分四号卫星可为我国减灾、林业、地震、气象等领域提供快速、可靠、稳定的光学遥感数据，为灾害风险预警预报、林火灾害监测、地震构造信息提取、气象天气监测等业务补充了全新的技术手段，开辟了我国地球同步轨道高分辨率对地观测的新领域［热带海洋环境国家重点实验室（中国科学院南海海洋研究所），2021］。同时，高分四号卫星在环保、海洋、农业、水利等行业以及区域应用方面，也具有巨大潜力和广阔空间。高分四号卫星的主要用户为民政部、林业局、地震局、气象局。

2018 年 5 月 9 日 2 时 28 分，高分五号卫星在太原卫星发射中心成功发射。2019 年 3 月 21 日，中国高分辨率对地观测系统的高分五号和六号两颗卫星正式投入使用。

高分五号卫星是生态环境部作为牵头用户的环境专用卫星，也是国家高分专项中搭载载荷最多、光谱分辨率最高、研制难度最大的卫星。卫星首次搭载了大气痕量气体差分吸收光谱仪、主要温室气体探测仪、大气多角度偏振探测仪、大气环境红外甚高分辨率探测仪、可见短波红外高光谱相机、全谱段光谱成像仪共6 台载荷，可对大气气溶胶、二氧化硫、二氧化氮、二氧化碳、甲烷、水华、水质、核电厂温排水、陆地植被、秸秆焚烧、城市热岛等多个环境要素进行监测。

总的来说，高分系列卫星覆盖了从全色波段、多光谱到高光谱，从光学到雷达，从太阳同步轨道到地球同步轨道等多种类型，构成了一个具有高空间分辨率、高时间分辨率和高光谱分辨率能力的对地观测系统。

2. 风云系列气象卫星

1988 年 9 月 7 日北京时间凌晨 4 时 30 分 19 秒，风云一号 A 星发射升空，这是我国首次成功发射气象卫星。风云系列气象卫星已经成为代表中国力量、具有广泛国际声誉的对地观测卫星（国家卫星气象中心，2023）。

风云一号、三号是环绕地球南北极的极轨气象卫星，它们像巡逻兵一样，在距离地面 500 km 至 1000 km 的轨道上绕行，实现对全球的巡视观测。风云二号、四号是地球静止轨道气象卫星［热带海洋环境国家重点实验室（中国科学院南海海洋研究所），2021］，能覆盖地球 1/3 的地区，如同定点站岗的哨兵，在距离地面约 36 000 km 的赤道上空"凝视"地面，进行持续观测。

　　风云一号卫星分为两个批次，各两颗星。01 批的风云一号 A 星于 1988 年 7 月 9 日发射，风云一号 B 星于 1990 年 9 月 3 日发射。02 批的风云一号 C 星于 1999 年 5 月 10 日发射，风云一号 D 星于 2002 年 5 月 15 日发射。风云一号气象卫星是我国最先研制和发射的对地遥感应用卫星，解决了太阳同步轨道卫星的发射和精确入轨、长寿命的三轴稳定姿态卫星平台、高质量的可见和红外扫描辐射计、全球资料的星上存储和回放，对卫星的长期业务测控和管理、地面资料接收处理应用系统的建设和长期业务运行等一系列关键技术问题。风云一号 C 星因其在轨运行的稳定性和获取数据的准确性，而被世界气象组织正式列入世界业务极轨气象卫星序列，成为中国第一颗被列入世界气象业务的卫星，其主要任务是获取国内外大气、云、陆地、海洋资料，进行有关数据收集，用于天气预报、气候预测、自然灾害和全球环境监测等。

　　1997 年，风云二号 A 星的成功发射，让我国成为世界上第三个同时拥有极轨和静止轨道气象卫星的国家。而后 2006 年到 2014 年，我国先后成功发射 4 颗风云二号系列卫星，挑起了国家重大活动气象保障重担。

　　2008 年发射的风云三号 A 星采用了全新的雷达，平台搭载了微波成像仪等先进遥感仪器，实现全球、全天候多光谱、三维、定量探测，实现了从二维成像到三维探测、从单一光学到全谱段宽波谱探测、从探测分辨率公里级到百米级、从国内组网接收到全球组网接收的四大技术跨越。

　　在轨运行的风云三号 C、D、E 星形成"黎明、上午、下午"三星组网的运行格局，实现全球观测资料的 100% 覆盖。其中，于 2021 年 7 月 5 日发射的风云三号 E 星是全球首个在黎明轨道实现业务运行的气象卫星，主要观测黎明、黄昏两个气候变化剧烈的"临界点"，填补了全球数值天气预报观测资料的空白，帮助气象学家破解更多气象密码。

　　2016 年 12 月 11 日，风云四号 A 星由"长征三号乙"改进III型运载火箭在西昌卫星发射中心成功发射，于 2016 年 12 月 17 日成功定点于东经 99.5°赤道上空。风云四号 A 星是当时最先进的综合大气观测卫星，它的成功发射开启了我国新一代静止气象卫星的新时代。

　　风云四号的雷达拥有世界首个静止轨道干涉式大气垂直探测仪，成像时间由 30 min 提高到 15 min，可实现每 5 min 一次的观测覆盖。最高分辨率从 1.25 km 提高到 500 m，帮助预报员更灵活地观察台风、暴雨等中尺度灾害性天气，也让短时强降水、飑线、雷暴等小尺度、破坏性大的强对流天气更容易被识别、捕捉（赵忠明等，2019）。

　　如今，新一代地球轨道静止卫星风云四号 A、B 星已投入运行双星合璧，观测范围西达非洲东逾太平洋，国际日期线不仅完全覆盖我国国土面积，且囊括了西太平洋等更广阔区域。

3. 中国海洋遥感系列卫星

我国海洋遥感卫星研究起步较晚，第一颗海洋水色卫星即海洋一号 A 星（HY-1A）于 2002 年 5 月发射，该卫星的发射大幅提高了我国海洋水色信息的提取水平，填补了我国海洋卫星领域的空白，开启了"海洋一号"系列卫星发展的新纪元。2011 年 8 月，我国成功发射了第一颗海洋动力环境卫星海洋二号 A，实现了对浪高、海流、海面风场和海表温度等多种海洋动力环境参数的观测。

截至 2023 年，我国逐渐形成了以海洋水色系列卫星（即"海洋一号"系列卫星）、海洋动力环境系列卫星（含"海洋二号"系列卫星和中法海洋卫星）、海洋监视监测系列卫星（即"海洋三号"卫星）为代表的海洋遥感卫星系列，为我国海洋环境保护、海洋资源开发、海域使用管理、海洋权益维护和极地大洋管理提供了技术支撑 [热带海洋环境国家重点实验室（中国科学院南海海洋研究所），2021]。

1）海洋水色系列卫星

海洋水色系列卫星是以可见光和红外成像观测为手段的海洋遥感卫星，主要为已发射的"海洋一号"系列卫星，即海洋一号 A 卫星、海洋一号 B 卫星（HY-1B）、海洋一号 C 卫星（HY-1C）、海洋一号 D 卫星（HY-1D）。

2）海洋动力环境系列卫星

海洋动力环境系列卫星包含"海洋二号"系列卫星和中法海洋卫星。"海洋二号"系列载荷包括微波散射计、雷达高度计和微波辐射计等，集主、被动微波遥感器于一体，具有高精度测轨、定轨能力与全天时、全天候、全球探测能力，获得包括中国近海和全球范围的海面风场、海面高度、海浪波高、海洋重力场、海流、海面温度等海洋动力环境信息，极大地提升了我国海洋监管、海权维护和海洋科研的能力。

3）海洋监视监测系列卫星

海洋监视监测系列卫星含"海洋三号"系列卫星，继承了目前在轨运行的高分三号卫星的技术基础，主要载荷为多极化、多模式 SAR。其通过主动向海面发射微波波束，再接收来自海面的后向散射回波获取海面信息；通过左右姿态机动提升快速响应能力，扩大对地观测范围；通过合成孔径技术与脉冲压缩技术，实现对海洋和陆地表面高分辨率（1 m）二维图像的获取。

"海洋三号"系列卫星通过多颗卫星同轨分布运行，可全天时、全天候监视海岛、海岸带、海上目标，并获取海洋波浪场、风场、风暴潮漫滩、内波、海冰、溢油等信息，满足海洋目标监测、陆地资源监测等多种需求。

3.3 商业卫星计划

根据忧思科学家联盟的数据，截至 2022 年 1 月 1 日，全球商业卫星共计 489 颗且全部为低轨卫星，占所有的遥感卫星的 47%。其中有部分空间分辨率达米级水平的商业卫星，如快鸟（QuickBird）、WorldView、地球之眼（GeoEye）、行星实验室（Planet Labs）的鸽子（Dove）、吉林一号、珠海一号、高景一号等卫星。商业卫星星座的出现和发展促进了遥感卫星平台的小型化和载荷的多样化，商业 SAR、高光谱图像（hyper-spectral image，HSI）、电子情报/射频（electronic intelligence/radio frequency，ELINT/RF）和全球导航卫星系统–无线电掩星（global navigation satellite system-radio occultation，GNDD-RO）载荷相继出现。本节主要介绍美国数字地球公司（DigitalGlobe）的快鸟卫星及 WorldView 卫星和中国航天科技集团有限公司的高景一号商业遥感卫星与星链计划。

3.3.1 快鸟卫星

快鸟卫星是世界上第一颗提供亚米级分辨率影像的商业卫星，它在全球范围内大面积覆盖，更新频率快，最短用 93 min 即可环绕地球一周。它的感光器扫描线有全色波段、蓝波段、绿波段、红波段、NIR 波段 5 个光谱通道，其全色波段分辨率为 0.61 m，彩色多光谱分辨率为 2.44 m，幅宽为 16.5 km。它于 2001 年 10 月由美国数字地球公司发射。

快鸟卫星从 450 km 外的太空拍摄地球表面上的地物、地貌等空间信息，其影像分辨率高达 0.61 m，为全球首颗突破 1 m 以下分辨率的商用光学卫星。快鸟卫星为太阳同步卫星，平均 1 天至 3.5 天即可拍摄同一地点的影像，可提供快速且品质清晰的卫星影像。

2015 年 1 月 30 日，美国数字地球公司证实快鸟卫星已经圆满完成使命，它在太空中服役时间超过了 13 年。

3.3.2 WorldView 卫星

WorldView 卫星是美国数字地球公司的商业成像卫星系统。截至 2022 年已发射四颗卫星，WorldView-1 于 2007 年 9 月 18 日发射成功，WorldView-2 于 2009 年 10 月 8 日发射成功，WorldView-3 于 2014 年 8 月 13 日发射成功，WorldView-4（原 GeoEye-2）于 2016 年 11 月 11 日发射成功。

WorldView-1 发射后成为 2007 年全球分辨率最高、响应最敏捷的商业成像卫星，载有大容量全色成像系统，每天能够拍摄多达 50 万 km^2 的 0.5 m 分辨率图像。卫星还具备现代化的地理定位精度能力和极佳的响应能力，能够快速瞄准要拍摄的目标和有效地进行同轨立体成像。

WorldView-2 卫星上的星载多光谱遥感器不仅具有 4 个业内标准谱段（红波段、绿波段、蓝波段、NIR 波段），还包括 4 个额外波段（海岸波段、黄波段、红外波段和 NIR2 波段）。多样性的谱段能够有效提供进行精确变化检测和制图的能力，由于 WorldView 卫星对指令的响应速度更快，因此图像的周转时间（从下达成像指令到接收到图像所需的时间）仅为几个小时而不是几天。

WorldView-3 是业界首颗多载荷、超光谱、高分辨率商用卫星，空间分辨率达到 0.31 m，其拍摄影像延续 WorldView-2 提供的 8 个波段光谱，并新增了 20 个特殊波段，包括 8 个短波长红外波段，更有利于特殊地物的分类与侦测。另外 12 个波段分布于可见光至不可见光的 CAVIS-ACI 波段，有利于雨雾侦测、影像修复及求得更正确的地物反射率。

WorldView-4，以前被称为 GeoEye-2，是 2016 年 11 月 11 日发射的第三代商业地球观测卫星。WorldView-4 的最大分辨率为 0.31 m，提供了与 WorldView-3 相似的图像，再一次大幅提高了美国数字地球公司星座群的整体数据采集能力，让美国数字地球公司可以对地球上任意位置的平均拍摄频率达到每天 4.5 次，且地面分辨率优于 1 m。2019 年 1 月，WorldView-4 卫星的一个控制力矩陀螺仪发生故障，无法恢复运行。

3.3.3　高景一号商业遥感卫星

高景一号 01/02 卫星于 2016 年 12 月 28 日上午 11 时 23 分在太原卫星发射中心以一箭双星的方式成功发射。高景一号 01/02 卫星全色波段分辨率 0.5 m，多光谱分辨率 2 m，轨道高度 530 km，幅宽 12 km，过境时间为上午 10 时 30 分，是国内首个具备高敏捷、多模式成像能力的商业卫星星座，不仅可以获取多点、多条带拼接的影像数据，还可以进行立体采集。单景最大可拍摄 60 km×70 km 影像。

北京时间 2022 年 4 月 29 日上午 12 时 11 分 33 秒，我国在酒泉卫星发射中心用长征二号丙运载火箭采用一箭双星的方式成功将四维高景一号 01 星和四维高景一号 02 星送入预定轨道，发射任务取得圆满成功。四维高景一号 01、02 星是中国航天科技集团有限公司所属中国四维测绘技术有限公司的两颗 0.5 m 高性能光学商业遥感卫星，由中国东方红卫星股份有限公司研制。相较于之前发射的光学遥感卫星，进一步增大了光学镜头的直径，卫星图像信噪比和细节分辨能力进一步提升，推动国产商业遥感卫星的成像质量达到新高度。

3.3.4 星链计划

星链计划（Starlink），又称为卫星互联网计划，是由美国私人航天公司 SpaceX 提出并正在实施的一个大型卫星互联网项目。该计划旨在通过发射大量低轨道卫星组成的星座，为全球范围内的用户提供高速、低延迟的互联网服务，包括互联网接入、通信和数据传输等。

星链计划的核心技术包括卫星设计、发射、轨道控制、地面站和用户终端等多个方面。SpaceX 计划在未来几年内发射数千颗低轨道卫星，形成一个密集的卫星网络，覆盖全球范围内的地面用户。星链计划的优势在于提供高速、低延迟的互联网服务，可以解决传统地面网络无法覆盖或者覆盖困难的地区，为偏远地区、船舶、飞机、车辆等移动终端用户提供高质量的互联网连接。此外，星链计划还具有应急通信、灾害监测和环境监测等应用潜力。

2018 年 2 月至 2023 年 2 月，SpaceX 成功将 4002 颗星链卫星送入轨道，其中包括后来失败或在投入运营服务前脱离轨道的原型和卫星。星链计划卫星采用了一种称为 Starlink v1.0 或 Starlink v2.0 的设计，包括了小型平板形状的通信卫星，每颗卫星重约 260 kg。这些卫星通常在轨道上运行高度约 550 km，通过激光通信系统实现卫星间的通信，与地面用户之间通过微波频段进行通信。

然而，星链计划也面临一些技术、经济、环境和法律等方面的挑战，包括卫星的设计和制造、卫星轨道管理、频谱管理、空间碎片产生和环境影响等问题。目前，星链计划已经开始部署并提供有限的服务，但仍需在技术、商业模式、法律法规等方面不断完善和发展。

3.4 遥感大数据的特点

遥感大数据是指通过遥感卫星获取的大量、高维、多源的遥感数据集合。它具有以下几个特点。

（1）大规模：遥感大数据具有海量的数据。现代遥感卫星每天都能产生大量的高分辨率遥感影像数据，这些数据包含了丰富的地理信息，如地表覆盖、植被、土地利用、地形等。同时，不同遥感卫星和其搭载的传感器产生的数据量也各自不同，从低分辨率的全球覆盖数据到高分辨率的局部区域数据，数据量都非常庞大。

（2）多源性：遥感大数据来自不同的遥感卫星、传感器等数据源，具有多源性。不同的遥感数据源在波段、空间分辨率、时间分辨率等方面具有差异，可以提供不同类型的地理信息，从而支持多领域、多尺度的应用需求。

（3）多维度：遥感大数据具有丰富的数据维度，包括空间、时间和光谱维度。空间维度指遥感数据的地理位置信息，可以提供从点、线到面的不同空间尺度的信息；时间维度指遥感数据的时间信息，可以提供不同时间段的地表变化信息；光谱维度指遥感数据在不同光谱波段上的反射或辐射信息，可以提供不同物质和地物特性的信息。

（4）高时效性：遥感大数据具有较高的时效性。遥感卫星可以实现全球范围内的定期观测，提供及时的地表信息。这在灾害监测、气象预测、农业和城市规划等领域具有重要意义。

（5）数据融合性：遥感大数据可以与其他地理信息数据［如地理信息系统（geographic information system，GIS）数据、人口数据、社会经济数据等］进行融合，通过遥感大数据与其他数据源的融合，可以获得更加丰富和全面的地理信息，从而支持更复杂和高级的数据分析、处理和应用。

（6）高度自动化：遥感大数据处理通常具有高度的自动化程度。遥感卫星和传感器可以自主获取、传输和处理数据，减少了人工操作的需求。同时，遥感数据处理和分析也可以利用图像处理、遥感算法和机器学习等自动化技术，来提高数据的处理效率和准确性。

总的来说，遥感大数据具有大规模、多源性、多维度、高时效性、数据融合性、高度自动化等特点。这些特点为遥感大数据的处理、分析和应用提供了丰富的可能性，并广泛应用于农业、林业、地质、水资源、环境、城市规划、气象、灾害监测等领域。

3.5 遥感大数据的价值挖掘与应用前景

随着遥感卫星技术的不断发展和遥感数据的不断增加，遥感卫星数据与大数据技术的融合应用也逐渐成为研究和应用的热点领域。一方面，利用大数据技术，可以处理和分析海量的遥感卫星数据，从而揭示地球表面的特征和变化；另一方面，遥感卫星数据可以与其他大数据源进行融合，从而产生更加丰富和全面的地理信息。目前，已经有许多应用案例涌现。

环境监测与资源管理：遥感大数据在环境监测和资源管理方面发挥着重要作用。例如，利用遥感卫星数据可以监测森林覆盖变化、水体质量变化、土地利用变化等，从而帮助科研人员和政府部门做出科学决策，优化资源管理和环境保护。

农业生产与精细管理：遥感大数据在农业生产和精细管理方面具有广泛应用。例如，通过遥感卫星数据可以监测作物生长情况、进行土壤湿度分析、气象预测等，从而实现农田的智能化管理，提高农田利用效率、降低生产成本。

　　城市规划与智慧城市建设：遥感大数据在城市规划和智慧城市建设方面发挥着重要作用。例如，利用遥感卫星数据可以实现城市土地利用变化、人口分布、交通流量等信息的监测和分析，从而支持城市规划、交通管理、资源优化配置等方面的智慧城市建设。

　　自然资源勘探与能源管理：遥感大数据在自然资源勘探和能源管理方面具有广泛应用。例如，通过遥感卫星数据可以进行自然资源勘探，如矿产资源、水资源等的识别和评估，从而支持能源管理和资源可持续利用。

　　灾害监测与应急响应：遥感大数据在灾害监测和应急响应方面发挥着重要作用。例如，利用遥感卫星数据可以进行地震、洪水、森林火灾等灾害事件的实时监测和评估，从而支持灾害管理和救援决策。

　　气象与气候监测：遥感大数据在气象和气候监测方面具有广泛应用。例如，通过遥感卫星数据可以监测大气温度、降水量、云量等气象要素，从而支持气象预测、气候研究和气候变化监测。

　　生态环境保护与生态监测：遥感大数据在生态环境保护和生态监测方面也具有广泛应用。例如，通过遥感卫星数据可以监测自然保护区的生态环境状态、野生动植物分布、生境变化等，从而支持生态环境保护和生态监测的科学决策。

　　物联网与智能交通：遥感大数据与物联网和智能交通的融合应用也日益增多。例如，利用遥感卫星数据可以监测交通流量、道路拥堵情况、交通事故热点等信息，从而支持智能交通管理和交通规划。

　　以上仅为遥感大数据应用案例的一部分，随着技术的不断发展和数据的不断积累，遥感大数据的应用领域将继续扩展。遥感大数据的应用可以帮助政府、企业和科研机构做出科学决策，优化资源配置，提高生产效率，实现可持续发展，具有广阔的应用前景，本书也将详细介绍一些遥感大数据应用的具体案例。

本章参考文献

国家卫星气象中心. 2023 风云系列气象卫星. [2024-03-08]. https://fy4.nsmc.org.cn/nsmc/cn/satellite/index.html.

李国庆，黄震春. 2017. 遥感大数据的基础设施：集成、管理与按需服务. 计算机研究与发展，54（2）：267-283.

热带海洋环境国家重点实验室（中国科学院南海海洋研究所）. 2021. 探海观澜：海洋观测的奥秘. 广州：广东科学技术出版社.

孙伟伟，杨刚，陈超，等. 2020. 中国地球观测遥感卫星发展现状及文献分析. 遥感学报，24（5）：479-510.

孙志伟. 2013. 基于 NOAA-AVHRR 数据的中国陆地长时间序列地表温度遥感反演. 兰州：兰州交通大学.

杨贵军，柳钦火，刘强，等. 2009. 中红外大气辐射传输解析模型及遥感成像模拟. 光谱学与光谱分析，29（3）：629-634.

战川，唐伯惠，李召良. 2018. 近地表大气逆温条件下的地表温度遥感反演与验证. 遥感学报，22（1）：28-37.

赵忠明，高连如，陈东，等. 2019. 卫星遥感及图像处理平台发展. 中国图象图形学报，24（12）：2098-2110.

Cohen W B，Goward S N. 2004. Landsat's role in ecological applications of remote sensing. BioScience，54（6）：535-545.

Hansen M C，Loveland T R. 2012. A review of large area monitoring of land cover change using Landsat data. Remote Sensing of Environment，122：66-74.

Kaku K. 2019. Satellite remote sensing for disaster management support: a holistic and staged approach based on case studies in Sentinel Asia. International Journal of Disaster Risk Reduction，33：417-432.

Lu L，Kuenzer C，Wang C，et al. 2015. Evaluation of three MODIS-derived vegetation index time series for dryland vegetation dynamics monitoring. Remote Sensing，7（6）：7597-7614.

Phiri D，Simwanda M，Salekin S，et al. 2020. Sentinel-2 data for land cover/use mapping: a review. Remote Sensing，12（14）：2291.

Tang B，Li Z-L. 2008. Retrieval of land surface bidirectional reflectivity in the mid-infrared from MODIS channels 22 and 23. International Journal of Remote Sensing，29（17）：4907-4925.

Wulder M A，Loveland T R，Roy D P，et al. 2019. Current status of Landsat program，science，and applications. Remote Sensing of Environment，225：127-147.

第4章 遥感云计算与发展

当今社会，城市化进程在不断加快，农村问题和生态问题愈加复杂。为了更好地理解人类社会和自然发展，需要大量的空间数据来支持决策。遥感技术能够提供丰富的空间数据，但是处理这些海量数据需要强大的计算能力和存储能力，这时候遥感云计算就派上用场了。遥感云计算不仅能够加速数据处理和分析，而且还能够降低数据处理成本和提高数据处理的效率。因此，遥感云计算成为促进可持续发展的重要技术手段，对于推进城数字化和智能化具有重要意义。本章将介绍遥感云计算的概念和相关应用，以及未来遥感云计算的潜力和发展方向。

4.1 遥感云计算概述

遥感云计算是将遥感技术与云计算相结合的新型技术，它通过利用云计算平台的高效性能和存储能力，实现遥感数据的快速处理、分析和共享，以满足各种遥感应用需求，其优势在于高效性和灵活性。云计算平台提供了海量的存储空间和计算资源，使得大规模遥感数据的处理和分析变得更加便捷和高效。同时，云计算还支持分布式计算和并行处理，可以大大提高遥感数据的处理速度和精度。它广泛应用于土地利用、资源环境调查、农业、林业、水利等领域。例如，通过遥感技术获取的大量卫星图像数据可以通过云计算平台进行分类、分析、模拟等处理，从而实现对土地利用变化的监测和预测，为农业生产和生态环境保护提供决策支持。未来遥感云技术对于提高遥感数据处理和应用水平，促进各行业发展具有重要的作用。

4.1.1 云计算的基本认识

1. 云计算的历史

随着全球社会的发展逐步进入数字化时代，算力的价值正不断凸显。从某种意义上讲，算力水平代表了一个经济体的综合实力。传统依靠单台计算机的算力水平，逐渐不能满足各行各业对算力的需求。因此，使用多台计算机组成集群，并将服务器群组接入网络，形成的算力使用方式逐渐被认可。这项技术被称为云计算，是当今最具突破的技术之一，它的出现最早可以和互联网一同追溯到"时分概念"的产生，之后却鲜有消息。直到 1997 年，达拉斯（Dallas）的拉姆纳特·切拉帕（Ramnath Chellappa）教授将其定义为一种仅根据经济而非技术限制来定义计算边界的范式。在此后的二十多年内，云计算相关技术快速发展，全球多家科技巨头在这一领域展开竞争，先后推出五项深远影响的关键技术。其中，分布式网格计算和软件虚拟化技术奠定了云计算实现的基础，使用户在仅拥有部分硬件的情况下，可以通过互联网使用来自更多计算机的资源。第二代互联网（Web 2.0）技术和面向服务的计算（service-oriented computing，SOC）使得服务供应商可以根据用户需求定制计算服务的 Web 应用，这些技术的普及使得计算资源开始流通。目前，主流的云计算服务均已采用效用计算技术，根据用户占用计算资源的情况进行收费，真正做到了按需分配资源以实现算力效用的最大化。从这个角度看，云计算带来的变革正在悄然发生，我们应当对其进一步深入地了解。

2. 什么是云计算

云计算在本质上并不是破坏性创造出的事物，它可以看作一种计算架构的哲学或设计理念，将现有技术的组合重新概念化后得到的新的计算环境（Ahmad et al.，2017）。对于用户来讲，它既复杂先进，又简单易用。用户不再需要人力资源来维护信息技术基础设施，但却以更低的价格获得了更优质的计算资源，也更能够专注于工作本身。服务供应商则专注于建设这种分布式网格化的计算环境，包括提供内存、数据中心、分布式存储、虚拟机、Web 应用程序等内容，通过与松散耦合的 CPU 集群兼容，为用户部署不同类型的云服务。云计算具有一些关键的特征，这些特征描述了它们与传统计算的相似性和差异性（Gong et al.，2010）。①按需自助服务（动态供应）。云用户可以随时随地根据自己的需要控制计算资源的分配或解除分配和定制，而无须提供商的任何干预。②广泛的网络访问。云用户可以通过不同类型的客户端平台的标准接口以及网络或互联网访问服务（Zissis and Dimitrios，2012）。③资源池或资源供应（共享基础架构）。云服务提供商使用多租户模型，通过汇集计算资源来服务多个客户。资源包括虚拟机、存储、处理、内存和网络带宽（Zhang et al.，2010）。④快速弹性和可扩展性。云用户可以添加或删除网络中的节点，而对基础设施设置的更改较少。它是根据客户需求自动获取和发布的。⑤测量服务或基于实用程序的定价（托管计量）。云用户可以监控、控制、计量和报告资源使用情况，以便为云服务提供商和用户提供透明的资费情况。⑥位置独立性。通常为了提供最大的服务效用和高网络性能，许多服务提供商在全球不同地区建立了他们的数据中心。⑦成本效益。云可以部署在经济电站和廉价房地产附近，以实现较好的收益。⑧多租户。云服务提供商可以通过提供适当的技术分区将单个基础架构作为服务出租给多个客户，将多租户和位置独立性作为共享基础架构特征，并提供了云客户可以自定义需求的服务以生成新的虚拟化软件模型（Omotunde et al.，2013）。

3. 云计算的挑战

云计算的挑战主要包括以下几个方面。①云的安全和隐私。云数据存储必须是安全和保密的，主要体现在客户对云供应商的依赖。②互操作性和可移植性。进入和离开云的迁移服务应提供给客户，并且云应当有能力提供场所设施，消除云提供商从任何地方访问云的可能。③可靠性和灵活性。提升可靠性和灵活性是提高客户的可信度的必要措施。为了提高可靠性和灵活性，应该对第三方服务进行监控，对其性能、稳健性和依赖性进行监督。④成本。云计算是负担得起的，但要根据客户的需求改变云，有时会很昂贵。此外，如果将数据从云端转移到场所，有时也是很昂贵的。⑤停机。停机是较瞩目的云计算挑战，因为没有一个云计算供应商能保证没有停机的时候，互联网连接在这个过程会存在风险。⑥缺乏资源。云产业也面临着资源和专业知识的缺乏，接触过最新创新和相关技术的员工在企业中会更加重要。⑦应对多云环境。目前仍然没有一个完整的企业运作。多数企业采用了多云方法，主要是用混合云方法将公有云和私有云混合。⑧云迁移。将现有的应用程序转移到云计算环境中比较困难。⑨厂商锁定。云计算厂商锁定的问题包括客户依赖（即锁定）单一云计算供应商，即在未来没有任何重大成本、监管限制或技术不兼容的情况下，不能切换到另一个供应商。⑩隐私和法律问题。显然，有关云隐私/数据安全的主要问题是数据泄露。数据泄露可以笼统地定义为电子加密的个人信息的丢失。信息的侵犯可能导致供应商和客户的众多损失。

4.1.2　遥感大数据和云服务

1. 遥感大数据需要云服务

从 1960 年第一颗美国气象卫星成功发射至今，遥感技术快速发展。各种优良的传感器进入视野，更全面的高分辨率数据不断出现。目前，全球数据存储每年均以千万亿字节（petabyte，PB）级别的速度在增长，早已进入遥感大数据的时代。随之而来的挑战便是如何存储管理并利用好这些数据，事实上，收集的数据很难转化为有用的信息。在遥感信息提取方面，从技术、基础设施到人员素质都不适应数据激增带来的变化。整个行业亟须从重视数据获取或采集向数据分析与挖掘转变，充分发挥遥感观测面积大、快速、低成本的优势，促进遥感大数据转化为优质的自然资源信息流。更紧迫的是，海量数据的存储、处理与共享对计算机性能提出了较高要求，需要大量的存储与计算资源。云计算基于按需分配和共享资源的理念，为海量遥感数据的存储、快速处理和分析提供了可能，遥感专用的云计算平台也应运而生（Wang et al.，2019）。遥感云计算平台的出现直接改变了传统遥感数据的处理和分析模式（数据下载、存储和运算均在本地进行，数据处理分析依赖本地运行的专业软件或代码），降低了遥感数据的使用门槛，极大地提高了运算效率，使得全球尺度、高分辨率、长时间序列数据的快速分析和应用成为可能，已成为研究土地利用、生态、环境和气候变化等地学领域前沿问题的重要工具。

2. 遥感大数据管理的挑战

大数据的概念是指在可接受的范围内，一般计算机无法捕获、管理和处理的大量数据。数量、速度和种类是描述大数据时最常用的特征。数量指的是大数据的数量，速度指的是数据产生的速度，而种类则代表不同的数据类型。因此在管理和处理如此大量的数据方面带来了新的挑战。①数据增长带来的挑战。自1972 年 Landsat-1 首次开始提供大量像素以来，数据中心存储的遥感数据量不断增加（He et al.，2015）。据不完全统计，2015 年左右 EOS 数据与信息系统归档的数据总量达到 12.1 PB。如此海量的遥感数据给各个数据中心的数据整合带来了很大的困难。②数据格式和集成的挑战。由于卫星轨道参数和传感器规格的不同，归档数据的存储格式、投影、空间分辨率和重访周期存在很大差异，这些差异给数据集成带来了很大的困难。因此，迫切需要统一的元数据格式和设计良好的数据集成框架。③数据管理软件、硬件的挑战。各个数据中心接收到的遥感数据需要以越来越快的码率连续送达。为了向用户提供最新的数据检索和分发服务，最好对新接收的数据进行摄取和归档（Fan et al.，2017）。遥感大数据的爆炸性增长甚至已经彻底改变了遥感数据的管理和分析方式。巨大的数据量远远超出了传统数据中心所能满足的存储能力，要保证每年 PB 级的增长速度，频繁地升级和扩容是非常复杂和昂贵的。这给管理多传感器、多光谱、多分辨率和多时间特征的大型数据集也带来了巨大的挑战，这些数据集可能以各种格式分布在各个数据中心。

3. 遥感大数据利用的挑战

同样，将模型扩展到全球范围，以及使用时间数据进行长时序分析的应用也经常遇到特殊的计算挑战。特别是随着对即时处理的兴趣激增，要求在极短的时间内进行大量的数据处理，情况会变得更加糟糕。尽管高性能计算资源可以促进大规模遥感数据的处理，但由于需要大量的技术知识和努力，它们几乎是许多研究人员无法企及的（Cai et al.，2018）。因此，大多数现有的模型很难适应全球范围内的大型数据集，因为它们通常应用于一些小区域内的有限数量的数据集。如今随着遥感卫星的增多，生产高分辨率影像趋势明显，遥感数据量激增，用于处理这些数据的算力明显不足。云计算强大的算力和可靠的存储，可以助力遥感数据加工处理更高效、成本更低；利用云端人工智能可以自动实现遥感行业的增值服务，如变化检测服务的人工智能自动识别，相比传统模式依赖遥感行业专家的效率得到极大提升，而 5G（5th-generation mobile communication technology，第五代移动通信技术）的普及必将使得从云端获取遥感数据及服务就如同在本地读取数据一样流畅。因此，未来如何将云计算技术用于遥感领域，提高海量遥感影像数据存储、订阅、处理及分析的效率，并且为用户提供资源共享、按需使用的服务模式，正在成为大规模遥感数据管理领域的研究重点（Cavallaro et al.，2022）。

4.1.3　遥感大数据的云管理

1. 遥感大数据的云管理概况

随着遥感技术的快速发展，对海量数据的管理和索引成为遥感云服务的重要挑战（Huang et al.，2018）。①数据集成的问题。数据管理方面的挑战来自全球众多卫星轨道参数和传感器规格，其会导致数据的存储格式、投影、空间分辨率和重访周期存在很大差异，给数据集成造成巨大困难。此外，各个数据中心接收到的遥感数据以越来越快的码率连续送达，最好对新接收的数据进行摄取和归档，以便为用户提供最新的数据检索和分发服务。为了存储如此庞大的数据量，需要建立统一的元数据格式和设计良好的数据集成框架。管理大数据的挑战来自庞大的数据量和多种格式数据的处理。为了存储如此庞大的数据量，谷歌文件系统提供了一种解决方案，将大数据拆分为多个数据块，每个数据块存储在分布于多个地理位置的商品机器中。②数据索引的问题。大数据具有多种数据格式，分为非结构化数据、半结构化数据和结构化数据。传统的关系数据库采用关系模型来管理结构化数据，无法处理如此多样的数据格式。一种叫作非 SQL 数据模型（NoSQL data modeling）的技术采用了一种非关系模型来管理和存储这些各种各样的数据（Seda et al.，2018）。NoSQL 中有四种数据模型，包括键值模型、列模型、文档模型和图模型。云计算以按需付费的方式为用户提供弹性资源（计算、存储等）和服务，能为用户提供数据存储即服务（data storage as a service），帮助用户在云端组织、管理和存储大数据。

2. 分布式遥感大数据的集成

分布式遥感大数据的集成是指将来自不同数据源和不同数据格式的遥感数据

进行整合，形成一个完整的、可访问和可查询的数据集。由于遥感数据的来源和格式多样，因此需要使用分布式计算和数据管理技术，将分散的遥感数据整合起来，以便用户访问和利用这些数据。分布式遥感大数据的集成包含以下几个方面。①数据格式转换。不同的遥感数据源使用的数据格式可能不同，需要将其进行格式转换，以便于数据的整合和统一管理。②数据存储管理。对于大规模的遥感数据集合，需要使用分布式数据存储技术，如 Hadoop 分布式文件系统（Hadoop distributed file system，HDFS）等，以便于高效地存储和管理数据（Veeraiah and Nageswara Rao，2020）。③数据集成。通过使用数据集成技术，将来自不同数据源的遥感数据整合到一个统一的数据集中。数据集成可以基于不同的策略，如数据分片、数据分区等方式实现。④数据质量控制。在进行数据集成时，需要对遥感数据进行质量控制，以确保数据的准确性和一致性。数据质量控制包括数据去重、数据清洗、数据校验等过程。综上所述，分布式遥感大数据的集成需要使用多种技术和方法，包括数据格式转换、数据存储管理、数据集成、数据索引和检索、数据质量控制等。这些技术和方法可以帮助用户高效地管理和利用大规模的遥感数据集合。

3. 遥感大数据的管理和索引

遥感大数据的管理和索引是指对大规模遥感数据集进行管理和组织，以便用户可以方便地访问和查询数据。随着遥感技术的不断发展，遥感数据的规模和复杂度也在不断增加，因此需要使用高效的管理和索引技术，以确保数据的可管理性和可访问性。遥感大数据的管理和索引可以包括以下几个方面。①数据管理。对于大规模遥感数据集，需要使用高效的数据管理技术，如分布式存储和管理技术，以便于数据的存储、备份和恢复等操作。②数据组织。对于遥感数据集合，需要使用合适的数据组织方式，如按照时间、空间、传感器等分类组织，以方便用户快速地查询和访问所需数据。③数据索引。对于大规模遥感数据集，需要使用高效的数据索引技术，以便于用户可以快速地定位和访问所需数据。常用的数据索引技术包括空间索引、时间索引、属性索引等。④数据质量控制。在进行遥感数据管理和索引时，需要进行数据质量控制，以确保数据的准确性和一致性。数据质量控制包括数据清洗、数据校验、数据修复等过程。此外，Hadoop 及其生态环境已成为较为流行的大数据存储和处理平台。为了在 Hadoop 平台上进行遥感大数据处理，已经进行了许多具有里程碑意义的工作（Ciritoglu et al.，2018）。但是，Hadoop 本身不支持 Geo TIFF、HDF、NetCDF 等常用的遥感数据格式。所以，目前的工作大多集中在 Hadoop 及其生态环境中遥感数据的管理或处理，并没有考虑到遥感数据的异构性。

4.1.4　遥感大数据与云计算

1. 什么是遥感云计算

遥感大数据的普及正在彻底改变遥感大数据被处理、分析和解释为知识的方式（Zhang et al.，2021）。在大规模遥感应用中，利用区域甚至全球覆盖的多光谱和多时相遥感数据集进行处理，以满足日益增长的对更准确和最新信息的需求。遥感云计算是一种结合遥感技术和云计算技术的新型技术手段。在过去，遥感数据处理和分析的过程需要大量的计算资源和专业知识，这限制了许多用户的遥感数据应用。随着云计算技术的不断发展，遥感云计算逐渐成为高效处理和分析大规模遥感数据的解决方案。遥感云计算的核心优势在于其高效性。云计算平台的大规模分布式计算资源和高性能存储设施使得遥感数据处理和分析变得更加高效和快速。此外，遥感云计算还可以大幅度降低用户的成本，因为用户不再需要购买昂贵的计算设备，而是可以按需访问计算资源。这种按需付费的计费方式，大大提高了遥感数据的应用门槛。遥感云计算的应用领域也十分广泛。例如，在环境监测方面，通过分析遥感影像数据，遥感云计算可以识别环境信息，如植被覆盖度、水体面积、土地利用等，以及进行灾害监测和应急响应等。在农业领域，遥感云计算可以通过分析遥感影像数据，识别土地类型、农作物生长情况等信息，以及进行农业生产监测和预测等。此外，遥感云计算还可以应用于城市规划、自然资源管理、气象预测等领域。在未来，随着技术的不断进步和应用的深入发展，遥感云计算必将在遥感数据处理和分析领域发挥巨大作用。

2. 高性能遥感大数据处理

遥感大数据处理的需求并非是在云计算出现之后才有的，事实上，遥感数据的飞速积累一直在推动传统遥感处理系统的变革。在遥感数据应用中采用集群式的高性能计算是初具效果的数据处理方式，目前和云计算一样，都被证明是应用广泛且有效的方法。集群的思想是利用多台计算机协同工作，来完成一个大规模的计算问题。它是一种分布式的内存结构，聚合多个节点的计算能力，一般采用使用消息传递接口（message passing interface，MPI）在节点之间通信的计算架构（杨海平等，2013）。目前包括 NASA 的 NASA 地球交流中心（NASA Earth Exchange，NEX）平台。但是集群高性能计算并非适用所有对遥感数据有需求的人，对于非专业的人来说，采用集群的高性能计算仍然绝非易事，并且高性能计算系统中相对有限的资源无法满足各类遥感应用的需求。因此，遥感大数据处理需要进一步革新以适应更广泛的需求，以便轻松便捷地对计算资源和处理工作流实现按需定制。正如前面所述，很容易意识到的是遥感云计算实际上为非专家用户提供了更易接近的选择。云平台使用户更能够专注于工作本身，而不必受到底层计算架构的限制。目前，多种可选的分布式模型已经普遍用于处理云环境中的大型数据集，如 MapReduce，通过使用 Map 和 Reduce 操作可以轻松地并行实现一些应用程序，而无须考虑数据拆分和任何其他系统的相关细节。此外，以 OpenStack 为代表的资源管理和供应使得用户可以直接获取应用结果，结合现有遥感云平台集成了更丰富的各类地理数据产品（Zhang et al.，2022）。因此，遥感云计算平台正在非专业领域用户中蓬勃发展，从这种角度来看，它正在成为新一代高性能遥感大数据处理的代表。

3. 遥感大数据的编程处理

遥感云计算除了集成了多种可选的分布式编程模型外，也提供给用户更为丰富的编程处理接口，允许用户自行定义各种复杂的算法，获得更为多元丰富的遥感应用成果。云计算平台由专业的人员为并行遥感算法编写高效的代码，通常涉及处理数据切片和分发、任务划分、节点间的消息传递模型和内核的共享内存模型、与消息传递接口等低级应用程序接口（application programming interface，API）的同步和通信。云计算平台的用户则仅仅需要利用云计算平台提供的语言编程接口，便可以快速构建任何一种基于云计算的应用。遥感大数据的编程处理指的是利用计算机编程语言对遥感大数据进行处理和分析，以提取地理信息和实现各种应用，包括遥感数据的读取和处理，在读取遥感数据时，需要注意遥感数据的格式和坐标系统，以确保数据的准确性和一致性。同时，在处理遥感数据时，需要考虑数据的预处理、去噪、配准等问题。在实现遥感数据分析算法时，需要选择合适的算法，并对算法进行优化，以提高算法的效率和准确性。例如，可以采用并行计算、分布式计算等技术，优化算法的计算性能。遥感大数据的编程处理是实现遥感数据应用的重要技能之一。掌握编程处理技术，可以实现快速、准确、高效的遥感数据处理和分析，为地理信息系统、自然资源管理、环境监测等领域的决策提供支持。

4.2 遥感云计算平台

4.2.1 遥感云的部署与服务

1. 部署与服务

遥感云的部署与服务指的是将遥感数据处理、分析和应用的服务部署到云端，并提供相应的服务给用户使用。随着遥感数据量的不断增长和云计算技术的快速发展，遥感云的部署与服务已成为实现遥感数据处理和分析的重要手段之一。遥感云的部署与服务可以分为以下几个步骤。①选择云计算平台。需要选择一个云计算平台，如亚马逊网络服务（Amazon Web Services，AWS）、Microsoft Azure、谷歌云平台（Google Cloud Platform，GCP）等。这些平台提供了丰富的云计算资源和服务，如虚拟机、存储、数据库、容器等，可以为遥感云的部署和服务提供支持。②部署遥感数据处理和分析服务。在云计算平台上，可以部署各种遥感数据处理和分析服务，如数据处理、图像分类、地物提取、遥感影像匹配等。这些服务可以采用容器化技术，如 Docker、Kubernetes 等，实现快速部署、扩展和管理。③数据存储与管理。在云计算平台上，可以选择各种存储服务，如云盘、对象存储、数据库等，来存储和管理遥感数据。需要注意数据的安全性、可靠性和一致性，以确保数据的质量和可用性。④服务调度和管理。在云计算平台上，可以利用自动化运维工具，如 Ansible、Puppet、Chef 等，实现遥感云服务的自动化调度和管理；可以采用自动扩展技术，根据需求自动增加或减少计算资源，以实现快速响应和高效利用。⑤提供 API。为方便用户使用，遥感云需要提供各种 API，如 RESTful API、Web 服务等，以便用户调用遥感云服务，实现各种遥感数据处理和分析任务。

2. 部署模式的内容

遥感云部署高效地提供服务，使得用户可以更加专注于自己的业务。在遥感云的部署中，包括几种常见的部署方式。①软件即服务（software as a service，SaaS）。它是一种按需的软件交付模式，是云中最高级别的服务。客户的应用程序和数据通常存储在云中，并通过网络从各种用户的设备上访问（Josef et al.，2014）。SaaS 模式的实施是为了以非常低的成本提供商业许可的企业级商业应用。这种模式似乎对云客户很有吸引力，因为它减少了软件和系统维护的支出或硬件和软件许可的前期费用。②平台即服务（platform as a service，PaaS）。它是一种按需计算，利用平台和解决方案堆栈的服务能力、数据中心、软件、复杂的硬件和网络设备，可以将基础设施即服务（infrastructure as a service，IaaS）资源作为可以通过服务界面监控的虚拟化对象。③通信即服务（communications as a service，CaaS），定义了一种新的服务理念，它将确保高质量的通信服务，如网络安全、流量隔离的虚拟覆盖或专用带宽、通信加密、减少消息延迟和网络监控。④硬件即服务（hardware as a service，HaaS）。它提供的服务与 IaaS 几乎相似，只是在各自的服务中租用了硬件和虚拟机。HaaS 供应商出租物理资源，如计算机、服务器、交换机、路由器、防火墙、负载平衡器、电源或冷却系统，形成云计算的骨干（陈铁南等，2014）。云用户可以完全控制租用的 HaaS 资源，也可以通过互联网进行维护，包括硬件配置、容错、流量管理、电源和冷却资源管理。

3. 服务模式的内容

遥感云的服务模式是指如何建立和部署一个遥感云平台，以实现对遥感数据的快速处理和分析。根据服务的方式和规模，遥感云可以分为私有云、公共云和混合云等不同类型（高阳，2019）。①私有云模式。它是指在企业或组织内部建立遥感云，由企业或组织自行管理和维护。私有云模式可以提供更高的安全性和可控性，同时也需要较高的投入和维护成本。私有云的优点在于企业或组织可以完全控制遥感数据的访问和使用，提高数据安全性和保密性。此外，私有云还可以根据企业或组织的实际需求进行定制化开发和部署，实现更高的灵活性和效率。②公共云模式。它是指利用第三方云计算服务商提供的云计算平台，建立遥感云。公共云模式可以快速部署和扩展遥感云服务，且成本较低，但也存在一定的安全性和可控性风险。公共云是由第三方云计算服务商提供的，因此遥感数据的安全性和保密性受到了一定的限制。但是，公共云也具有一定的优点，如可靠性高、可扩展性强、资源共享等。③混合云模式。它是指将私有云和公共云结合起来，形成一个统一的遥感云平台。混合云模式可以兼顾私有云和公共云的优势，如安全性和可控性、灵活性和成本效益等。混合云可以根据实际需求，将一些关键应用和数据部署在私有云上，而将一些非关键的应用和数据部署在公共云上，以实现资源的最优化利用和成本的最大化控制。

4.2.2 遥感云计算平台的发展

1. 早期的云计算平台

云计算平台的诞生可以追溯到 20 世纪 60 年代 "计算机时钟服务" 的概念的出现，赵福建（2020）认为计算机应该像公用事业一样提供服务，计算机资源可以作为一种实用服务出售，这被视为云计算的理论基础。在 20 世纪 90 年代，互联网的普及和发展使得大量的数据产生，企业开始利用互联网进行数据存储和处理。然而，企业自己建设数据中心和购买服务器成本高昂，只有大型企业才能承受。2006 年，亚马逊推出了首个弹性计算云（Elastic Compute Cloud，EC2），随后谷歌、微软、IBM 等公司也相继推出了自己的云计算平台。除了这些主要的云计算平台，还有许多其他云计算平台，如 Rackspace、Digital Ocean、VMware、Oracle Cloud 等。云计算平台在信息技术行业中具有广泛的应用，它提供了更便宜、更灵活、更高效的解决方案，让企业可以根据实际需求，动态地调整自己的计算能力和存储容量。近年来，随着人工智能、大数据等新技术的出现，云计算平台也逐渐扩展到了更多的领域，如云计算、云存储、云数据库、云安全等，以及各种基于云计算的新兴服务，如人工智能、区块链、物联网等。随着云计算技术的不断发展，新的云计算平台也在不断涌现。

2. 流行的云计算平台

随着云计算技术的飞速发展，云计算平台已经成为企业和组织进行数字化转型的重要工具。在当今市场上，流行的云计算平台包括以下几个。①亚马逊云服务是目前全球最大的云计算提供商之一，提供计算、存储、数据库、分析、人工智能、机器学习、安全等多种云服务。亚马逊云服务也提供各种开发工具和 API，使开发人员能够快速、轻松地创建和管理应用程序和服务。②Microsoft Azure 是微软推出的云计算平台，提供了虚拟机、存储、数据库、人工智能、机器学习等多种服务。Microsoft Azure 还支持多种编程语言和框架，并提供强大的工具和集成环境。③谷歌云平台是谷歌推出的云计算平台，提供计算、存储、数据库、分析、人工智能、机器学习、安全等多种服务。谷歌云平台也提供各种开发工具和API，使开发人员能够快速创建和管理应用程序和服务。④阿里云（Alibaba Cloud）是中国领先的云计算提供商之一，提供计算、存储、数据库、网络、安全等多种服务。阿里云还为不同的行业提供了特定的解决方案，如人工智能、大数据、物联网等。⑤Oracle Cloud 是甲骨文公司推出的云计算平台，提供了计算、存储、数据库、人工智能、机器学习、区块链等多种服务。Oracle Cloud 也支持多种编程语言和框架，并提供了开发工具和 API，使开发人员能够轻松创建和管理应用程序和服务。这些云计算平台都有自己的特点和优势，开发者可以根据自己的需求选择合适的平台进行开发。同时，这些平台也为企业提供了可靠的基础设施和强大的数据处理能力，使企业能够更加高效地开展业务。此外，还有一些其他的云计算平台，如腾讯云、华为云、亚马逊中国云服务器等。这些平台都提供了广泛的云计算服务，具有一定的市场影响力。

3. 遥感云计算平台概述

遥感云计算平台是云计算平台的一个特殊领域，它提供了专门针对遥感应用的云计算解决方案。在云计算平台的基础上，遥感云计算平台增加了一些遥感应用所需的特定功能和工具，使其更加适合处理遥感数据和应用。它利用云计算的弹性、可扩展性和高效性等优势，为遥感数据的处理、存储和分析提供了高效、可靠的解决方案。遥感云计算平台可以为用户提供灵活的数据访问、处理、分析和共享服务，是遥感数据处理与应用的重要手段。遥感云计算平台通常由多个组件构成，其中包括云存储、计算资源管理、数据处理和分析等模块。云存储是平台的重要组成部分，它提供了可靠的数据存储服务，保证了遥感数据的长期保存和管理。计算资源管理模块则负责对平台的计算资源进行管理和调度，实现了对计算资源的高效利用。数据处理和分析模块则是遥感云计算平台的核心功能，它提供了各种数据处理和分析算法，实现了对遥感数据的高效处理和分析。随着遥感技术和云计算技术的发展，越来越多的遥感云平台得到了广泛的应用。目前常见的遥感云平台包括 GEE 以及中国科学院遥感与数字地球研究所①自主研发的遥感云平台。

4.2.3　国内遥感云计算平台

1. PIE-Engine 地球科学引擎

PIE-Engine 地球科学引擎是航天宏图信息技术股份有限公司自主研发的一套基于容器云技术构建的面向地球科学领域的专业 PaaS/SaaS 云计算服务平台，基于自动管理的弹性大数据环境，以及多源遥感数据处理、分布式资源调度、实时计算、批量计算和深度学习框架等技术，构建了遥感/测绘专业处理平台、遥感实时分析计算平台、人工智能解译平台，为大众用户进行大规模地理数据分析和科学研究提供了一体化的服务。平台通过打造"开放＋共建＋共享"的新模式，以高效能、低门槛、低成本的途径挖掘遥感数据价值，使行业快速应用和创新，为自然资源、生态、气象、环保、海洋等调查、监测、评价、监管和执法等重点工作提供技术支撑，助力遥感应用产业化发展。它是国内首个自主可控的基于互联网规模化运行的对地观测遥感数据处理与服务引擎，实现了云上多源异构遥感数据处理流程的灵活搭建、任务全程监控、多端协同作业和准实时快速处理，具有强大的数据存储和高性能分析计算能力。

2. EarthDataMiner

2021 年 9 月 6 日，可持续发展大数据国际研究中心（International Research Center of Big Data for Sustainable Development Goals）成立大会暨 2021 年可持续发展大数据国际论坛开幕式在北京举行，宣告全球首个以大数据服务联合国 2030 年可持续发展议程的国际科研机构成立。中国科学院软件研究所研制的地球大数据挖掘分析系统 EarthDataMiner 作为"可持续发展大数据平台系统"的重要组成部分，同步正式发布。可持续发展目标指标量化评估涉及地球大数据分析处理的全流程，包括遥感影像的访问与语义分析、各种数据产品的解析和预处理、多源数据的融合计算与可视化等，需要采用大数据与人工智能等大量前沿技术，给开展可持续发展目标评估的科学家团队带来了系列技术挑战。EarthDataMiner 提供了

---

① 2019 年 4 月，中国科学院遥感与数字地球研究所与中国科学院电子学研究所、中国科学院光电研究院整合组建中国科学院空天信息创新研究院。

基于云端的在线集成开发环境，支持科学家通过代码开发进行 Big Earth 数据挖掘分析和可视化。EarthDataMiner 定义了标准规范，以支持科学家共享训练有素的模型或算法代码。EarthDataMiner 利用云计算技术，为大型科学数据分析处理的特殊过程提供了分布式大数据处理引擎和机器学习引擎。系统通过 Web 浏览器提供了在线挖掘和分析服务，用户可以通过注册账号进行全程分析工作。它还支持将可持续发展目标指标评估算法发布为 Web 应用程序，并支持全球用户访问和使用它们。EarthDataMiner 支持科学家在线开发可持续发展目标指标计算算法，并将算法成果发布为 Web 应用工具，支持全球用户访问使用。目前已与相关科学家团队合作，基于 EarthDataMiner 开发了 4 个可持续发展目标指标在线评估工具（SDG6.6.1 地表水随时间变化评估、SDG11.3.1 城镇化进程评估、SDG15.1.1 森林覆盖率评估、SDG15.3.1 土地退化零增长评估）和 2 个可持续发展目标产品生产工具（SDG6.6.1 基于 GF1 的陆表水体产品生产、SDG15.3.1 土地生产力趋势评估产品生产）。

3. AIEarth 地球科学云平台

该平台基于达摩院在深度学习、计算机视觉、地理空间分析等方向上的技术积累，结合阿里云强大算力支撑，提供低门槛、界面化的云地理信息系统工作空间，适用于多源遥感对地观测数据的在线处理，同时支持开发者模式，便捷调用海量公开数据进行云计算分析服务（平台地址：https://engine-aiearth.aliyun.com）。针对海量卫星遥感数据的分析，该平台可以解决传统方法自动化程度低、成本高、解译效率低的难题。平台释放达摩院遥感人工智能核心能力，支持无门槛极简使用地物分类、变化检测、建筑物提取、地块提取、SAR 水体提取等 12 类遥感人工智能在线解译工具。AI Earth 集成了 PB 级开源卫星遥感数据、十余种遥感人工智能算法、云端高性能计算和存储资源，可以助力农业灾害分析、气候变化分析、水体水质分析等地球科学领域的研究。2023 年平台已上线 Landsat-5、Landsat-7、Landsat-8、Landsat-9、哨兵-1、哨兵-2、MODIS 等公开数据集，更多专题数据正在更新中。

4. 华为云地理智能体

2020 年华为云遥感产业高峰论坛成功举行，来自遥感产业的专家、企业家齐聚一堂，一同探讨 2020 年遥感产业发展趋势，展望遥感产业的数字化转型和智能化升级。此外，华为云地理智能体（GeoGenius）正式亮相，获得与会专家的一致认可。华为云地理智能体是一站式智能遥感云平台，通过数据平台和计算平台，在数据接入、模型编排、地物提取算法、可视化、在线开发到遥感数据管理等方面提供服务，帮助用户聚焦挖掘时空数据核心价值。华为云地理智能体基于昇腾芯片和鲲鹏服务器，提供艾字节（exabyte，EB）级可伸缩的遥感大数据存储能力、超大规模的并行算力、高性能人工智能一站式开发平台，将开发周期缩短至"天"，为遥感产业化发展提供关键的技术支持。它会为遥感行业带来三大改变：①从海量数据到整合汇聚。统一数据标准，将数据自动清洗整合汇聚，构建网状目录结构快速分析共享；实现百亿级多维数据搜索，毫秒级响应。②从自动化到智能化。提供全流程的人工智能开发服务，包括海量数据处理、大规模分布式训练，可以快速生成模型，将训练速度提升 80%，实现毫秒级算法推理。③全栈智能和多元架构。从基础硬件设施到操作系统、数据库、IaaS、PaaS、行业 SaaS 系统均实现全栈智能和多元架构。

5. WeEarth 超级地球

2019 年，腾讯联合全球顶级科技公司 Satellogic、罗筐技术以及航天科工海鹰集团有限公司，正式推出 WeEarth 超级地球平台，该平台计划组建一个包含 300 颗卫星的对地观测网，并通过全球首创的"专属卫星"服务为政府机构、科研院所、科技企业提供"开箱即用"的遥感服务体验。地球上空每时每刻都在运行着数百颗遥感卫星，并产生海量数据。如何将这些数据有效的存储、分析以及传输，最终广泛应用于科学研究和工农业生产领域成为亟待解决的问题。腾讯推出的 WeEarth 超级地球正有效缓解这样的难题。WeEarth 超级地球平台在卫星的源数据获取方面，由 Satellogic 公司提供技术支持，并独家推出"在轨卫星星座即服务"，这种服务模式允许用户获得特定地理区域上空多颗卫星的使用权，这已使一部分难以自购或自产卫星的政企能以较低成本拥有属于自己的"专属卫星"服务，从而快速监测到农业、林业、海洋、国土、环保、气象等领域的情况。目前，这套系统已经与中科光启空间信息技术有限公司签约，并为其提供专属服务。

6. pipsCloud

pipsCloud 是中国研究机构开发的基于云计算的海量光电数据管理和处理的专有解决方案。pipsCloud 使用的是 GFS 和 HP 文件系统，也是中国机构自主研发的专有文件系统，第三方无法使用。它通过在组织的内部设施中使用 OpenStack 技术构建云环境，这允许使用虚拟化服务基础设施。pipsCloud 的架构中，重点是文件索引方案，它使用 Hilbert-R＋树和虚拟文件目录。需要处理数据的用户应该描述一个查询来识别感兴趣的文件。通过从这些文件中选取一个文件系统，并且安装在用户的处理机器上，实现对数据的请求。对于服务器端的数据处理，pipsCloud 提供了用于构建应用程序的 C++代码模板。这些模板抽象了磁盘上数据的读取和进程到处理节点的提交。处理节点之间的通信和文件的并行读取是使用的消息传递接口的功能完成的。pipsCloud 平台不提供任何使用标准导出数据或促进科学发展的功能。此外,它仅供参与项目的机构内部使用,其源代码关闭,无法在其他机构实施。

4.2.4　国外遥感云计算平台

1. GEE 平台

GEE 平台是一个集科学分析及地理信息数据可视化于一体的综合性平台,该平台提供丰富的 API 以及工具帮助方便查看、计算、处理、分析大范围的各种影像及其他地理信息系统数据。它面向的用户是科研人员、教育人员、非营利性机构、企业及政府机构等,理论上只要是非营利机构用户都可以免费使用。穆尔(Moore)和汉森(Hansen)在美国地球物理联合会秋季会议首次介绍了一种利用全球尺度地球观测数据,进行云端分析的全新云计算平台 GEE,该平台集成Landsat-5、Landsat-7、MODIS 历史遥感数据以及云端算法,依托谷歌公司全球百万台服务器,将这种数据密集分析、海量的计算资源和高端可视化科学范式落到实地(付东杰等,2021)。

2. 笛卡儿实验室

笛卡儿实验室(Descartes Labs)来自美国,位于新墨西哥州的洛斯阿拉莫斯(https://www.descarteslabs.com/)。这里有成立于 1943 年的美国能源部洛斯阿拉莫斯国家实验室,世界上第一颗原子弹和氢弹都在此诞生。笛卡儿实验室对其技术介绍十分简单精练,重点强调了三方面的独特能力。其一是数据管道或数据流水线(data pipeline),笛卡儿实验室构建这样的流水线处理大量从卫星、无人机、相机、手机等地球上所有类型传感器获得的可视数据。其二是影像解译,笛卡儿实验室使用深度学习和人工智能训练计算机,从千变万化的科学数据库中的每日影像中识别这些可视数据中的重要信息。其三是空间识别,一旦机器识别了特定场景下的对象,笛卡儿实验室将在时间维度上从过去的影像中挖掘空间变化。

3. 亚马逊云平台

亚马逊云平台有基于亚马逊云平台的大数据处理和存储服务,如 Amazon S3、Amazon EC2、Amazon EMR 和 Amazon RDS(https://aws.amazon.com/cn/earth/)。这些服务提供了高性能、可扩展的计算和存储资源,可以轻松处理大规模遥感数据集。亚马逊云平台还提供了多种人工智能服务,如 Amazon Rekognition 和Amazon SageMaker,用于分析和挖掘遥感数据中的信息。亚马逊云平台的功能包括遥感数据处理和分析、数据可视化和数据管理。在数据处理和分析方面，亚马逊云平台提供了一系列工具和服务，如 Amazon EMR、Amazon EC2 Spot Instances 和 AWS Batch。数据可视化方面，AWS 提供了 QuickSight 等工具，可以帮助用户快速创建、可视化和共享遥感数据分析结果（Ferreira et al.，2020）。此外，亚马逊云平台还提供了多种数据管理服务，如 Amazon S3 Glacier 和 Amazon S3 Intelligent-Tiering，以帮助用户轻松管理和存储遥感数据。亚马逊云平台致力于开发公平准确的人工智能和机器学习服务，并提供人工智能和机器学习应用程序所需的工具和指导。

4. 开源数据立方体

开源数据立方体（Open Data Cube，ODC），以前称为澳大利亚地球科学"数据立方体"，是由一系列数据结构和工具组成的分析框架，可促进地球观测数据的组织和分析（https://www.opendatacube.org/）。它在 Apache 2.0 许可下作为一套应用程序提供。它目前得到分析力学协会、地球观测卫星委员会、澳大利亚联邦科学与工业研究组织、澳大利亚地球科学局和美国地质调查局的支持。开源数据立方体允许通过一组命令行工具和 Python API 对大量地球观测数据集进行编目、访问和操作。数据采集和流入表示在开源数据立方体索引之前收集和准备地球观测数据的过程。数据立方体说明了开源数据立方体的主要核心，其中地球观测数据被索引、存储并通过 Python API 交付给用户。

5. 欧洲开放科学云

欧洲开放科学云（European Open Science Cloud，EOSC）的目标是为欧洲科学开发"公平数据和服务网络"。欧洲开放科学云将是一个多学科环境的平台，研究人员可以在其中发布、查找和重复使用数据、工具和服务，使他们能够更好地开展工作。欧洲开放科学云以成员国和研究团体支持的现有基础设施和服务为基础。它将这些以联合的"系统的系统"方法结合在一起，通过聚合内容使服务能够一起使用。此外，这种环境将在明确定义的条件下运作，以确保信任并维护公共利益。此外，欧洲开放科学云将通过多种方式改善研究人员的处境，即通过通用接口无缝访问内容和服务，从公平且理想开放的各种来源访问数据，访问存储、计算、分析、保存等服务，以便将数据和服务结合起来，帮助培训和支持以改进欧洲开放科学云的使用。

6. 联合研究中心地球观测数据和处理平台

联合研究中心地球观测数据和处理平台［Joint Research Center（JRC）Earth Observation Data and Processing Platform，JEODPP］是联合研究中心（Joint

Research Center，JRC）自 2016 年以来开发的用于存储和处理大量地球观测数据的封闭解决方案。该平台具有交互式数据处理和可视化、虚拟桌面及批量数据处理等功能。该平台使用一组服务器进行数据存储，另一组进行处理。存储服务器使用 EOS 分布式文件系统，并以原始格式存储数据，仅添加金字塔以加快数据的读取和可视化速度。对于数据可视化，JEODPP 使用 Jupyter Notebook 环境，并通过先前定义的函数提供 API 来构建表示处理链的对象。它在构建可视化对象时，关联的处理链不会立即执行。处理链的执行仅在使用与对象关联的数据时发生。这种惰性处理方式与 GEE 用于数据可视化的处理方式相同。

7. sentinelhub

sentinelhub 是 Sinergise 开发的提供哨兵数据访问和可视化服务的平台。这是一个具有公共访问权限的私有平台（https://www.sentinel-hub.com）。与 GEE 平台不同，sentinelhub 限制对不同付款计划中功能的访问。免费计划仅允许查看、选择和下载原始数据。付费访问允许通过开放式地理信息系统协会（Open GIS Consortium，OGC）协议和特定 API 进行数据访问、数据处理、更高的资源访问限制和技术支持。sentinelhub 平台的功能通过 OGC 服务和 RESTful API 提供，还可以使用 Web 界面来配置特定服务。Sinergise 不提供 sentinelhub 使用的系统架构图或有关如何存储或处理数据的信息。因此，Sinergise 可以很好地实现所提供的服务与 sentinelhub 平台使用的数据抽象之间的交互。

8. openEO

openEO 项目于 2017 年 10 月启动，以满足整合用于存储、处理和分析大量地球观测数据的需要。这种需求源于许多地球观测数据用户难以将其数据分析迁移到基于云的处理平台。在许多情况下，主要原因不是技术性质，而是害怕依赖所选平台的提供商。openEO 旨在为科学家提供一种机制在不同系统中应用单一标准来开发他们的应用程序和进行分析，甚至促进这些供应商之间的比较，从而减少更多的担忧。通过这种方法，openEO 可以降低地球观测数据社区在云计算技术和大地球观测数据分析平台方面的进入门槛。为此，该系统一直在开发一个通用的开源（https://github.com/Open-EO）接口（Apache License 2.0），以促进存储系统之间的集成以及地球观测数据和应用程序的分析。

9. SEPAL

地球观测数据访问处理和分析系统监测（the system for earth observation data access processing and analysis for land monitoring，SEPAL）是为土地覆盖自动监测而开发的云计算平台。它将 GEE、AWS 等云服务与 Orfeo Toolbox、GDAL、

RStudio、Shiny Server、SNAP 和 OpenForis Geospatial 等免费软件结合在一起。该平台的主要重点是使用先前配置的工具构建环境并管理云中计算资源的使用，以促进科学家搜索、访问、处理和分析地球观测数据的方式，特别是在难以连接互联网和有很少的计算资源的国家。SEPAL 是联合国粮食及农业组织林业部的一个项目，由挪威资助，其源代码可在官网许可下获得，并且仍在开发中。它使用大量 API，促进其他服务的访问和集成。SEPAL 提供了一个基于 Web 的用户界面，用户可以在其中搜索和检索数据集，并启动预配置的基于云的机器来执行他们的分析。

10. ENVI Cloud

地理空间行业对云计算的采用已经确定了抑制和推动图像分析功能的企业级部署的问题，包括数据和分析需求、缩减的预算以及对简化、可互操作的工作流的需求都推动了基于云的地理信息系统的开发和集成。为了响应这些新出现的需求，L3Harris Geospatial 创建了 ENVI 服务引擎，它结合了开源标准和中间件的架构，将其 ENVI 产品的图像分析功能引入云端。该引擎提供对源自遥感数据的信息的在线按需访问。该引擎的设计允许应用程序开发人员使用多种不同的编程语言构建定制的应用程序，这些程序利用 ENVI 图像分析算法的强大功能通过瘦客户端或移动客户端进行消费。从中间件组件向 ENVI 服务引擎发出的 HTTP 和 REST 请求，随后将调用并运行此功能，最终返回到请求应用程序。

4.3 GEE 平台

4.3.1 GEE 平台综述

1. GEE 平台的组成

GEE 平台是由谷歌开发的，用于集成科学分析和地理信息数据可视化的综合性平台。该平台拥有强大的 API 和工具，可帮助用户方便地查看、计算、处理和分析大范围的地理信息系统数据，包括各种影像数据等。除此之外，该平台还支持自定义算法和模型，以及数据导入和导出等功能，成为许多科学家、研究人员和地理信息专业人员的首选平台。GEE 平台主要由三部分组成，分别是 Google Earth Engine Explorer、GEE 编辑器和 GEE Timelapse。其中，Google Earth Engine Explorer 是一个数据查看器平台，允许用户访问谷歌云计算数据目录中可用的海量数据集。数据目录包含数百万个公开可用的数据集，包括一系列完整的 Landsat、MODIS、哨兵以及大气、气象和矢量等数据集。用户可以通过简单的搜索和过滤操作，轻松地找到自己需要的数据集，并进行在线预览和交互式分析。GEE 编辑器则是专门用于处理大数据和开发 GEE 应用程序的 JavaScript 语言编辑器。该编辑器具有多个选项卡，包括代码编辑器、地图、图层管理器、几何工具等，使用户能够轻松地编写和调试自定义算法和模型。同时，该编辑器还提供了丰富的文档和示例代码，帮助用户快速上手和提高编程技能。GEE Timelapse 是 GEE 平台的一个特色功能，它结合了多年来 PB 级的遥感数据集，并在空间和时间上生成了一个全球、可缩放和无云的视频（Tamiminia et al., 2020）。该平台的目的是揭示地球居民如何对待地球以及地球上的自然和人文景观的变化。该平台采用了先进的云计算技术和数据可视化技术，使用户能够深入了解全球各地的自然环境和人类活动的演变。

2. 代码编辑平台架构

GEE 编辑器是 GEE 平台的一个重要组成部分，它是一个基于 Web 的交互式开发环境，用于编写、测试和部署地理信息系统分析和可视化应用程序，其平台架构主要包括两个内容。

（1）技术架构。GEE 的技术架构主要包括前台调用服务、API、后台计算服务器和数据存储服务四个部分。其中前台调用服务包括 GEE 自带的编辑器 Earth Engine Code Editor 以及第三方的应用 Web Apps。API 包括 JavaScript 版的 API 和 Python 版的 API，用户可以根据需求选择使用。后台计算服务器分为实时计算服务器和异步计算服务器两种，实时计算服务器主要负责将计算结果实时显示到前台，而异步计算服务器主要负责导出任务计算等。数据存储服务则包括金字塔地图服务和 GEE 本身的 Google Assets 数据存储服务。用户通过在 GEE 前台编辑器编写相关代码，来处理分析各种影像、矢量数据、气象数据等。

（2）运行架构。GEE 平台的运行流程与本地软件使用有所不同。用户通过在线编辑器编写代码，点击运行后编辑器将所有代码通过 API 直接发送给 GEE 的后台。GEE 后台接收到代码后，根据逻辑将代码分配到不同的服务器上进行计算。计算完成后，GEE 会经过后台计算并返回给编辑器地图界面显示，同时将结果输出到输出窗口中。对于异步导出的逻辑，GEE 会生成相关导出任务，并在后台异步执行直至任务导出结束。用户可以根据需求设置导出结果的存储位置，可以选择将结果导出到 Google Drive、Google Cloud Storage 或 Google Assets 中。

3. GEE 平台的选择

目前，GEE 平台是普遍使用的遥感云计算平台，原因有三个：①GEE 平台具有全球性的遥感数据，包括高分辨率卫星图像、地形数据、气象数据、植被覆盖数据等，这些数据可以帮助用户更好地了解地球上的自然环境和资源状况。此外，GEE 平台使用云计算技术进行数据处理和存储，使得这些数据能够随时可用并具有高可靠性。相比之下，其他遥感云平台可能只提供部分地区或类型的数据，或者数据质量不如 GEE 平台。②GEE 平台具有优秀的计算性能，它利用了谷歌的云计算技术，能够实现快速、高效的数据处理和分析，减少了处理大量数据所需的时间和成本。GEE 平台还具有强大的并行计算能力，能够在短时间内处理海量数据，并为用户提供高质量的分析结果。③GEE 平台提供了丰富的工具和算法，包括地图可视化、数据处理和分析、时间序列分析等，可满足不同用户的需求，帮助用户更好地理解和管理地球上的自然资源和环境。同时，GEE 平台还支持自定义代码的编写和上传，使得用户可以使用自己的算法和模型进行数据分析。使用 GEE 平台也有一些局限性，包括基于矢量的分析更适合于图像分析以及更难完成基于像素空间关系的分析（因为要在多个 CPU 上处理），图像分割和水文建模选择有限或处于测试阶段。然而这些是目前遥感云计算普遍存在的问题，它仍然是目前最受欢迎的遥感云平台之一，受到包括众多科学家、政府机构、非政府组织在内的众多用户的青睐。

4.3.2　GEE 平台资源特征

1. 易获取的学习资源

GEE 平台是一个强大的云计算平台，为用户提供了全球性的遥感数据、优秀的计算性能和丰富的工具，使其成为遥感应用领域的佼佼者。对于那些想要学习或使用 GEE 平台的人来说，官方文档是必不可少的资源之一。该文档主要分为五个方面。第一方面是指南，涵盖了 GEE 平台相关的各个方面知识，包括主要函数使用方法、工作原理、常见错误等。该指南为用户提供了从入门到精通的学习路径。第二方面是 API 网页，其中包含了全部的 JavaScript 版 GEE 平台的所有函数以及参数的详细介绍和部分 GEE 平台中公开的数据等。用户可以通过这个 API 网页获取到 GEE 平台的全部函数信息，能够更好地了解如何利用这些函数来处理数据。第三方面是教程，GEE 平台官方提供了文字教程和视频教程的资料，包括初学者的入门指南、高级用法和应用示例。用户可以通过这些教程了解如何使用 GEE 平台来处理遥感数据。第四方面是 EDU，这是 GEE 平台官方在全球各地做的一些培训的教程资料，包括培训资料和案例资源。用户可以通过这些资源深入了解 GEE 平台的应用。第五方面是数据目录，这是一个官方网站，提供 GEE 平台中相关数据的介绍和使用示例。用户可以通过这个网站找到感兴趣的数据，并了解如何使用这些数据。

2. 海量的遥感类数据

GEE 平台提供的数据不仅包括图像数据，还包括大气、气象和矢量数据集。这些数据可用于各种领域，如环境监测、土地利用变化分析、生态系统研究、灾害管理、城市规划和农业监测等。其中，遥感图像数据是 GEE 平台最主要的数据类型。Landsat 和 MODIS 系列卫星的数据是 GEE 平台中最常用的遥感图像数据。Landsat 系列卫星的数据拥有高分辨率、多光谱波段以及长时间序列的优势，可用于土地利用变化分析、生态系统监测和水资源管理等领域。MODIS 系列卫星的数据拥有高时间分辨率和大空间覆盖范围的优势，可用于全球气候研究、陆地生态系统监测和自然灾害监测等领域。除了 Landsat 和 MODIS 系列卫星的数据，哨兵系列卫星的数据也逐渐成为 GEE 平台中重要的遥感数据来源，包括哨兵-1、哨兵-2、哨兵-3 和哨兵-5P 数据。除了遥感图像数据，GEE 平台还提供了大量的大气和气象数据。例如，它包含大气成分和气溶胶分布的数据集，这些数据可用于研究空气污染、大气化学和气候变化等问题。此外，GEE 平台还提供了全球气候模型输出数据，这些数据可用于模拟未来的气候变化情况。在矢量数据方面，GEE 平台提供了大量的地理信息数据，如全球土地覆盖、河流和湖泊、国界和行政区划等数据，这些数据可用于地理信息系统的分析和可视化。此外，每天都会有几个 PB 级数据集上传到 GEE 平台。用户可以在 Google Earth Engine Explorer 中查看可以获取的数据，Google Earth Engine Explorer 由工作区和数据目录组成。

3. 自定义的数据上传

GEE 不仅提供了大量的开放数据集，而且还支持用户上传自定义数据集，这对于一些研究尤其有价值。如果用户的数据集不在 GEE 平台数据目录中，他们可以通过上传到服务器的方式将其添加到 GEE 平台。这使得用户可以轻松地将他们自己的数据集与其他数据集进行比较和分析，进一步提高了 GEE 平台的可扩展性和可用性。上传自定义数据集后，GEE 平台会在其原始投影中存储数据，并将其存储在所有原始数据和元数据中。同时，平台直接管理数据。GEE 平台存储数据的分辨率与原始数据一致，但为了提高效率，每个图像旁边还构建和存储了不同缩放级别的图像金字塔。这些金字塔可以帮助用户快速地查看和分析数据。GEE 平台包含大量的数据集可以共享，用户可以使用数据分类中提供的标签来轻松搜索所需的数据集。这大大简化了用户对数据的查找和分析过程。这些数据集通常是各种卫星影像的衍生产品，它们是各项研究中积累下的宝贵财富。这些功能的存在极大地增强了 GEE 平台的可扩展性和可用性，使其成为地球科学领域最强大的数据分析工具之一。

4.3.3　GEE 平台交互基础

1. 代码编辑的平台界面

与通过图形用户界面控制的地理信息系统软件不同，GEE 依靠的是脚本为平台提供指令的编程代码。界面是由以下窗口和控件组成的，包括：数据搜索区、存储参考区、代码编写区、监测展示区、空间交互区。控制台窗口还有两个标签，即检查器和任务标签，需要点击它们才能进入和访问。脚本/文档/资产窗口也是如此，但我们不会经常使用这些标签。这个平台界面包括以下几部分。①数据搜索区，其中包含数百万个公开可用的数据集，包括全球各地的卫星图像和其他地理数据。这些数据集都经过了处理，并以原始分辨率存储，以便用户可以根据自己的需求进行分析。通过数据搜索区，用户可以轻松地查找并导入所需的数据集。②存储参考区。在此区域内，用户可以访问其已上传的数据集，并对其进行组织和管理。此外，为了提高效率，还构建了不同缩放级别的图像金字塔，并存储在每个图像旁边。③代码编写区，它为用户提供了一个交互式编程环境，使他们能够编写和运行 JavaScript 代码，以实现自己的地理信息分析和处理工作。用户可以使用 GEE 平台提供的强大的 JavaScript API 以及一系列常用的库和函数，从而轻松地进行数据处理和可视化。④监测展示区提供了一个交互式的地图界面，用于显示和探索用户的分析结果。该区域提供了各种不同的可视化选项，包括标准的三原色（red green blue，RGB）图像、多光谱图像、温度图像等。此外，该区域还支持用户交互式地添加和删除图层，调整可视化效果以及对地图进行导出和共享。⑤空间交互区。该区域提供了各种工具和资源，帮助用户处理和分析地理信息。这包括地图绘制工具、空间分析工具、标记和标注工具等，这些工具可以帮助用户更好地理解和分析地理数据，并生成高质量的分析结果。

2. 代码运行的概念基础

服务器和客户端是计算机科学中的重要概念，它们在与谷歌云计算结合后衍生出了谷歌云计算的服务器端（server-side）和客户端（client-side）两个概念，分别是服务器端编程语言（GEE 编程语言）和客户端编程语言（JavaScript 编程语言）。这两个概念在 GEE 平台上具有特殊的意义和应用。①简单地说，服务器端是编程语言运行的环境，它可以访问服务器上的资源并执行一系列任务，如数据处理、计算、存储和管理。所有代码是在服务器端运行的，可以直接访问 GEE 的数据存储库和计算资源。由于在服务器端运行，因此它可以处理大量数据和计算任务，而无须客户端的帮助和干扰。这使得 GEE 成为一个高度自动化的分析和处理平台。②client-side 是指在浏览器中运行的编程语言，它通常用于开发 Web 应用程序和网站。JavaScript 编程语言就是一种 client-side 编程语言，它可以在用户的浏览器中执行，与用户交互并操作网页的内容和行为。在 GEE 平台上，client-side 编程语言通常用于开发用户界面和可视化工具，以及在浏览器中显示和操作 GEE 的数据和分析结果。这使得用户可以轻松地探索和交互 GEE 的数据和分析结果，而无须了解复杂的编程语言和计算过程。

server-side 和 client-side 之间的交互是非常重要的。通过将这两种编程语言结合起来，用户可以实现高度自动化的分析和处理任务，同时又可以轻松地探索和交互分析结果。例如，用户可以使用 GEE 编程语言进行遥感数据处理和分析，并使用 JavaScript 编程语言在浏览器中创建交互式地图和可视化工具，以便在地图上显示和操作分析结果。这种结合使得 GEE 平台成为一个高度灵活和可扩展的数据分析和处理工具。

3. GEE 平台数据的调用类型

地图、影像、影像集合和矢量数据是 GEE 平台中的重要数据类型，它们是用户在平台上进行分析和可视化的基础。首先是地图，它是指在编辑器中的地图展示区，用于显示影像栅格数据和矢量数据。地图对应的 API 是 Map，用户可以通过调用 Map API 来添加各种图层、调整视图和交互式操作地图。其次是影像。在遥感学中，影像是指通过卫星、航拍飞机或无人机等飞行设备拍摄的远距离图像数据。这些数据通常以 GeoTIFF、NetCDF 或 HDF 等格式存储，有些卫星遥感影像还包含 XML 或 DAT 等头文件来记录卫星影像的具体参数信息。在 GEE 平台中，影像数据不是以本地文件格式存储的，而是按照谷歌自定义的一种格式存储，用户可以通过 Image API 来调用影像数据进行分析和可视化。再次是影像集合，它将多个影像存储在一起作为一个列表对象来进行快速处理和管理。影像集合是 GEE 平台云计算能力的重要体现之一，几乎所有数据集都是以影像集合的形式存在的。GEE 平台提出影像集合的概念，一方面是为了更好地管理数据资源，使得数据可以归类存储，另一方面也为了方便用户查询和使用相关资源。最后是矢量数据，它主要分为三类：几何图形类、矢量数据类和矢量数据集合类。在 GEE 平台上，矢量数据主要来自平台提供和用户上传。矢量数据通常以 shapefile 格式或 kml 格式存储在本地，而在 GEE 平台中则以矢量数据集合的格式存在。几何图形类是指地图上的点、线、面等几何对象，矢量数据类则是指带有属性信息的几何图形，如河流、森林等区域。矢量数据集合类将多个矢量数据存储在一起作为一个列表对象来进行快速处理和管理。在 GEE 平台中，用户可以利用矢量数据来进行各种空间分析和可视化操作，如裁剪、合并、筛选等。

4.3.4　GEE 平台算力调用

1. GEE 平台的优势代码

GEE 平台是一种免费的基于云计算的服务，用户无须在本地下载和管理数据。它建立在谷歌云计算基础设施之上，计算由谷歌自动处理，并且所有操作都在谷歌的处理器上自动批量并行执行。GEE 平台利用自动化和并行计算隐藏了数据使用的复杂情况，使其操作简便易行。由于 GEE 平台主要是为地理空间数据分析而创建和优化的，因此它可以处理大范围和长时间覆盖的 PB 级遥感数据。因此，它成为分析区域、国家和全球的最佳工具。除了 GEE 平台中提供的各种数据集，用户还可以通过统一资源定位器（uniform resource locator，URL）轻松上传和共享自己的数据集以及脚本和模型。一旦用户想要运行代码，就会即时生成其他地图和产品。此外，由于 GEE 平台提供了几乎所有必需的工具，用户无须安装第三方软件包，如 ENVI 和 ERDAS。GEE 平台基于金字塔和平铺概念存储和分析遥感图像。在 GEE 平台中的图像都有不同像素分辨率的金字塔。此外，GEE 平台中使用的每个工具都可以处理 256×256 个瓦片上的图像。因此，金字塔的不同比例用于不同的缩放级别。这使 GEE 平台能够快速有效地可视化大面积的已处理图像。GEE 平台还提供快速过滤和排序功能，这使用户能够根据各种空间和时间规范从数百万张图像中选择他们想要的数据。这些功能是 GEE 平台从谷歌继承的，能够有效地减少数据搜索和处理的时间。

2. JavaScript API 调用

GEE 可提供大量的可编程工作流以及具有强大的基于 Web 的编程接口。其中，JavaScript API 是 GEE 中的一种重要的调用方式，它让用户可以轻松地访问存档的遥感数据，并构建自己的分析应用程序。JavaScript API 提供了一种用于访问 GEE 数据和方法的编程接口，以便用户可以通过 JavaScript 语言轻松地进行数据分析。这个 API 非常适合那些不熟悉 Python 或其他编程语言的用户。用户可以使用 GEE 提供的在线代码编辑器编写自己的 JavaScript 脚本，并可以立即在编译后查看结果。此外，由于 JavaScript 是一种广泛使用的编程语言，因此学习和使用 JavaScript API 对于已经掌握了 JavaScript 的用户来说是很容易的。GEE JavaScript API 提供了大量的谷歌云计算对象和方法，包括图像、图像集合、特定区域的提取、几何体的创建等。在编写代码时，用户只需要创建谷歌云计算对象，调用相应的方法即可进行数据分析。例如，用户可以使用 Image 类对象来创建一个图像对象，并使用图像对象的方法进行数据分析。在处理多个图像时，用户可以使用 ImageCollection 类对象，将多个图像合并在一起，以便进行批量处理。

3. Python API 调用

Python API 为 GEE 平台提供了广泛的编程灵活性，可以通过 Python 脚本进行地理空间数据处理和分析。Python API 是使用 Python 编写的开源软件，因此它具有 Python 生态系统提供的所有优点。用户可以使用 Jupyter Notebook 在 Google Colaboratory 中轻松运行 Python API。使用 Python API 的主要优点之一是，它可以通过使用 Python 库进行进一步的数据分析和可视化，如使用 NumPy、Pandas 和 Matplotlib 等常用 Python 库。因此，Python API 拥有比 JavaScript API 更强大的数据处理和分析能力。此外，Python API 还可以将 GEE 处理的数据传输到 Python 包中进行后续的处理，进一步增强了其功能。Google Colaboratory 平台是使用 Python API 进行数据分析和编程的一个非常强大的工具。用户可以在 Google Colaboratory 中使用 Jupyter Notebook 的交互性和协作性。这个平台允许多个用户同时协作，并可以通过实时共享笔记本来增强团队合作。Google Colaboratory 中的 Notebook 也可以直接从 GitHub 仓库中读取，方便用户共享和管理自己的代码。通过使用 Python API 和 Google Colaboratory，用户可以轻松访问大量地理空间数据，以进行预测分析、数据可视化和其他高级数据分析任务。与 JavaScript API 相比，Python API 更加灵活，但需要更多的设置和管理。Python API 需要用户具备 Python 编程知识，而 JavaScript API 则不需要。此外，Python API 不如 JavaScript API 易于学习和使用，因为 JavaScript 是 Web 开发中最常用的语言之一，许多用户可能已经熟悉了 JavaScript 编程。另外，Python API 需要用户管理 Python 环境和库，而 JavaScript API 则可以直接在 GEE 平台编辑器中使用。

4.4　遥感云计算分析

4.4.1　遥感云计算的应用场景

1. 遥感地物分类

地物分类是遥感影像分析的基本处理内容，通过将像素归类到不同的地物类型来提取地物信息。GEE 平台是谷歌推出的一个云计算平台，提供大规模地理数据的存储、处理和分析服务。在 GEE 平台中，地物分类主要分为非监督分类、监督分类和面向对象分类三种方法。①非监督分类是一种无先验类别标准的图像分类方法，以集群为理论基础，通过计算机对图像进行集聚统计分析的方法，根据待分类样本特征参数的统计特征，建立决策规则来进行分类。与监督分类相比，非监督分类不需要事先给出类别标签，只需要根据像素点之间的相似性进行聚类，将像素点分为不同的类别。然后通过人工判断每个类别的特征，确定每个类别所代表的地物类型。GEE 平台提供了多种非监督分类方法，如 k 均值聚类、分层聚类等。②监督分类是利用被确认类别的训练区样本像元去识别其他未知类别像元的过程。在这种分类中，分析者在图像上对每一种类别选取一定数量的训练区，计算这些区域的光谱特征，并以此建立分类器。分类器可以根据像素点的光谱特征将像素点归类到不同的地物类型中。GEE 平台提供了多种监督分类方法，如最大似然分类、支持向量机、随机森林等。通过 GEE 平台的可视化功能，可以直观地查看分类结果，并对分类结果进行验证和精度评估。③面向对象分类是将图像分割为不同的对象，并将这些对象与地物类型关联起来。在 GEE 平台中，可以使用内置的图像分割算法，将图像分割为不同的对象。然后，可以根据每个对象的光谱、纹理、形状等特征将其归类到不同的地物类型中。面向对象分类相比于像素级别的分类方法，具有更好的空间连续性和几何形态信息，能够更好地反映地物类型的空间分布特征。GEE平台提供了丰富的地物分类工具和功能，可以方便地进行大规模遥感影像数据的处理和分析。通过 GEE 平台的 Python 语言接口，可以使用 Python 语言调用 GEE 平台中的工具和算法，方便用户在自己的开发环境中进行地物分类。同时，GEE 平台还提供了可视化工具，可以方便查看分类。

2. 动态变化监测

动态变化监测是通过长时间序列的遥感影像数据来监测某个地方在一段时间内的变化情况。在遥感影像分析领域中，这是一项非常重要的任务。地表覆盖类型的变化可以提供有关城市化、农业生产和自然灾害等方面的信息。GEE 平台是一个功能强大的云计算平台，为用户提供了大量的地理数据和遥感影像数据的存储、处理和分析功能。在 GEE 平台中，动态变化监测可以通过两种方式来实现。①第一种方式是利用原始遥感影像时空变化来展示所关心区域的变化情况。例如，监测北京大兴机场工程的建设进度、监测中国植树造林工程的变化等。这种方式的实现可以通过遥感影像变化直接展示其变化情况，并且可以通过遥感影像查询来获取所需信息。然而，这种方法需要下载、处理大量的遥感影像数据，并且需要生成视频或动画等操作，周期长、花费高，效果也无法保证。②第二种方式是利用长时间序列指数变化来进行分析和预测，这种方式是研究领域更加专业的操作。例如，可以通过计算长时间序列的植被指数来分析和预测作物的生长状态等。在 GEE 平台中，用户可以直接使用系统中已有的 50 年左右的 Landsat 系列遥感影像数据来进行相关监测，通常可以在非常短的时间内实现相关的效果。这种方式的优点在于可以直接利用 GEE 平台中的功能和算法，而无须下载和处理大量的遥感影像数据。总的来说，GEE 平台为用户提供了丰富的地物分类工具和动态变化监测功能，可以方便地进行大规模遥感影像数据的处理和分析。通过 GEE 平台，用户可以使用编程语言调用平台中的工具和算法，方便用户在自己的开发环境中进行地物分类和动态变化监测。同时，GEE 平台还提供了可视化工具，可以方便地查看分类和监测结果，并对其进行验证和精度评估。

4.4.2　遥感云计算的应用方向

1. 遥感云计算驱动可持续发展

遥感云计算平台的兴起为地球空间信息的处理和分析提供了重要的机遇。随着遥感大数据时代的到来，如何充分挖掘遥感大数据，实现全面快速的地球空间信息感知，是地球科学领域共同面对的挑战。在此背景下，遥感云计算平台的运用尤为重要。当前，遥感云计算平台已经在地球科学领域得到了众多应用。以遥感产品和网络大数据为代表的地球大数据已经能够在可持续性发展议题中发挥重要的作用，推动了数据驱动社会发展的变革。遥感云计算的应用已成为研究土地利用变化、生态和环境变化、气候变化等地学领域前沿问题的重要工具，并已开始应用于经济研究等方面。大尺度、高分辨率、长时间序列的快速计算和应用成为可能，且这些数据与计算结果可在遥感云计算平台方便地进行共享，迎来了向多种应用场景开放的局面。GEE 被应用于多个方面，并推动了全球尺度重要科学成果的出现，遥感云计算在可持续发展方向的应用包括但不限于以下几个方面：城市可持续发展评估、农业生产、自然资源管理、环境监测等。这些研究成果被分享在 *Nature*、*Science* 和 *Proceedings of the National Academy of Sciences* 为主的期刊上，加速了联合国可持续发展目标的实现。

2. 土地生态和遥感云计算

植被（如森林、草地、牧场和灌木）是地球生物圈中最重要的组成部分之一，因为它对人类和环境都发挥着重要作用。植被在许多与水、土壤和空气直接或间接相互作用的生化循环中发挥着至关重要的作用。这种循环对于全球植被格局和气候研究非常重要，因此植被对于保护生物多样性和减缓气候变化也至关重要。此外，植被是将二氧化碳转化为氧气的主要渠道，使地球能够进行有氧代谢。考虑到植被的重要服务功能，迫切需要监测各种植被类型的现状和动态。为了满足这一需求，GEE 平台利用云计算服务对植被覆盖进行长期监测。它公开了大量的遥感数据和分析工具，使研究人员能够利用该平台在各种空间尺度上进行植被监测。特别是，GEE 平台中存在多个植被指数，可以高效、快速地进行植被研究。常用的植被指数包括 NDVI、归一化差值植被指数和蒸散发指数。这些指数可用于监测植被生长、植被物候学和植被覆盖变化等。此外，GEE 平台还提供了多个数据集，如全球土地利用和覆盖数据集、全球森林变化数据集和 MODIS 植被连续观测数据集，这些数据集都可以在 GEE 平台上进行访问和处理。GEE 平台已经广泛应用于各种植被相关的研究领域，如植被测绘、植被动态监测、森林砍伐、植被和森林扩张、森林健康监测、牧场监测和牧场评估等。

3. 农村发展和遥感云计算

随着地理大数据、云计算的不断发展，云地理空间信息分析平台越来越成为国内外学者的重要研究内容之一。目前，应用 GEE 平台，国内外学者已经在农村农业领域开展了大量的科学研究工作。首先，遥感云计算可以帮助农村地区进行精准农业管理。通过遥感技术获取的大量农业数据，可以通过云计算进行处理和分析，从而提高农作物的生产效率和品质。比如，利用遥感技术和云计算平台可以对农作物的生长情况、土地利用情况、气象数据等进行监测和分析，帮助农民做出更科学的农业决策。其次，遥感云计算还可以应用于农村地区的环境监测和保护。例如，通过卫星遥感技术获取的大量数据可以用于监测土地利用变化、森林覆盖率等环境指标，从而及时预警环境风险，保护农村地区的生态环境。最后，遥感云计算还可以应用于农村地区的灾害监测和预警。在自然灾害如洪水、干旱、地震等发生时，遥感技术可以提供大量的数据和信息，云计算可以对这些数据进行快速处理和分析，帮助农民和政府做出及时的救灾和预警决策。

4. 城市发展和遥感云计算

遥感云计算在城市发展方面扮演着越来越重要的角色。城市地区是人口和人类基础设施集中的地区，通常会随着时间的推移而扩大以改善生计。这些地区已成为经济、社会、文化、娱乐活动以及资源消耗的中心，同时也是经济和社会发展的重要驱动力。城市规模越来越大，城市规划和管理越来越复杂，需要大量的数据支撑。遥感技术提供了一种高效、准确、实时地获取城市信息的手段，而云计算则提供了强大的计算和存储能力，使大规模数据的处理和分析变得可行。人类与周围环境互动主要在城市地区实现。环境的变化会影响人类的生活，因此，环境和城市地区会相互影响。不受限制的城市增长会对自然资源造成严重破坏，并对大气和气候产生负面影响。开展城市研究对于支持可持续发展至关重要。在这方面，遥感数据集能够对城市动态进行量化和深入分析，这对于城市发展和城市规划设计至关重要。GEE 平台提倡对城市状况进行长期监测，从不同方面有效地研究城市环境。城市扩张和范围映射、城市形态和局部气候区监测、城市多维建模、城市绿地分类、城市温度和城市热岛识别是在 GEE 平台内进行的一些主要城市研究。

4.4.3　遥感云计算应用的展望

1. 研究视角从区域转向全球

遥感技术的快速发展带来了大量的遥感数据，这些数据庞大、复杂，要处理和分析它们是一个巨大的挑战。海量数据的处理能力和处理方法的局限性导致全球变化研究结果的不确定性，现有研究手段难以清晰刻画其动力机制。因此，寻找新的处理方式和工具是非常必要的。云计算为海量遥感数据的处理和知识发现提供了新的机遇。遥感云计算平台的海量云存储空间和云计算能力使得大尺度海量数据的快速处理成为可能。借助遥感云平台，直接基于海量地理空间数据推动科学问题的发现，可能会催生出遥感理论和应用的科学研究新范式，帮助全球变化研究的认知水平实现大的跨越。例如，目前越来越多的小卫星所获取的密集观测数据是未来行业应用的一个重要前景。如果将这些小卫星数据与遥感云计算平台整合，将会大大提高全球变化研究的效率。同时，这也可以为地理信息科学、自然资源管理等领域的研究提供更为可靠的数据支撑和分析方法。

2. 时点研究向时序研究转型

近年来，随着遥感技术的发展，遥感时间序列影像变化检测逐渐成为研究热点（秦乐等，2022）。同一区域、不同时期的历史数据不断积累，同时获取高时间分辨率遥感数据也变得越来越方便，这为遥感时间序列影像变化检测的研究提供了强大的数据基础。因此，与之对应的研究也成为遥感科学技术与应用的重要方向之一。不断积累的遥感数据为时间序列影像变化检测提供了强有力的支持。利用遥感时间序列影像变化检测技术，可以有效地监测地表环境的变化情况。这种技术可以检测到不同时间段内地表覆盖的变化，如森林覆盖变化、城市扩张等，为环境保护、城市规划、自然灾害监测等领域提供了重要的支持。此外，遥感时间序列影像变化检测也可用于农业监测、水资源管理、地质灾害监测等领域，具有广泛的应用前景。未来，随着新型高时间分辨率传感器的不断发射和投入运行，研究人员将获得更加丰富的遥感时间序列数据。因此，需要继续引入新方法、新技术，发展更先进、更有效的遥感时间序列影像变化检测方法，以满足更为广泛的应用需求。

3. 用户从少数扩展到全社会

遥感云计算技术的出现将会促使遥感应用快速向两个方向发展。一方面，遥感云计算使得遥感应用更加深入化、精细化和专业化。例如，在全球尺度地表水体研究方面，遥感云计算的出现使得相继出现了长时间序列地表水时空变化分布、河流宽度、河流冰覆盖和河流地貌变化等成果。这些成果是在遥感技术不断提升和遥感云计算技术的支持下得以实现的。另一方面，遥感云计算能让一些没有遥感基础的用户参与，使得遥感应用变得大众化，突破传统遥感应用，应用行业变得更加宽泛。例如，针对非专业用户的在线土地覆被制图应用等。这些应用的出现可以使更多的人了解遥感技术，并将其应用到自己的工作中。但是，要让遥感云计算真正发挥作用，还需要良好的商业模式推动助力，形成需求与技术正向迭代的良性循环。此外，如何采用大众能接受的方式，最大限度地降低遥感数据的理解与使用门槛，培养用户习惯，将遥感展示得不像传统意义上的专业遥感，是让遥感真正大众化的关键。

4. 数据挖掘和机理研究融合

遥感大数据和云计算的优势在于它们能够利用机器学习和深度学习技术，从大量的数据中挖掘相关关系，使问题解决能够走在机理研究的前沿。但是，这些相关关系的普适性通常受限于所采用的训练数据的代表性，因此在进行空间或时间上的外推时可能会受到影响。所以，深入机理研究、建立更具有普适性的因果关系和物理模型显得尤为重要。利用机器学习挖掘相关关系，有助于快速检测和筛选主要矛盾，从复杂的多变量中排除无关变量的干扰，使得建立物理模型能够考虑更加全面。同时，利用机器学习训练物理模型，可以克服物理模型本身的病态性和复杂性，有助于在高维参数空间中进行反演时查找表和计算量的问题。物理模型因为参数众多，所以在高维参数空间中进行反演时具有很大的挑战性。采用机器学习训练物理模型，能够克服这些问题，并且有助于理解现象背后的机理。利用机器学习和深度学习技术，从遥感大数据和云计算中挖掘相关关系和建立物理模型，可以为遥感应用提供更多的可能性和新的解决方案。

5. 实施可靠和长期持续监测

遥感技术在各行各业中扮演着越来越重要的角色。在未来，遥感云计算的广泛应用将成为实施可靠和长期持续监测的必然趋势。遥感云计算利用云计算技术，将遥感数据上传到云端进行处理和存储。这种方式比传统的遥感数据处理方法更加高效和灵活。通过遥感云计算，用户可以获得实时的遥感数据和地图产品，从而更好地了解和监测地球表面的变化。同时，遥感云计算还可以为环境监测、农业、城市规划等领域提供有力的支持。在未来，遥感云计算将成为实施可靠和长期持续监测的重要工具。由于遥感技术的特殊性质，遥感数据的获取和处理需要大量的计算资源和存储空间。云计算提供了高度可扩展的计算和存储能力，可以更好地支持遥感数据的处理和分析。通过遥感云计算，用户可以实时监测自然环境、资源变化和人类活动，为环境保护、资源管理和城市规划提供科学依据。同时，遥感云计算还可以为各行业提供智能化的服务和解决方案。通过机器学习和人工智能等技术，可以对大量的遥感数据进行分析和处理，挖掘出其中的有价值信息，这些信息可以用于制定决策、规划资源、提高生产效率等方面，为各行业的发展提供重要的支持。

本章参考文献

陈铁南，唐震，王晓冉，等. 2014. 基于云计算的大规模性能测试服务平台. 计算机科学，41（9）：63-66.

付东杰，肖寒，苏奋振，等. 2021. 遥感云计算平台发展及地球科学应用.遥感学报，25（1）：220-230.

高阳. 2019. 云存储系统的数据布局机制研究. 大连：大连理工大学.

秦乐，何鹏，马玉忠，等. 2022. 基于时空谱特征的遥感影像时间序列变化检测. 自然资源遥感，34（4）：105-112.

杨海平，沈占锋，骆剑承，等. 2013. 海量遥感数据的高性能地学计算应用与发展分析. 地球信息科学学报，15（1）：128-136.

赵福建. 2020. 高精度分布式时钟同步算法研究与实现. 南京：东南大学.

Ahmad I，Bakht H，Mohan U. 2017. Cloud Computing：a comprehensive definition 1. Journal of Computing and Management Studies，1（30）：1-23.

Cai Y P，Guan K Y，Peng J，et al. 2018. A high-performance and in-season classification system of field-level crop types using time-series Landsat data and a machine learning approach. Remote Sensing of Environment，210：35-47.

Cavallaro G，Heras D B，Wu Z，et al. 2022. High-Performance and disruptive computing in remote sensing：HDCRS：a new Working Group of the GRSS Earth Science Informatics Technical Committee[Technical Committees]. IEEE Geoscience and Remote Sensing Magazine，10：329-345.

Ciritoglu H E，Saber T，Buda T S，et al. 2018. Towards a better replica management for Hadoop distributed file system//2018 IEEE International Congress on Big Data（BigData Congress）. San Francisco：IEEE：104-111.

Fan J Q，Yan J N，Ma Y，et al. 2017. Big data integration in remote sensing across a distributed metadata-based spatial infrastructure. Remote Sensing，10：7.

Ferreira K R，Queiroz G R，Camara G，et al. 2020. Using remote sensing images and cloud services on Aws to improve land use and cover monitoring//2020 IEEE Latin American GRSS & ISPRS Remote Sensing Conference（LAGIRS），Santiago：IEEE：558-562.

Gomes V C F，Queiroz G R，Ferreira K R. 2020. An overview of platforms for big earth observation data management and analysis. Remote Sensing，12：1253.

Gong C Y，Liu J，Zhang Q. 2010. The characteristics of cloud computing//2010 39th International Conference on Parallel Processing Workshops. San Diego：IEEE：275-279.

He G J，Wang G Z，Ma Y，et al. 2015. Processing of earth observation big data：challenges and countermeasures. Chinese Science Bulletin（Chinese Version），60：470-478.

Huang Y，Chen Z，Yu T，et al. 2018. Agricultural remote sensing big data：management and applications. Journal of Integrative Agriculture，17：1915-1931.

Josef S，Andrii C，Andrey B，et al. 2014. Cloud resource recycling：an addition of species to the zoo of virtualised，overlaid，federated，multiplexed and nested clouds. Journal of Integrated Design and Process Science，18：5-19.

Müller-Hansen F，Callaghan M W，Minx J C. 2020. Text as big data：develop codes of practice for rigorous computational text analysis in energy social science. Energy Research & Social Science，70：101691.

Omotunde A，Oludele A，Kuyoro S O，et al. 2013. Survey of cloud computing issues at implementation level. Journal of Emerging Trends in Computing and Information Sciences，4：91-96.

Qu J J，Gao W，Kafatos M，et al. 2006. Earth Science Satellite Remote Sensing. Berlin：Springer.

Seda P，Hosek J，Masek P，et al. 2018. Performance testing of NoSQL and RDBMS for storing big data in e-applications//2018 3rd International Conference on Intelligent Green Building and Smart Grid（IGBSG）. Yilan：IEEE：1-4.

Tamiminia H，Salehi B，Mahdianpari M，et al. 2020. Google Earth Engine for geo-big data applications：a meta-analysis and systematic review. ISPRS Journal of Photogrammetry and Remote Sensing，164：152-170.

Veeraiah D，Nageswara Rao J. 2020. An efficient data duplication system based on Hadoop distributed file system//2020 International Conference on Inventive Computation Technologies（ICICT），Coimbatore：IEEE：197-200.

Wang L Z，Yan J N，Ma Y. 2019. Cloud Computing in Remote Sensing. Upper Saddle River：Chapman and Hall.

Zhang Q，Cheng L，Boutaba R. 2010. Cloud computing：state-of-the-art and research challenges. Journal of Internet Services and Applications，1：7-18.

Zhang X，Zhou Y N，Luo J C. 2021. Deep learning for processing and analysis of remote sensing big data：a technical review. Big Earth Data，6：527-560.

Zhang Y X，Liu H，Tan X，et al. 2022. Turnover of companies in OpenStack：prevalence and rationale. ACM Transactions on Software Engineering and Methodology，31（4）：1-24.

Zissis D，Dimitrios L. 2012. Addressing cloud computing security issues. Future Generation Computer Systems，28：583-592.

第5章　机器学习和深度学习原理与方法

遥感从影像中提取信息，主要包括遥感目标检测、遥感地物分割、遥感变化检测三项任务。遥感信息提取主要有三个阶段，20 世纪 80 年代以前以数字信号处理为基础实现遥感数据分析，包括模糊聚类、决策树分类等；1990 年定量遥感发展，物理模型较统计模型更加有效，但是复杂的处理耗费大量人力；21 世纪初期，各种机器学习方法［如人工神经网络等］广泛应用于遥感信息提取。随着深度学习的发展，将其应用于遥感提高了算法的精度，但也带来数据量大、处理复杂等问题。时间序列遥感影像包括光谱维、时间维和空间维（二维空间）四重维度的信息，机器学习在遥感信息提取的过程中非常有效，本章对遥感中的机器学习进行介绍。

机器学习是基于生物学习过程的人工智能的一个分支，是实现人工智能的方法。机器学习是从机器可以理解的数据中学习的算法，主要用于数据挖掘，包含了大量的算法，包括了多变量、非线性、非参数回归和分类。随着机器学习的广泛使用，遥感中机器学习方法运用越发普遍，尤其是用于分类。在遥感的全过程中都有机器学习算法，从遥感数据的处理流程上看，在遥感影像的融合、大气校正、去云、条带填充等预处理过程、指数的反演、土地覆盖和土地利用分类、变化监测、遥感产品的降尺度等多个方面都会用到，常用的机器学习算法包括人工神经网络、支持向量机、自组织图（self-organizing map，SOM）、决策树（decision tree）、集成方法（ensemble methods）。

集成方法是对多个学习结果的综合，把输入送入多个学习器再通过某种办法把学习的结果集成起来，包括同质集成和异质集成。在学习器误差相互独立的假设下，分类错误率随着学习器个数增加而下降。但是过多的分类器也会造成计算、存储的开销大。集成学习包括随机森林、基于案例的推理（case-based reasoning）、遗传算法（genetic algorithm，GA）、多元自适应回归样条（multivariate adaptive regression splines，MARS）等，可以分成串行（Boosting 算法）和并行（Bagging 算法）两种，随机森林属于并行。

5.1 节对机器学习的方法发展进行梳理，并给出其划分以及在 GEE 上的应用，5.2 节到 5.4 节对遥感中常用的机器学习方法进行介绍，包括随机森林算法、支持向量机和深度学习。5.5 节对遥感领域的机器学习方法应用进行介绍，并对未来的发展进行了展望。

5.1　机器学习的发展和划分

5.1.1　机器学习的发展

机器学习是实现人工智能的一种方法，简而言之，机器学习是一系列让计算机自主学习的算法，学习事物之间的复杂关系，也是一种方法论，通过获得学习规律来提升系统的性能。机器学习最适合用在人类没法用明确规则进行解决的问题上。

机器学习随着各种各样的算法的提出而发展，如图 5.1 所示。1950 年机器学习这个词出现，1956 年，几位科学家在达特茅斯学院的会议上提出了人工智能这个概念，用来描述是否可以有不需要人操作的机器，拥有人脑一样的思考能力。

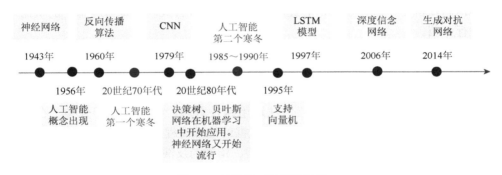

图 5.1　机器学习的算法发展

图中英文简写的中英文全称为：LSTM（long-short term memory，长短期记忆）模型

神经网络是机器学习的分支，模仿思维的活动来处理数据。早在 1943 年皮茨特（Pitts）和麦卡洛克（McCulloch）提出了一个受生物神经元启发的数学模型，奠定了神经网络的基础，1960 年反向传播神经网络被提出，但是由于效率较低没有被重视，20 世纪 70 年代和 20 世纪 80 年代分别经历了两次人工智能的寒冬。直到 2006 年深度学习才重新受到重视并蓬勃发展，当年杰弗里·欣顿（Geoffrey Hinton）对传统的神经网络算法进行优化，在此基础上提出了深度神经网络（deep neural network）的概念。之后深度学习也广泛应用于工业界。深度学习包括 Hinton（2006）提出深度信念网络和 Goodfellow 等（2020）提出的生成对抗网络。

综上，从范围上看，人工智能包括机器学习，机器学习包括人工神经网络，人工神经网络包括深度学习。

5.1.2　机器学习的划分和原理概述

机器学习有不同的划分方法，传统上分为三大类：监督学习、无监督学习和强化学习。监督和无监督的主要区别在于数据是否有标签以及解决的问题不同。监督学习包含输入和期望的输出，包括主动学习、分类和回归。无监督学习采用一组仅包含输入的数据，在数据中找到结构，常常适用于聚类、密度估计、异常检测等。强化学习关注应该如何在环境中采取行动以使累积奖励最大化，在强化学习中，机器学习系统从对其环境的直接经验中学习，强化学习只给出评价信息而非正确答案。智能体通过与环境的交互来学习如何做出最优决策，在此过程中，环境根据智能体的行为给予奖励或惩罚。最终，系统将希望获得最高水平的奖励或价值，类似于对动物的正强化训练。很多学科中的研究如统计学和博弈论，在机器学习中也得到体现，如统计学中，马尔可夫决策过程（Markov decision process）广泛应用了机器学习。

机器学习在不同的学科有不同的研究范式，如计算机学家需要它预测性好，而统计学家需要可解释性强，所以其使用的偏好各不相同。①符号学派多关注哲学、逻辑学和心理学，并将学习视为逆向演绎，使用符号、规则和逻辑来表征知识和进行逻辑推理（主要是基于规则的，如决策树）。②联结学派专注物理学和神经科学，并相信大脑的逆向工程，使用概率矩阵和加权神经元来动态地识别和归纳模式，代表算法如神经网络。③进化学派是在遗传学和进化生物学的基础上对模拟进化的过程进行优化和搜索。④贝叶斯学派注重统计学和概率推理，基于概率的算法包括朴素贝叶斯法。⑤类推学派主要关注心理学和数学最优化，通过外推来进行相似性判断。它遵循"最近邻"原理，在给定约束条件下优化函数，以推断相似性。支持向量机是该学派的代表算法之一。

传统的机器学习包括决策树、朴素贝叶斯等，多是浅层结构。随着数据科学的发展，具有更高挖掘能力的深度学习出现，且成为研究热点。深度学习是一种分层的特征学习方法，包括卷积神经网络、反向传播神经网络等。

5.1.3　机器学习的过程

机器学习的过程往往是用训练数据训练函数模型，再应用于未测试的数据。机器学习的过程中存在泛化问题，也就是数据能否全面、均衡地代表真实数据。

机器学习需要对数据进行预处理，第一步是数据清洗，保证数据的完整性和一致性等。第二步是数据采样，数据的收集过程中可能存在数据不平衡的问题，通过过采样和欠采样可以改善。第三步是数据集拆分，它分成训练、验证和测试数据集，常用的拆分方法包括留出法和 K-折交叉验证法。第四步就是特征选择，选择的方法包括过滤法、包裹法和嵌入法。特征选择之后可能由于特征矩阵过大而造成训练时间长，可以采用一些方法降低特征矩阵维度，通常使用的方法是主成分分析（principal component analysis，PCA）和线性判别分析（linear discriminant analysis，LDA）。第五步对特征进行编码和规范化。

　　预处理之后是选择合适的机器学习算法进行训练，不同问题的主要方法如表 5.1 所示。最后对性能进行评估，主要包括：准确率（正确分类与记录总数之比）、召回率（分类正确的正样本与总正样本之比）以及接受者操作特征曲线（receiver-operating characteristic curve）等。

表 5.1　针对不同问题的主要机器学习算法

问题类型	方法	算法
分类	决策树	ID3
		C4.5
		CART
	贝叶斯分类	
	支持向量机	
	逻辑回归	
	集成学习	Bagging 算法
		Boosting 算法
回归	线性回归	
	岭回归	
	Lasso 回归	
聚类	k 均值聚类	
	高斯混合模型	
其他	隐马尔可夫模型	
	LDA 主题模型	

注：Lasso 全称为 least absolute shrinkage and selection operator（最小绝对收缩和选择算子）

　　在机器学习中，训练模型的过程中设计选择最佳超参数是决定机器学习效果好坏的一个重要因素。超参数是控制学习过程并确定学习算法最终学习的模型参数值的参数，超参数的选择是机器学习的难点所在，需要防止过拟合等问题。超参数在模型训练开始之前选择并设置，在模型学习和训练期间无法更改，是模型外部的参数。超参数包括学习率（如梯度下降）、神经网络中激活函数的选择、池化大小等，而参数是模型内部的，是训练期间估计的，如逻辑回归模型的系数。

　　调试超参数的取值叫作超参数优化（hyper-parameter optimization，HPO），目的一是尽可能拟合训练集的数据分布、获得较好的局部最优解，二是尽可能在测试集上达到最优效果（较强的泛化能力）。HPO 是在对模型的评估（模型质量）结束后，根据调参的验证集对训练过程优化。HPO 有很多方法，包括基于黑盒思想的优化方法，即暴力穷举［网格搜索（grid search）］、随机搜索、贝叶斯优化或者遗传算法。

5.1.4　GEE 中的机器学习 API

在 GEE 中，机器学习的方法封装在 ee.Classifier、ee.Clusterer 或 ee.Reducer 类中，其中监督分类的方法包括 CART、随机森林、朴素贝叶斯和支持向量机。

分类的一般工作流程如下。

（1）收集训练数据。组装包含已知类别标签的特征属性和相关的预测变量数值的数据集。

（2）实例化一个分类器，必要时设置其参数。

（3）使用训练数据训练分类器。

（4）对图像或特征集合进行分类。

（5）使用独立的验证数据估计分类错误。

非监督分类方法中与怀卡托智能分析环境（Waikato Environment for Knowledge Analysis，Weka）库相关的算法包括 CascadeKMeans、Cobweb、k 均值聚类、LVQ（learning vector quantization，学习向量量化）、XMeans。

聚类的一般工作流程如下。

（1）组装具有数字属性的特征，以在其中查找集群。

（2）实例化一个聚类器，必要时设置其参数。

（3）使用训练数据训练聚类器。

（4）将聚类器应用于图像或特征集合。

（5）标记集群。

5.2　随机森林算法

随机森林属于集成学习，是将多棵决策树整合为"森林"用来预测最终结果。1980 年布赖曼（Breiman）等发现的分类树算法通过反复二分数据进行分类或回归，使计算量大大降低。Breiman（2001）将分类树组合成随机森林，在变量的使用和数据的使用上进行随机化，生成很多分类树，最后汇总分类树的结果，这几乎是机器学习最广泛使用的算法，2001 年该算法的文章已经被引用超过 10 万次。

随机森林算法的优点是在运算量没有明显提高的前提下，提高了预测精度。它对多元贡献性不敏感，对缺失数据和非平衡数据比较稳健，可以很好地预测几千个解释变量，被誉为当代最好的算法之一（Belgiu and Drăguţ，2016）。随机森林算法在机器学习领域用途非常广，尤其是在推广映射方面特别好用，不需要像支持向量机那样做很多参数的调试。随机森林回归是通过增加决策树数量，来避免出现过拟合现象，而且能生成一个泛化误差的极限值。对噪声数据也有很强的鲁棒性。

5.2.1　随机森林的原理

决策树是一种逻辑简单的机器学习算法，具有一种树形结构，每个节点处都用某一属性值进行判断，基于 if-then-else 规则，最终输入会落入某一分支节点。熵和信息增益决定了决策树的分裂。每个决策树都由决策节点、叶节点和根节点组成。不同的信息增益原则有不同的算法，如 ID3 算法倾向于选择较多可取值的属性，而 CART 算法则倾向于选择具有较少可取值的属性，进行属性划分时不再简单地直接利用增益率进行划分，而是采用一种启发式规则。

随机森林的原理就是使用随机的方式建立一个森林，每一棵决策树之间是没有关联的，当输入一个样本后，每一棵树都进行判断，看样本应该属于哪一类，然后预测结果是哪一类，这些回归树通常是二叉树结构。由于每棵树都是独立的，99.9%的树所作出的预测将涵盖绝大多数情况。然而，这也可能导致少数独特的树在预测结果上与其他树不同，从而成为整个森林中的优秀预测者。集成学习中的Bagging 方法，是从若干个弱分类器的分类结果中进行投票组成一个强分类器。

随机森林可以用于分类和回归，在分类中，其分类结果的输出由决策树类的模式决定；在回归中，每棵树都会产生一个特定的预测，输出是单个树的预测的总的平均，随机森林的算法原理如图 5.2 所示。

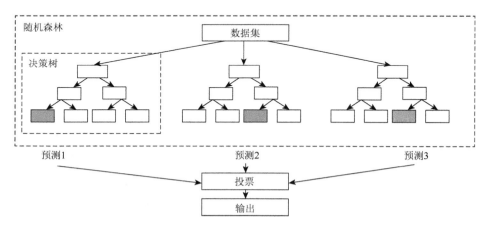

图 5.2　随机森林的算法原理

灰色方框表示预测的结果

随机森林对于大部分人来说属于黑盒子，很难去调节底层算法原理。

5.2.2　随机森林的方法

随机森林生成每一棵树的方法如下。

（1）如果训练集大小为 N，对于每棵树来说，随机有放回地抽取 N 个训练样本［这种采样方式叫作自助抽样（bootstrap sample）方法］，那么每一棵树的训练集都是不同的。

（2）如果样本的特征维度是 M，通常指定一个 m 远小于 M，随机从 M 个特征中选择 m 个特征子集，每次树进行分裂时，从这 m 个特征中挑选出最优特征。

（3）每棵树都最大程度地生长，并且没有剪枝过程。每个节点都要按照步骤（2）来分裂，直到不能再分裂为止，就构成了随机森林。

随机森林的优点在于训练比较快，操作简单，对于高维数据无须降维，可以并行等，因此广泛用于遥感的监督分类中。但是目前随机森林已经被证明在某些较大噪声的分类中会出现过拟合，同时数据也没有可解释性，相当于黑盒模型。

创建一个高效率的随机森林，可以制定树的最大深度以减少过拟合，修建数据集和控制树的数量（数量过大可能提供更准确的结果，减少树的数量会运算更快）。

5.2.3　GEE 平台中实现随机森林分类

首先筛选影像集（image colletion），其次是准备样本点，可以以交互方式收集训练数据，即直接在 GEE 平台网页上根据 Google Earth 高清底图选取训练数据，设为要素集合（feature collection），每类地类设置特定的属性值。最后就可以进行随机森林算法的运行，具体运行如下。

```
var classifier=ee.Classifier.smileRandomForest(参数).train
(样本);//表示定义一个分类器。
```

```
var Classified=影像集.classify(classifier).byte();//对输
```
入影像进行分类,即可获得分类图像。

GEE 中随机森林的参数如表 5.2 所示，除了 bagFraction 为浮点型，其他都是整数型数据。

表 5.2　GEE 中随机森林的参数

参数名	含义	默认值
numberOfTrees	要创建的决策树的数量	
variablesPerSplit	每次分割时考虑的特征变量的数量。如果未指定，则使用特征数量的平方根	特征数量的平方根
minLeafPopulation	创建训练集至少包含的节点数	1

续表

参数名	含义	默认值
bagFraction	每棵树在构建时使用的样本比例	0.5
maxNodes	每棵树中的最大叶节点数。如果未指定,则默认为无限制	
seed	用于控制随机性的种子值	0

5.3　支持向量机

　　支持向量机是基于核函数的机器学习方法的代表,是一种基于统计学习理论的新型机器学习算法(Vapnik,1998)。支持向量机在解决小样本、非线性及高维模式识别中有着特有的优势,其优势为风险结构小,并且能够推广应用到函数拟合等其他机器学习问题中。它的原理是通过解算最优化问题,在高维特征空间中,寻找最优分类超平面,从而解决复杂数据的分类问题(Mountrakis et al.,2011)。

　　但是,目前的问题就是对于核函数的选择并没有一个准则,在核函数对分类精度究竟有怎样的影响的问题上,还缺乏统一的认识,现有的核函数的选择方法是使用不同的核函数,选择分类误差最小的核函数,同时其参数也是按照这种方法,这种方法的选择是经验性的,缺乏足够的理论依据。

　　在非线性支持向量机中,核函数的选择是支持向量机中最为棘手的问题,通常是直接代入看分类效果再调整。一般来说,图像分类常用高斯核函数,文本分类常用线性核函数。

5.3.1　支持向量机理论

　　原始支持向量机算法在 1963 年发明,1992 年出现了将核技巧应用于最大间隔超平面来创建非线性分类器的方法。支持向量机是一种二分类模型,属于监督学习方法(表 5.3)。

表 5.3　三种支持向量机

类别	训练数据	方法
线性可分支持向量机	线性可分	硬间隔最大化
线性支持向量机	线性不可分但是可以近似线性可分	软间隔最大化
非线性支持向量机	线性不可分	核技巧和软间隔最大化

　　支持向量机是基于核的算法的代表,其他基于核的算法还有径向基函数和

LDA。支持向量机尝试寻找一个最优决策边界（最优的超平面），使距离两个类别最近的样本最近，从而达到将训练样本分开的目的。训练完成后，大部分的训练样本都不需要保留，最终模型仅与支持向量（support vector）有关。超平面是给定输入数据在低维空间中的平面。假设一个线性可分的数据集，可以选择两个超平面来分离两个数据类，两个超平面之间的距离称为每个类的边距或决策边界，最大边距超平面是位于这两个超平面之间的中点的超平面。这种超平面的实现就是线性可分问题，可以通过硬间隔最大化学习到一个分类器。

在非线性问题分类中支持向量机也是常用的机器学习方法，属于几何模型，基础是由最初的求解线性可分问题逐渐发展到求解线性不可分问题和非线性问题，非线性问题主要是通过核技巧转成线性问题。支持向量机鲁棒性强，泛化能力强，不会出现维数灾难，但是对大规模训练样本难以实施，同时对于缺失值敏感（Pal et al.，2013）。针对支持向量机的不足，后面提出过多种方法，如 2001 年蒂平（Tipping）提出的相关向量机。

5.3.2　支持向量机的方法

支持向量机也属于广义线性分类器，并且可以解释为感知器的延伸。针对线性可分的情况，就是找到最大间隔超平面；训练数据集的样本点中与分离超平面距离最近的数据点称为支持向量，只有支持向量起决定最佳超平面的作用。

针对线性支持向量机，因为不存在一个超平面能将两类数据完全分开，解决方法是允许支持向量机在少量样本上出错，即将间隔最大化的条件放宽，允许少量样本不满足约束，为了控制不满足约束的点的数量，在优化函数中加入惩罚项，最常用的是 hinge 损失。

$$l_{\text{hinge}}(z) = \max(0, 1 - z)$$

其中，变量 z 表示分类器的预测值与实际标签之间的差异。

针对非线性的问题可以利用核技巧，核技巧的基本思路分为两步，第一步将原有数据映射到新的空间（更高维），第二步在新空间里用线性方法得到模型。支持向量机常用核心函数有线性核函数、多项式核函数、高斯径向基函数、混合核函数。

5.4　深　度　学　习

当人工智能兴起的时候，一些对于人类来说计算量巨大且工作烦琐的计算问题被计算机快速地解决，而人工智能的真正挑战是理解那些对人来说极为简单，却难以形式化统一描述的问题，对此，人们提出了一种新的解决方案，就是人工神经网络。人工神经网络是一种模仿人脑学习过程的计算机智能技术，仿照生物神经网络的运行机制从经验中学习层次化的概念、理解世界。它可以解决复杂的问题，是一种比较通用的计算工具，通常由特定机制确定权重系数的一系列简单处理单元组成。使用人工神经网络通常的步骤是选择网络结构（包括层数以及每层的单元），然后训练人工神经网络。

深度学习属于人工神经网络的子类，是通过深层网状结构来模拟生物脑神经系统的认知过程。它主要从底层到高层逐级建立输入数据与输出数据之间的非线性特征映射关系。"深度"即是在输入层和输出层之间有更多的隐藏层（LeCun et al.，2015）。深度学习框架包括自编码器（autoencoder，AE）、受限玻尔兹曼机（restricted Boltzmann machine，RBM）、卷积神经网络等。

神经元结构是由一个线性函数和一个非线性的激活函数构成，激活函数的作用是改变数据的线性关系，并且将输入数据映射在某个范围内，防止数据过大溢出。生物神经元的工作原理可概述为：外界刺激信号通过树突传递给神经元，神经元产生兴奋或抑制信号，然后通过轴突将生物电信号传导给相邻的神经元，从而完成对外界刺激的感知。虽然每个神经细胞只能产生兴奋和抑制两种生物电信号，但神经元之间的复杂连接和层次结构实现了从神经感知外界刺激到神经中枢产生意识这一复杂过程。受生物神经元工作原理的启发，研究人员提出感知机算法来模拟生物神经元的功能，以实现输入空间到输出空间之间的映射。最基础的是 1943 年由科学家麦卡洛克和皮茨提出的麦卡洛克-皮茨模型（Mcculloch-Pitts model），如图 5.3 所示，其数学表达式为 $\sum = \sum\limits_{i=1}^{n} \omega_i x_i$，输出 $O_j = f(\sum)$，f 为一个阈值判断函数。单层感知机就是多个麦卡洛克-皮茨模型的累叠。感知机（perceptron）是罗森布拉特（Rosenblatt）在1957年发明的一种人工神经网络，可以被视为一种形式最简单的前馈神经网络。为了解决线性不可分问题，又有学者提出了多层感知机。

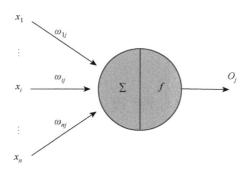

图 5.3　麦卡洛克-皮茨神经元

深度学习自 2006 年被正式提出后，在计算机视觉、自然语言处理、医学诊断等领域取得了令人瞩目的成就，并相继衍生出了一些十分经典的模型，如循环神经网络（recurrent neural network，RNN）、卷积神经网络等。深度学习作为一种数据驱动的方法，相较于传统的特征工程，优势在于它能够从海量带有标签的样本数据中自动学习特征映射而不需要人工设计特征提取器。与传统的机器学习算法一致，深度学习主要涉及神经网络模型结构设计以及相对应的求解优化方法。神经网络自 2012 年起呈现爆发式增长的趋势，在包括语音识别、图像标记等各个领域都有实际应用。谷歌大脑团队开发的 TensorFlow，是第一个成熟的工业级 JavaScript 神经网络软件库。深度学习的强大能力在遥感领域上也有了爆发式的增长（Yuan et al.，2020），主要用在高光谱分析、SAR 图像解译、高空间分辨率卫星图像解译、多数据融合、数据重建、3D 重建（三维重建）以及信息预测（Koehler and Kuenzer，2020）等。一些深度学习算法介绍如下。

AE 是将数据从高维转换成低维，且保证数据在转换过程中不丢失关键数据，转换后的数据更易于分类。AE 是一种典型的无监督训练网络，由编码器和解码器组成，以最小化编码层输入与解码层输出之间的重构误差来学习特征。

RBM 由杰弗里·欣顿提出（Maxwell et al.，2018），是一个逐层训练的模型，本质是一种 AE，由可视层和隐藏层组成。可视层各个单元之间是不相连的，隐藏层各个单元之间也不相连。RBM 可以用于降维、分类、回归、协同过滤、特征学习以及主题建模。经典的深度信念网络包括几个 RBM，并以反向传播层结束。

迁移学习（transfer learning，TL）是研究如何通过深度神经网络有效的传递知识。迁移学习将已有问题的解决模型的经验，利用在其他不同但相关问题上。迁移学习可以节省人工标注样本的时间，从而大大提高学习性能。迁移学习是近年来新提出的解决样本不足问题的一种机器学习理论，将数据集分成源领域数据集和目标领域数据集，后者又再次划分为训练集和测试集。迁移学习目前在遥感分类中有着很广泛的使用（Das and Chandran，2021）。

基于 Tensorflow 的可视化神经网络的学习网站：https://playground.tensorflow.org/。

5.4.1 卷积神经网络

1998 年，杨立昆（Yang LeGun）构建的卷积神经网络模型 LeNet-5 成功对手写数字进行了识别。卷积神经网络是深度学习的一种，源于早期浅层的人工神经网络模型，是一种具有局部连接、权重共享等特性的前馈神经网络。卷积运算代替了全连接神经网络中的向量运算。使用卷积运算可以大大减少每一层权重的参数量。标准的卷积神经网络模型由输入层、若干隐藏层和输出层构成，其中输入层和输出层之间的结构统称为隐藏层，如图 5.4 所示。

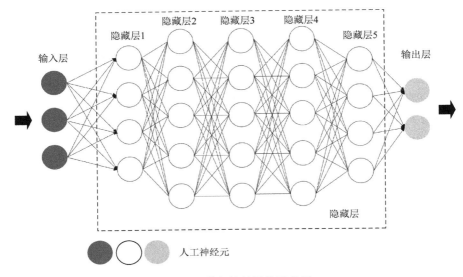

图 5.4　卷积神经网络示意图

构成生物神经系统的基本结构是生物神经细胞，也被称为神经元，它是生物体处理信息的基本功能单元。与生物神经系统相似，人工神经元也是深度神经网络的基本功能单元。

卷积神经网络一般包括如下内容。

（1）卷积层：目的是进行特征提取，用一个指定大小的卷积核对输入特征图进行单步卷积运算。

（2）池化层：通过下采样方式来降低特征图的尺寸，从而可以进一步减少网络的参数量，也就是对网络中的特征进行选择，降低特征数量。

（3）全连接层：用作最后的分类，将多层的映射特征生成一个一维向量。

卷积层和池化层学习到了图像的浅层和深层特征，全连接层将学到的特征进行加权求和，从而判断图像所属的类别。全连接层中输入层是特征向量，输出层是 Softmax 分类器将输出的结果表示成一个分类概率向量。由于卷积是线性的，所以需要激活函数增强拟合非线性函数的能力。常见的激活函数有 Sigmoid、Tanh、ReLU 和 ELU 等。

经典的卷积神经网络包括 AlexNet、GoogLeNet 等。卷积神经网络应用到遥感影像目标提取上可以解决遥感影像在分类提取上出现的同物异谱问题。它主要是基于影像块级别分类的，将一整块影像的特征识别为一个类别。

5.4.2　循环神经网络

循环神经网络是一种用于处理序列数据的神经网络。循环神经网络最大的特点是利用数据上下文信息的能力，相比一般的神经网络来说，它能够处理序列变化的数据，也因此经常用于遥感变化检测中。神经网络的输入随着时间递增覆盖了原有的数据，导致上下文信息的丢失，因此标准的循环神经网络在实际应用中能够利用的上下文信息是受到限制的，因此造成了梯度消失的问题，其输入层和中间层主要是 simpleRNN 或者门控循环单元（gated recurrent unit，GRU）或者 LSTM 模型。

LSTM 模型于 1997 年提出，是一种特殊的循环神经网络，包含一系列循环连接的子单元。每个存储单元的 LSTM 模型单元结构包括输入门、输出门、遗忘门这三个门，还有一个记忆细胞。三个门通过决定丢弃信息、更新信息、更新细胞状态、输出信息等步骤保护和控制细胞状态，LSTM 模型的核心便是通过记忆单元保持时间的记忆性，解决了梯度消失和梯度爆炸的问题。LSTM 模型内部主要有三个阶段——忘却阶段、选择记忆阶段和输出阶段。

GRU 于 2014 年提出，是循环神经网络的一种，和 LSTM 模型都是为了解决长期记忆和反向传播中的梯度等问题而提出，其实验效果和 LSTM 模型相似，但是更易于计算。

循环神经网络或 LSTM 模型由于可以记忆前后时刻输入序列信息的特点被广泛应用于序列数据处理问题。然而循环神经网络中的隐藏层之间节点不再是无连接，隐藏层的输入不仅含有输入层的输入，而且包括了上一时刻隐藏层的输出。

5.4.3　生成对抗网络

生成对抗网络被深度学习"三驾马车"之一的杨立昆称为"过去 20 年中深度学习领域最酷的思想"，它在 2018 年由"三驾马车"（还有一个是提出了深度信念网络的杰弗里·欣顿）另外一个成员伊恩·古德费洛（Ian Goodfellow）提出，主要包括生成器和判别器（discriminator）。生成器通过机器生成数据，判别器是判断这张图像是真实的还是机器生成的，目的是找出生成器做的"假数据"。在一次次博弈对抗之后，最终已经无法用确定的理由进行判断，即生成成功。

生成对抗网络的优点在于能更好建模数据分布（图像更锐利、清晰），理论上能训练任何一种生成器网络，且无须利用马尔可夫链反复采样，无须在学习过程中进行推断等。生成对抗网络的缺点在于难训练、不稳定，在生成器和判别器之间需要很好的同步，生成器/判别器的训练需要精心的设计。另外还有模式缺失

（mode collapse）的问题，即生成器开始退化，总是生成同样的样本点，无法继续学习。生成对抗网络常常用于超分辨率图像的生成和序列生成。

5.5　遥感领域的应用和未来

5.5.1　遥感领域机器学习应用

近年来，机器学习已经成为生态学和环境研究领域的强大新技术，在推进温室气体浓度监测和生态系统碳循环建模方面显示出巨大潜力。尤其随着遥感卫星的不断发射，以及过去数十年遥感数据的积累，与日俱增的遥感对地观测数据需要进行数据分析和挖掘。机器学习，尤其是深度学习可以应对大量数据的分析和处理。随着人工智能技术和大数据的发展，数据驱动的定量反演方法开始飞速发展，利用机器学习等工具寻找和建立遥感数据内部特征之间的关系，从而实现时空预测或发现物理规律。

机器学习是从一组训练数据中学习系统的基本行为，在地球科学和遥感领域可以运用于计算成本很高的模型的代码加速、经验模型的推导以及分类（Lary et al.，2016）。除了遥感地表分类之外，机器学习在遥感其他领域有着广泛的应用，包括城市规划、农作物估产（Chlingaryan et al.，2018）、灾害检测、土壤水分反演（Ali et al.，2015）、感兴趣场景描述（Lu et al.，2017）等，如估产就是通过在产量驱动因素与历史产量记录之间建立经验关系来实现产量估算的。Ma 等（2021）利用贝叶斯神经网络避免了小数据集上的过拟合，基于 MODIS 产品，形成了县级玉米产量预测模型。基于核的算法如支持向量机通过将原始空间的特征映射到高维空间中，可以实现小样本的分类或者降尺度的分析。基于贝叶斯定理的算法可以预测反应变量之间的因果关系，还可以对预测结果的不确定性进行评估。

传统机器学习参数调优，依赖于研究者的专业知识和经验，其模型的通用性受到一定限制。深度学习方法因其可以自动提取高级特征，在特征提取和数据分类与解译方面具有卓越性能，因而被应用于许多遥感技术研究，可用于提取特征和构建模型。由于多层学习的特性，深度学习方法可以准确地近似高度复杂的非线性关系。

深度学习中对抗网络可以在未标记的样本上进行训练，满足了在线的要求。Li 等（2022）利用条件生成对抗网络（conditional generative adversarial network，CGAN）对黄土高原的地貌进行获取，CGAN 是基于对抗网络开发的，已经被证明在地理研究中有良好的效果，尤其是对于地形控制。Nogueira 等（2017）提出了一种基于卷积神经网络实现遥感图像的语义分割的方法，帮助定义当前场景的最佳图块大小。在联合国确立的可持续发展目标框架内，遥感技术的应用对于监测和测量这些目标的进展情况至关重要，从而为实现可持续发展目标提供了科学的量化基础。例如，用全球尺度下对夜光数据的机器学习绘制出全球贫困地图（Mirza et al.，2021）；30 m 分辨率的 Landsat 卫星影像数据通常包含着多个土地覆盖类型，造成分类的困难，Chen 等（2023）利用"U"形神经网络，首次展示了深度学习在基于 Landsat 的亚像素级山区检测人类居住区的应用潜力（Chen et al.，2023）。Gao 等（2019）提出了一种基于显著性检测和卷积小波神经网络的 SAR 图像变化自动检测方法，无须劳动密集的手动标准，实现高效泛化能力强的非监督分类。

5.5.2　未来展望

随着自动化程度的提高，需要越来越多的数据科学解决方案，无监督学习也是一种趋势，无须专家的指导输入。另外，尽管大部分机器学习都是使用计算机代码处理和设置的，但也出现了无代码机器学习。无代码机器学习是一种对机器学习应用程序进行编程的方式，无须经历预处理、建模、设计算法、收集新数据、再训练等过程。在调参过程中，自动超参数调整也已经出现。在定量遥感领域，耦合物理规律和机器学习，构建模型和数据共同驱动的反演框架是热点，但是目前的耦合仍然比较浅层，对复杂的物理模型内部机理仍然不足。

在深度学习领域，面向通用图像处理的深度学习框架和模型迅猛发展，但是遥感影像幅面大、尺度变化大、数据通道多，其采用的深度学习框架多由普通影像预训练模型迁移获得，现有遥感解译模型大多由通用图像识别的深度神经网络改造，一般只考虑了影像的可见光影像特征，没有考虑遥感光谱特性、地学先验知识、数据与框架协同等因素，有待开拓研究。2022 年中国科学院院士龚健雅教授提出了遥感智能解译专用框架设计，未来还会有更多全面分析相关深度学习遥感框架在遥感影像处理方面性能的研究（龚健雅等，2022）。周成虎团队针对遥感解译提出了基于地学思维的地学知识图谱（周成虎等，2021）。李彦胜从广义零样本遥感影像场景分类、遥感影像语义分割以及大幅面遥感影像场景图生成等典型案例出发，提出了耦合知识图谱和深度学习的新一代遥感智能解译范式（李彦胜和张永军，2022）。未来遥感数据的时空处理与分析会不断加强对遥感过程的理解与模拟，将遥感机理融入其中。

本章参考文献

龚健雅，张觅，胡翔云，等. 2022. 智能遥感深度学习框架与模型设计. 测绘学报，51（4）：475-487.

李彦胜，张永军. 2022. 耦合知识图谱和深度学习的新一代遥感影像解译范式. 武汉大学学报

（信息科学版），47（8）：1176-1190.

周成虎，王华，王成善，等. 2021. 大数据时代的地学知识图谱研究. 中国科学：地球科学，51（7）：1070-1079.

Ali I，Greifeneder F，Stamenkovic J，et al. 2015. Review of machine learning approaches for biomass and soil moisture retrievals from remote sensing data. Remote Sensing，7：16398-16421.

Belgiu M，Drăguţ L. 2016. Random forest in remote sensing：a review of applications and future directions. ISPRS Journal of Photogrammetry and Remote Sensing，114：24-31.

Breiman L. 2001. Random forests. Machine Learning，45：5-32.

Chen T-H K，Pandey B.，Seto K C. 2023. Detecting subpixel human settlements in mountains using deep learning：a case of the Hindu Kush Himalaya 1990‒2020. Remote Sensing of Environment，294：113625.

Chlingaryan A，Sukkarieh S，Whelan B. 2018. Machine learning approaches for crop yield prediction and nitrogen status estimation in precision agriculture：a review. Computers and Electronics in Agriculture，151：61-69.

Das A，Chandran S. 2021. Transfer learning with Res2Net for remote sensing scene classification// 2021 11th International Conference on Cloud Computing，Data Science & Engineering （Confluence）. Noida：IEEE：796-801.

Gao F，Wang X，Gao Y H，et al. 2019. Sea ice change detection in SAR images based on convolutional-wavelet neural networks. IEEE Geoscience and Remote Sensing Letters，16：1240-1244.

Goodfellow I J，Pouget-Abadie J，Mirza M，et al. 2020. Generative adversarial networks. Communications of the ACM，63（11）：139-144.

Hinton G E，Osindero S，Teh Y W. 2006. A fast learning algorithm for deep belief nets. Neural Computation，18：1527-1554.

Koehler J，Kuenzer C. 2020. Forecasting spatio-temporal dynamics on the land surface using earth observation data：a review. Remote Sensing，12：3513.

Lary D J，Alavi A H，Gandomi A H，et al. 2016. Machine learning in geosciences and remote sensing. Geoscience Frontiers，7：3-10.

LeCun Y，Bengio Y，Hinton G. 2015. Deep learning. Nature，521：436-444.

Li S J，Li K，Xiong L Y，et al. 2022. Generating terrain data for geomorphological analysis by integrating topographical features and conditional generative adversarial networks. Remote Sensing，14：1166.

Lu X Q，Zheng X T，Yuan Y，et al. 2017. Remote sensing scene classification by unsupervised representation learning. IEEE Transactions on Geoscience and Remote Sensing，55：5148-5157.

Ma Y C，Zhang Z，Kang Y H，et al. 2021. Corn yield prediction and uncertainty analysis based on remotely sensed variables using a Bayesian neural network approach. Remote Sensing of Environment，259：112408.

Maxwell A E，Warner T A，Fang F. 2018. Implementation of machine-learning classification in remote sensing：an applied review. International Journal of Remote Sensing，39：2784-2817.

Mirza M U，Xu C，van Bavel B，et al. 2021. Global inequality remotely sensed. Proceedings of the

National Academy of Sciences，118：e1919913118.

Mountrakis G，Im J，Ogole C. 2011. Support vector machines in remote sensing：a review. ISPRS Journal of Photogrammetry and Remote Sensing，66（3）：247-259.

Nogueira K，Penatti O A B，dos Santos J A. 2017. Towards better exploiting convolutional neural networks for remote sensing scene classification. Pattern Recognition，61：539-556.

Pal M，Maxwell A E，Warner T A. 2013. Kernel-based extreme learning machine for remote-sensing image classification. Remote Sensing Letters，4：853-862.

Vapnik V. 1998. The support vector method of function estimation//Suykens J A K，Joo V. Nonlinear Modeling. New York：Springer New York：55-85.

Yuan Q Q，Shen H F，Li T W，et al. 2020. Deep learning in environmental remote sensing：achievements and challenges. Remote Sensing of Environment，241：111716.

第6章 变化检测原理与算法

在遥感和自然资源领域，变化检测通常体现为对于地表发生的变化的检测，包括对于地物状态的变化检测，如植物的生长受到突然的自然灾害（如洪涝）产生的突变，或者是地物类型的变化，如农田由于撂荒由裸地逐渐长满杂草，进而灌木丛生，以及由于开发的需要，荒地人为改变成建设用地，变成不透水面（imperious surface area，ISA）的过程。地球表面在许多方面都在不断变化，但是发生变化的时间尺度非常不同，从灾难性事件到地质事件，变化的空间尺度从局部变化到全球变化。大的时空范围及其中可能发生的不同过程之间的相互关联使得变化检测成为一项有挑战性的任务。变化检测从定义上看，通常是指利用多时相的遥感数据，采用多种图像处理和模式识别方法提取变化信息，并定量分析和确定地表变化的特征与过程。

利用遥感手段进行变化检测时，主要目标可以分成减少噪声干扰和准确监测变化两个部分。单幅影像的光谱信息提取存在着同谱异物和异物同谱现象，从时间序列遥感影像上提取信息可以一定程度上避免这一点，这在生态等领域具有非常重要的意义。本章对变化检测的原理和算法进行介绍，分成五个部分，6.1 节介绍变化检测原理，区分广义变化检测和狭义变化检测，6.2 节介绍变化检测算法的发展和分类，6.3 节和 6.4 节分别对两大类（突变检测算法和渐变检测算法）变化检测及常用算法进行介绍，6.5 节介绍目前遥感变化检测算法的发展以及未来发展的展望。

6.1　变化检测原理

遥感数据通常是以时序数据呈现在我们面前的，由于传感器的采样时间的限制，在时间上表现为离散点，因此遥感领域出现了大量的时间序列分析算法。时间序列分析，广泛应用于经济学等领域，主要是通过对时间序列拟合判断变化或者进行趋势分析。

变化检测定义为通过在不同时间观察对象或现象来识别其状态差异的过程，其发展过程与遥感发展的历史息息相关。1858 年加斯帕尔·费利克斯·图尔纳雄（Gaspard Félix Tournachon）拍摄第一张航空摄影（Théau，2008），在第二次世界大战中变化检测与军事用途相关，之后变化检测的发展一直随遥感技术的进步而不断发展。变化检测的重要性在于其在建筑、城市规划、林业、环境保护、灾害响应、农业和其他行业都有非常广泛的使用。变化检测也是一项有挑战的算法，不仅受到遥感系统因素的影响，如采样的时空分辨率、光谱分辨率等，还受到环境因素的影响，如大气、土壤湿度和物候特征。

广义的变化检测是以地表发生的任何变化为研究对象，一般可以分成季节性变化、渐变和突变。季节性变化主要是通过拟合的方法，将点的时间序列拟合成光滑的曲线，得到物候指标，在遥感中常用于分类、生物量提取等。在专业的物候计算软件 TIMESAT 中（Jönsson and Eklundh，2004）就有三种拟合时间序列的方法——SG 滤波（Savitzky-Golay filter）、AG 滤波、DL 滤波。狭义的变化检测是对非季节性变化的检测，包括断点检测和趋势检测。基于本书的主题，本节针对遥感大数据领域的狭义定义上的变化检测，包括突变检测和趋势检测，对现有算法进行介绍。

突变检测，也叫断点检测，是对于时间序列中的异常（数据）检测。自然界的变化包括了地表缓慢的有规律的变化和突变，其中突变也相当于自然界的扰动，导致地表规律发生改变的事件叫作异常。变化的时间点前后往往有着不同的地表生态过程，在自然资源灾害监测如林火、藻华爆发等方面有着重要的应用。时间序列中的异常检测可以是单个像素的指标或者图像整体的空间特征的变化，主要表现出三种形式：点异常、时间序列模式异常和序列异常。

长期趋势的渐变检测，一直是变化检测领域的重要问题，趋势检测较突变检测更难，还存在很大的研究空间。

6.2　变化检测算法的发展和分类

变化检测需要定量分析来确定地表变化的特征和过程，本节将变化检测的发展大致分成三个阶段。

6.2.1　基于多时相比较的变化检测

早期的时间序列变化检测受限于有限的卫星时间分辨率，通常采用双时相和多时相的方法，通过影像之间的比较实现变化的检测。双时相由于影像数量少，所以对于影像的质量要求很高，需要严格地去云等，而且容易受到季节性变化的影响，无法判断变化的类型。影像间比较的方法包括图像数学计算、分类和图像变换的方法。为了提高图像光谱信息的利用率，基于图像变换的变化检测方法在主成分分析之外还相继出现了如独立成分分析（independent component analysis，ICA）和多元变化检测（multivariate alteration detection，MAD）（Dianat and Kasaei，2009）。

多时相的方法主要是直接拟合和基于假设分布的回归方法等，这种方法在时间序列上的缺陷在于，一方面数据的时间分布受限于卫星并不是均匀分布的，另一方面一个时间序列上的点具有自相关性。多时相的方法需要比较完整地去噪、插补、重建过程，在遥感上叫作时间序列重建。

6.2.2　时间序列变化检测

随着 MODIS、NOAA 等高时间分辨率卫星的出现，针对高时间分辨率影像的时间序列进行变化检测，需要剔除季节性特征，包括三种解决方案：降低影像时间分辨率、去季节项和对季节波动进行拟合，主要的代表算法分别是 LandTrendr，BFAST 和 CCDC。各种算法在时间轴上的发展如图 6.1 所示。

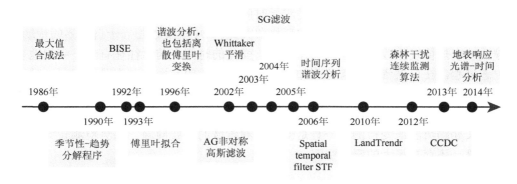

图 6.1　遥感时间序列分析中常见算法发展时间轴

图中 BISE 英文简称为 best index slope extraction，中文全称为最佳斜率指数平滑

基于轨迹的变化检测方法包含多种技术，包括选择特定光谱值或者合成指数，将其时间轨迹分段并进行参数拟合；根据基准确定数据的预期时间序列，在此基础上进行加法或者趋势项的叠加。

基于时间序列变化检测算法还存在一些缺陷，基于三种解决方案的算法也存在不同程度的问题，如年内合成降低了时间检测的精度，但只能以年为单位；对于去掉季节项和对季节波动拟合的算法对拟合的要求高。

6.2.3　融合时空信息的变化检测

随着遥感理论的进一步发展，在基于像素的算法的基础上加入了空间信息，以实现时空信息的融合的算法逐渐增多，按照其方法的过程，主要分成两类，一类是先时间后空间，另一类是先空间后时间。第一类算法主要是通过对时间信息进行空间上的分析，如比较不同像素之间时间序列曲线的相似性，以及以一定领域为单位进行时间特征的统计和分析；第二类算法先提取了空间信息，包括整体信息（空间自相关性、相似性）、局部信息（将影像划分成对象、斑块、土地利用类型），再按照时间域上的分析方法进行变化检测。其中第二类算法中就包括了对象级的变化检测（object-based change detection，OBCD）（Chen et al.，2012），OBCD 方法可以分成两类，一类是融合空间特征，在变化分析过程中考虑对象的纹理、形状和拓扑特征，另一类是以对象为处理单位，提高最终结果的完整性和准确性。但是，首先，融合时空信息的变化检测同样也有其自身的局限，如关于邻域的选择，邻域选择太小会使得领域内都处于扰动状态，邻域选择太大会导致引入不同的物候情况；其次，其中的时空约束的阈值设定也很复杂并且有主观因素影响；最后，融合时空信息的方法往往是把时间和空间割裂开的，也就失去了地表动态整体的时空关联。

以上是变化检测算法发展的基本阶段，然而不同的专家学者对于变化检测方法的划分有很大的区别，尚且没有定论（Tewkesbury et al.，2015）。表 6.1 列出了一些学者对于变化检测的方法分类（Shi et al.，2020；Zhu，2017；张立福等，2021；赵忠明等，2016）。此外，根据遥感图像的来源，还可以分成同质变化检测和异质变化检测，前者是来自相同或相似的卫星传感器的，后者是来自不同的传感器的。

表 6.1　不同研究对变化检测算法的划分比较

研究	类别	数量	变化检测（广义/狭义）	特点
Zhu（2017）	阈值、差分、分割、轨迹分类、统计阈值和回归	6 种	狭义	基于变化检测的数学方法
Shi 等（2020）	可视化分析、基于代数的方法、变换、基于分类的方法、高级模型、其他	6 种	狭义	现有的集中于多时相高光谱图像和高空间分辨率图像中的变化
赵忠明等（2016）	按照非遥感和遥感的方法分，非遥感的变化检测方法分成了统计、分割、异常检测；遥感方法分成基于相似性、机器学习、模型和其他的异常检测和基于双时相、时序、数据挖掘的土地利用变化检测	2 大类；10 种方法	广义	BFAST、经验模态分解等方法都属于基于模型的方法；CCDC 属于土地利用变化检测中基于时序的方法
张立福等（2021）	分类、阈值、图像变化、模型、深度学习	5 种	狭义	LandTrendr、BFAST、CCDC 等都属于基于模型的方法

总体来说，变化检测的时序对象最常见的是遥感反演得到的单个指标，通常包括 NDVI，也包括综合指标。从整体空间上来看，也有利用图像相似性的图像

质量指标进行变化检测的，最常用的变化检测方法是时间序列拟合，时间序列拟合的研究最早用于云检测领域，以达到去云的效果，SG 滤波是早期开发的时间序列拟合方法之一。现在，基于机器学习尤其是深度学习的变化检测方法蓬勃发展，包括卷积神经网络、深度信念网络、递归神经网络、堆栈自编码网络、深度神经网络等。

6.3　突变检测算法

变化点或断点是指时间序列数据的突然变化的点，可能代表不同状态之间的转换，在时间序列的建模和预测中有非常重要的意义。变化点在英文文献中也叫作 breakpoint、tipping point 等，根据 6.2 节的介绍，对以降低影像时间分辨率、去季节项和对季节波动进行拟合三种解决方案为主的时间序列变化检测的三种代表性算法进行介绍。

在进行遥感变化检测算法之前需要对长时间序列数据进行处理分析，包括计算指数、生成长时间序列数据、平滑和插值等。此预处理阶段在此处不进一步解释。基于云计算平台 GEE，已有一些算法比较的交互页面，如 CCDC 和 LandTrendr 的比较网址：https://parevalo-bu.users.earthengine.app/view/landtrendr-ccdc。

6.3.1　LandTrendr 算法

1. LandTrendr 算法的开发

LandTrendr 算法是肯尼迪（Kennedy）等在 2010 年开发的一种时间序列方法，基于变化是景观上的持续过程这一理念，最初是用接口定义语言（interface description language，IDL，用来描述软件组件接口的一种计算机语言）开发的，针对 Landsat 数据（重访周期只有 16 天，延续多年）监测突变和渐变（Kennedy et al.，2010）。同样基于此，科恩（Cohen）开发了软件 TimeSync，这是一个用于 Landsat 时间序列的可视化工具，可以用来验证 Landsat 时间序列分析后的产品的质量以及导出对变化的估计。官方网址：https://timesync.forestry.oregonstate.edu/。

随着 GEE 的出现，Kennedy 等于 2018 年又发布了基于 JavaScript GEE 版的 LandTrendr 源代码（官方介绍网站：https://emapr.github.io/LT-GEE/landtrendr.html），并且在 GEE 中拥有函数接口。

2. LandTrendr 算法的基本原理及实现

LandTrendr 算法是基于像素的时间序列的分割来实现断点检测的，对变化过程不设定假设，根据检测目的确定参数来控制拟合的过程，其核心是用多段线性曲线拟合时间序列曲线，允许对时间序列进行任意分割，是一个反复迭代的过程，如图 6.2 所示。

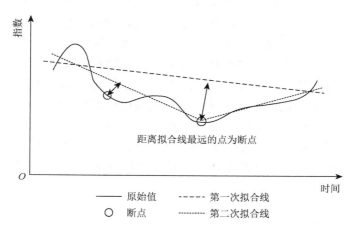

图 6.2　LandTrendr 时间序列分割原理

具体的过程是不断地寻找潜在的顶点（vertices）进一步分割，顶点是该段拟合过程中距离拟合的线性曲线最远的点，以此点分割该线性拟合曲线，再针对两侧的时间序列继续进行线性拟合。顶点分割出的线性线段个数可能随着每一次的迭代的由 1 段变成 2 段（图 6.2 中第一次拟合线分割成 2 段第二次拟合线），直到拟合的结果达到参数中的阈值，如断点距离线性拟合线的距离已经低于设定参数（由 spikeThreshold 参数控制，默认值是 1，由于算法处理指数的动态范围是[0, 1]，所以设为 1 意味着没有限制），便不再继续拟合下去。

完整的 LandTrendr 算法包括三个部分，即预处理、图像堆栈和轨迹分割。

预处理包括五个部分。

（1）选择影像，选取的原则是季节一致性优于无云。

（2）几何校正，使用作者 2003 年提出的自动连接点选择算法，每幅影像选择 2～500 个连接点进行正射校正。

（3）辐射归一化，使用 COST（cosine-theta）方法，消除每幅影像中的大部分大气影响。

（4）穗帽变换，为了下一步掩膜做准备。

（5）云、烟雾、雪和阴影掩膜，基于云、烟雾等干扰和穗帽变换结果之间的变化的相关性，如云评分随着穗帽湿度的增加而增加，算出各项评分后基于手动阈值对云等进行掩膜。

图像堆栈过程是对图像进行归一化，即一年的影像合成一幅影像，每个像素的年内影像的选取越接近整体日期（1～365）的中位数越好，并且用 3×3 邻域进行邻域计算，作为对空间细节和像素错配之间的妥协。

轨迹分割过程，包括了去除尖峰、识别潜在顶点、拟合轨迹、简化模型、确定最佳模型和去除植被变化六个步骤。①去除尖峰，只去除超过阈值的尖峰。②识别潜在顶点是基于最小二乘回归中与拟合线聚堆距离最大的点，以此进行分割，并根据参数的限制，直到达到最大分割线段数量时停止。③拟合轨迹是对每个候选的顶点第二次拟合，计算标准 F 统计量的 p 值。④简化模型是通过移除最弱的顶点来完成的，用连续的更少的线段重新拟合轨迹，直到最后只剩一段。⑤确定最佳模型，是用 F 统计量的 p 值（p-of-F）来确定最佳模型。⑥去除植被变化，滤波是根据时间尺度上的活动实现的，使用变化幅度阈值检查滤波的影响，以消除分割算法得到的细小的光谱变化。LandTrendr 算法流程如图 6.3 所示。

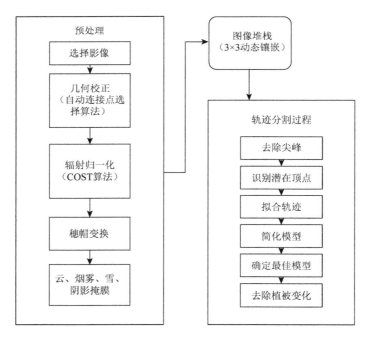

图 6.3　LandTrendr 算法流程

轨迹分割算法由于允许任意分割增加了过拟合和欠拟合的风险，因此需要一系列控制参数和过滤步骤，以减少过度拟合，LandTrendr 算法所需参数含义如表 6.2 所示。

表 6.2　LandTrendr 算法所需参数

参数名	描述	测试值
despike	在拟合之前，如果尖峰两侧光谱值之间的光谱值差异小于尖峰本身值的 1−despike 倍，则尖峰被抑制。值越低，被过滤掉的尖峰越尖	1.0、0.9、0.75
pval	如果最佳拟合轨迹的 p-of-F 值超过此阈值，则认为整个轨迹没有变化	0.05、0.1、0.2
max_segments	拟合中允许的最大段数	4、5、6
recovery_threshold	在拟合期间，如果候选分段的恢复率快于 1/recovery_threshold（以年为单位），则不允许使用该分段，并且必须使用阈值不同的分段。设置为 1.0 会关闭此过滤器	1、0.5、0.25
vertexcount	最开始，通过回归的方法检测潜在顶点时，可以超过 vertexcount＋1 个顶点数量，如果超过，算法会用基于角度的方法剔除超过的顶点	0、3
pct_veg_lossl	如果在转换为植被覆盖百分比时，光谱值的变化小于此阈值，则认为持续 1 年的干扰段没有变化	10、15
pct_veg_loss20	同上一个参数 pct_veg_lossl，但对于持续时间为 20 年或更长的部分	3、5、10
pre_dist_cover	以低于此值的百分比覆盖条件开始的干扰段将被视为无变化。过滤掉变化	10、20、40
Pct_veg_gain	如果任何持续时间的恢复段在转换为植物覆盖百分比时其光谱值的变化小于此阈值，则认为它们没有变化	3、5、10

3. GEE 上实现的方法、参数、输出及验证

GEE 上 LandTrendr 算法位于 ee.Algorithms.TemporalSegmentation 中，包括 LandTrendr（）和 LandTrendrFit（）两种函数，两种函数的使用不一样，通常使用前者进行断点检测。LandTrendr（）的运行需要输入一个影像集（ee.ImageColletion 类型）以及 8 个参数，其中 7 个具有默认值，只有 maxSegments（最大分割线段数量）需要输入，影像集要求是逐年无云的影像。

对于影像集的处理，一种常用的做法是：在 GEE 上使用滤波筛选，对于感兴趣区域的影像进行特定年份的筛选，经过云掩膜和预处理后，计算指数，之后再对每年的指数数据进行合成，合成为一幅图像，最后组成 n 年的影像集。

对结果使用 select（['LandTrendr']）得到的是一幅影像（ee.Image）形式的输出。每个像素代表了一个维度（4×年份数量）的数组（array），具体的含义如下。

第 1 行是年份。

第 2 行是第 1 行中对应年份的观测值，等于输入集合中的第一个波段。

第 3 行是与第 1 行中的年份对应的观测值拟合到由分段中标识的断点顶点定义的线段。

第 4 行是一个布尔值，指示每个年份的观测是否被识别为顶点。

对结果通过对数组的提取可以取出想要的信息。

导出的干扰图传统方法可以用 TimeSync 应用程序进行验证。一些论文直接通过 Google Earth 软件中的 Landsat 时序影像识别扰动年份和恢复年份。

6.3.2　CCDC 算法

1. CCDC 算法的开发及背景

CCDC 是全球环境资源传感（Global Environmental Remote Sensing，GERS）实验室的朱哲于 2014 年在 *Remote Sensing of Environment* 期刊上提出的（Zhu and Woodcock，2014），具有 Matlab 版本和 GEE 版本，还有图形用户界面（graphical user interface，GUI）即无须编程的可交互界面。CCDC 有很多优点，首先是完全自动化，一旦有新的图像，就可以检测各种土地覆盖变化；其次是没有用于检测变化的经验或者全局阈值，阈值是通过原始观察和模型估计生成的。CCDC 的局限性首先在于计算量大，需要大量数据存储；其次是需要高频率的清晰观测，有些地方由于历史原因可能难以实现；再次是用正弦假设来估计各种土地覆盖类型，可能不符合年内变化较大的类型；最后是对于年际变化大的地方可能比较难检测，需要更高的阈值。

2. CCDC 算法的基本原理

CCDC 算法有三个组成部分：图像预处理（包括大气校正和云、云阴影、雪的筛选）、连续变化检测和连续土地覆盖分类。具体操作步骤如下。

1）大气校正

几何配准和大气校正对 CCDC 算法至关重要，大气校正使用 Landsat 生态系统干扰自适应处理系统（Landsat ecosystem disturbance adaptive processing system，LEDAPS）的大气校正工具进行大气校正，其中影像原始数值（digital number，DN）值被转换为表面反射率（surface reflectance，SR）和亮度温度（brightness temperature，BT）。

2）云、云阴影、雪的筛选

云、云阴影和雪的筛选一般可以使用 Fmask 算法实现，该算法由朱哲团队在 2012 年开发，Fmask 算法可以为云、云阴影和雪提供相对准确的掩膜，但对于一些短暂的变化，如气溶胶、烟雾或洪水，没有办法提供掩膜，同时也可能与土地覆盖变化相混淆。所以采用进一步筛选的方法再对被 Fmask 算法遗漏的异常值进行检测，采用 RIRLS（robust iteratively reweighted least squares）方法对 Fmask 算法清晰识别出的时间序列（要求至少有 15 个清晰的观测）进行进一步的估计，方程如下：

$$\hat{\rho}(i,x)_{\text{RIRLS}} = a_{0,i} + a_{1,i}\cos\left(\frac{2\pi}{T}x\right) + b_{1,i}\sin\left(\frac{2\pi}{T}x\right) + a_{2,i}\cos\left(\frac{2\pi}{NT}x\right) + b_{2,i}\sin\left(\frac{2\pi}{NT}x\right)$$

其中，x 表示日期；i 表示第 i 颗卫星波段；T 表示每年的天数（$T=365$）；N 表示 Landsat 数据的年数；$a_{0,i}$ 表示第 i 个 Landsat 波段的总体值系数；$a_{1,i}$，$b_{1,i}$ 表示第 i 个 Landsat 卫星波段的年内变化系数；$a_{2,i}$，$b_{2,i}$ 表示第 i 个 Landsat 卫星波段的年际变化系数，$\hat{\rho}(i,x)_{\text{RIRLS}}$ 表示基于 RIRLS 拟合的日期 x 的第 i 个 Landsat 卫星波段的预测值。

云和雪使波段 2 的反射率更高，云阴影和雪使波段 5 的反射率更低，所以对这两个波段进行时间序列模型的估计。

经过以上预处理之后就是 CCDC 的拟合过程。

3）CCDC 的拟合过程

同很多算法一样，CCDC 将地表变化可以分为三类——年内变化、年际渐变和突变，使用了一个具有季节性、趋势和断点的时间序列模型，模型系数通过普通最小二乘法（ordinary least square method，OLS）估计。对于时间序列的季节性变化、渐进的年际趋势项还有突变，用以下方程进行拟合：

$$\hat{\rho}(i,x)_{\text{OLS}} = a_{0,i} + a_{1,i}\cos\left(\frac{2\pi}{T}x\right) + b_{1,i}\sin\left(\frac{2\pi}{T}x\right) + c_{1,i}x$$

$$\left\{\tau_{k-1}^{*} < x < \tau_{k+1}^{*}\right\}$$

其中，x 表示日期；i 表示卫星波段每年的天数；$\hat{\rho}(i,x)_{\text{OLS}}$ 表示日期 x 的第 i 个 Landsat 卫星波段的预测值；τ_{k}^{*} 表示第 k 个断点。

4）连续变化检测

将预测结果和观测值比较，会有噪声干扰，但是土地覆盖的变化相对于噪声的变化在时间上更加持久，所以 CCDC 算法将一组日期作为一个组识别变化，即在多个连续图像中都观察到一个像素发生变化，则其更有可能是土地覆盖变化。土地覆盖变化使用单一阈值即可，不同土地覆被类型变化的阈值可能不同，对 7 个波段都采用 OLS 方法计算均方根误差（root mean square error，RMSE）。

波段观测值和预测值之间的差异被归一化为 3 倍的 RMSE，如果没有地类变化，始终在预测范围内（$\pm 3 \times \text{RMSE}$）；如果连续三个清晰观测值的结果大于 1，则识别出变化；如果只有一个或两个连续观测值大于 1，则将其视为短暂变化，并将观测值标记为异常值，当时间序列更新时，会增加动态特征，如以下公式所示：

$$\frac{1}{k}\sum_{i=1}^{k}\frac{\left|\rho(i-x) - \hat{\rho}(i,x)_{\text{OLS}}\right|}{3 \times \text{RMSE}_{i}} > 1$$

在模型开始的过程，如果有土地覆被变化，就会去掉第一个清晰观测，再加一个清晰观测，直到初始的过程中没有可能的变化。所以每个像素都有不同的初始化开始的日期，之后对这个具有最少 12 个点的观测序列进行检测有 3 个检测——异常斜率、异常第一次观测值和异常最后一次观测值。

如果发生了土地覆被变化，斜率会偏离 RMSE 的三倍以上，用下面公式判断，这就是异常斜率：

$$\frac{1}{k}\sum_{i=1}^{k}\frac{\left|c_{i,x}(x)\right|}{3\times \mathrm{RMSE}_i / t_{\mathrm{model}}} > 1$$

$$\frac{1}{k}\sum_{i=1}^{k}\frac{\left|\rho(i,x_i) - \hat{\rho}(i,x_i)_{\mathrm{OLS}}\right|}{3\times \mathrm{RMSE}_i} > 1$$

$$\frac{1}{k}\sum_{i=1}^{k}\frac{\left|\rho(i,x_n) - \hat{\rho}(i,x_n)_{\mathrm{OLS}}\right|}{3\times \mathrm{RMSE}_i} > 1$$

如果土地覆被变化发生在模型初始化的开始或结束时，会影响斜率，从而影响模型的估计结果，于是 CCDC 将第一个和最后一个观测值比较，如果所有 Landsat 波段的归一化差异的平均值在第一次或最后一次观测中大于 1，则将其识别为异常观测。

5）连续土地覆盖分类

CCDC 算法不是直接对遥感影像分类，而是使用 7 个波段的时间序列模型的系数作为输入，通过对时间序列模型系数进行分类，可以为每个时间序列模型提供整个时间段的土地覆盖类型。CCDC 使用了以总体温度、温度趋势和温度年内变化的系数为形式的多时相热数据，这样温度的大部分短期变化被消除，而与表面特征有关的模式仍然保留，这种方法对于改进土地覆盖分类很有用。

输入的每个波段的时间序列系数有 5 个变量：第一个变量（$\bar{\rho}$）表示每个 Landsat 波段的每个时间序列模型中心的整体光谱值。第二、三个变量（a、b）提供有关年内（或季节）模式的时间信息。第四个变量（c）衡量年际差异或趋势。最后一个变量（RMSE）是在 OLS 拟合得到。分类器是随机森林分类，最后得到变化检测的结果。

3. CCDC 在 GEE 上实现的方法、参数及输出

2020 年，阿雷瓦洛（Arévalo）发布了 GEE 上的 API 和应用程序。官方介绍文档：https://gee-ccdc-tools.readthedocs.io/en/latest/。

GEE JavaScript 网页编程中可用的 CCDC 算法用 ee.Algorithms. Temporal Segmentation.Ccdc（）函数实现，其输入的参数如表 6.3 所示，其中影像集是必须输入的，其余参数均有默认值。

表 6.3　CCDC 算法所需参数

参数名称	含义	默认值
collection	运算的影像集	
breakpointBands	用于更改检测的波段的名称	
tmaskBands	用于迭代 Tmask 云检测算法的波段的名称，通常是绿波段和 SWIR1 波段，如果不设定，就不使用 Tmask，如果设定，需要在输入影像中包含 tmaskBands 波段用于 Tmask	
minObservations	需要的最小观测数	6
chiSquareProbability	[0, 1]范围内变化检测的卡方概率阈值	0.99
minNumOfYearsScaler	最小年数	1.33
dateFormat	用于生成时间的格式：0 = 日，1 = 带小数的年，2 = 以毫秒为单位的 Unix 时间	0
lambda	用于 Lasso 回归拟合的 lambda = 0 表示使用常规的 OLS	20
maxIterations	Lasso 回归收敛的最大运行次数	2500

根据参数可看到，GEE 中 CCDC 算法也可用 Lasso 回归代替本节 CCDC 的拟合过程中的普通最小二乘回归。Lasso 回归，执行变量选择和正则化，以提高所得统计模型的预测准确性和可解释性。Lasso 算法最初是于 1986 年在地球物理学中使用的，1996 年经统计学家罗伯特·蒂布希拉尼（Robert Tibshirani）重新研究并推广。

6.3.3　BFAST 算法

1. BFAST 算法的提出和优缺点

Verbesselt 等（2010）提出的 BFAST 算法，其核心思想是将时间序列数据（如 NDVI）分成季节项、趋势项和残差三个部分，来检测时间序列的变化。

BFAST 在遥感时间序列变化检测中有非常广泛的应用，其系列包括：BFASTmonitor（Verbesselt et al.，2012）、BFAST01（de Jong et al.，2013）等，以及在 GEE 上实现的 BFASTmonitor（Hamunyela et al.，2020）。BFAST 检测在干扰的识别中非常有效，如半干旱环境中植被响应长期趋势的突然变化。2021 年提出 BFAST Lite，旨在帮助改进 BFAST 以进行全球土地覆盖变化检测（Masiliūnas et al.，2021）。BFAST 的优点是对噪声具有鲁棒性，并且不受季节性分量幅度变化的影响。

2. BFAST 算法的具体过程

BFAST 的主要过程如图 6.4 所示：首先用到了 STL 来估计初始季节性分量 S。季节性-趋势分解程序是基于 Cleveland 等（1990）提出的局部加权回归平滑器（locally weighted regression smoother，LOESS）将序列灵活地分解为趋势、季节性和剩余分量。

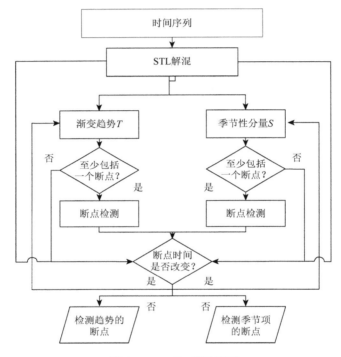

图 6.4　BFAST 算法步骤

接下来是迭代过程，不断用 STL 估计 S，S 通过取所有季节性子序列的平均值来估计，迭代步骤是：①OLS-MOSUM 检验是否存在断点；②基于 M-estimation（后面步骤中简称稳健回归）计算趋势 T 的回归系数；③如果 OLS-MOSUM 检验表明在季节性分量 S 中出现断点，估计断点的位置和数量；④稳健回归计算季节性系数。以上四步一直迭代到断点的数量和位置不变为止。

6.3.4　评述

LandTrendr、CCDC、BFAST 算法各有其适用的情况，如 LandTrendr 和 CCDC

的共同点是二者都非常适合识别稳定期或相对稳定的变化率，并且可以根据变化方向（稳定、损失或收益）、变化幅度和持续时间进行排序。CCDC 包含了大量的预处理来去除云、云阴影、雪和冰，更适合检测高强度扰动和土地覆盖变化，只需对不同土地覆盖类型进行最小的调整，但是不太适合检测与明显干扰事件无关的更渐进的土地覆盖转变，如昆虫干扰、部分/选择性收获和植被再生这种较为微小的改变。LandTrendr 算法总是可以产生一个连续轨迹，因此可以针对离散趋势和渐进趋势进行分析，并对感兴趣的特定过程进行微调。

以上针对像素的突变检测由于没有考虑空间信息以及可能存在的配准等误差，存在椒盐噪声，即使可以通过纹理、邻域平滑等方法减少，但是这些方法也被认为是会带来偏差的，而基于对象的变化检测可以很好地改进这一点，通过分割图像获取对象（Hussain et al.，2013）。在基于对象的突变检测中，有不少方法是将基于像素的变化检测的结果融合为基于对象的突变检测的，其中包括投票法、DS 理论（Dempster-Shafer theory）等（Luo et al.，2018）。

6.4　渐变检测算法

最简单的渐变检测是线性回归，它简单方便，但是线性回归方法的使用面临很多的问题，如使用条件的限制，包括正态性假设、自相关等。一种常用的趋势计算方法是非参数曼-肯德尔（Mann-Kendall）（简称 MK）方法，MK 检验和 Sen 斜率相比线性回归具有很大的优势。在 GEE 上有这些非参数趋势分析——Sen 斜率和 MK 检验——的实例。但是这些方法对于包含大量未检测到的数据集具有不确定性。

还有一种不受未检测影响的方法是对数据执行删失回归（censored regression），其中趋势的最佳拟合线是使用 1995 年提出的 Akritas-Theil-Sen（ATS）非参数线与 1976 年的截距的 Turnbull 估计。ATS 通过计算斜率，将 Theil-Sen 方法扩展到删去为监测值的数据（censored data），ATS 不对数据残差的分布做任何假设，其估算方法是：①设置斜率的初始估计值，从 Y 变量中减去它以产生 Y 残差；②估计残差和 X 变量之间的肯德尔（Kendall）统计量。

6.4.1　MK 检验及改进的 MK 检验

MK 检验是一种非常有效的趋势检验，是一种非参数检验，由曼（Mann）在 1945 年、Kendall 在 1975 年、吉尔伯特（Gilbert）在 1987 年，三位学者在不同时间的改进综合而成，其目的是评估变量是否存在随时间单调上升或下降趋势。不同于简单的线性回归，其趋势可能是线性的，也可能不是线性的，适用于探索性分析。在空间上有多种针对 MK 检验的改进。

　　基本思路是给定一组（X, Y），计算所有点对之间的斜率。对于时间序列数据，通常使用 MK 趋势检验或季节性 MK 趋势检验，但是都假设不存在自相关。所以在使用中需要进行数据随机性的测试，表明自相关系数在统计上与 0 没有差别，如果存在差别，可以使用一些方法去除序列相关性（serial correlation）。

　　MK 检验统计量 S 由式（6.1）给出 [S 是针对数据集的大量不同随机排序（排列）中的每一个计算的]，方法的基本原理是在数据没有趋势的零假设下，数据集的每个排序都是同样可能的。

$$S = \sum_{k=1}^{n-1} \sum_{j=k+1}^{n} \text{sgn}(X_j - X_k) \tag{6.1}$$

其中，X_j 和 X_k 表示顺序数据值；n 表示数据集记录长度；并且

$$\text{sgn}(x) = \begin{cases} 1, & x > 0 \\ 0, & x = 0 \\ -1, & x < 0 \end{cases}$$

　　MK 检验有两个对趋势检测很重要的参数——表示趋势强度的显著性水平以及表示趋势方向和幅度的斜率幅度估计。

6.4.2　泰尔-森估算

　　泰尔-森估算（Theil-Sen's estimator）由泰尔（Theil）和森（Sen）提出，与 Kendall 秩相关系数（Kendall rank correlation coefficient）有关，泰尔-森估算有非常多的别名——Sen 斜率估计（Sen's slope estimator）、斜率选择（slope selection）、单中值法（single median method）、Kendall 稳健线拟合法（the Kendall robust line-fit method）、Kendall-Theil 稳健线（Kendall-Theil robust line）和 Kendall 估计，作为 OLS 的非参数替代方案。

　　Theil-sen's 斜率用于估计单调趋势的幅度，同 MK 一样是估计点对之间的斜率，其基本思想就是如果为样本中的每一对不同测量值计算一个简单的斜率估计，则这一系列斜率值的平均值应该接近真实斜率。但是 Theil-Sen 估计值是所有这些斜率的中值，其优势在于，极端成对斜率（可能是异常值或其他错误导致的）会被忽略，即使使用非正态数据和异方差（非恒定误差方差），它也倾向于产生准确的置信区间，而且还可以抵抗异常值。

　　Theil-Sen 估计值是简单线性回归中真实斜率的无偏估计值，常用于测量大气污染物的变化、风速的长期趋势、季节性环境数据如水质等。艾哈迈德（Ahmed）利用 Theil-Sen 估计了灌溉计划的三个因素——作物产量、水资源管理和种植面积——是否足以维持灌溉系统的可持续性。

6.5　算法发展及展望

　　本章介绍的各种变化检测算法在不同的情况下适用性不一样，各具优点和缺点，需要根据研究数据和目的确定，并且它们具有各种版本，R 语言版、Python 版、GEE JavaScript 版，调用非常方便，有助于大数据和云计算平台支撑下的变化检测。同时云平台的变化检测需要考虑到计算过程，如面向对象的计算因为难以分解步骤，计算耗时较多。Reiche 等（2018）提出有些变化检测方法存在制图精度、用户精度和时间精度取舍问题，如高分辨率的影像会引入更多的噪声。

6.5.1　变化检测算法发展及应用

　　各种算法在城市、生态等领域有着大量的应用，变化检测算法的准确性也很高。Aljaddani 等（2022）利用 CCDC 算法对沙特阿拉伯的省会城市进行了 35 年的增长模式研究，结果显示，大多数省会城市呈现出明显的边缘发展增长模式，即从现有城市区域辐射的建设用地持续扩张。野火是最频繁和最危险的自然灾害之一，对生态系统造成严重破坏。

　　LandTrendr 算法广泛用于森林、草原、水体等干扰测绘、人工林识别、作物分类等情况。Gelabert 等（2021）将其应用于草原次生演替的时空识别，He 等（2023）基于分类和 LandTrendr 算法将其应用在矿区沉陷积水的识别上，也可以定量化土地覆被的变化，如 ISA 的监测和甘蔗田的撂荒监测（de Castro et al.，2022）。Wang 等（2022a）提出一种"基于对象的干扰和恢复趋势变化检测"，该方法通过先聚类后变化检测，用于检测对象尺度的植被干扰和恢复，得益于面向对象的聚类分割，算法在变化检测中展现出对椒盐噪声的鲁棒性。此外，还有一些开源的基于 R 语言的包可以用于遥感时间序列检测，如 dtwSat 包（Maus et al.，2019），是基于遥感影像时间序列得到的土地利用和土地覆被分类，提供动态时间扭曲（dynamic time warping，DTW）分析功能，将已知事件的时间特征与未知的时间序列进行比较，利用此方法实现亚马逊地区多种作物的识别，并区分出原始森林和次生植被。

　　MK 检验广泛用于水文学，因为其简单且抗异常值，可以处理缺失值或低于检测限值。但是，此方法只能在单调趋势的情况下使用。BFAST 广泛用于森林变化检测，Mendes 等（2022）利用 BFAST 方法检测和表征水时间序列，并认为此方法在水文气候学研究中优于广泛使用的 MK 检验和 Pettitt 测试。其他的变化检测算法，如 Alonso 等（2023）基于土地利用覆盖地图与土地变化检测相结合的思想，结合决策树分类，在零散分布的林地区域实现了精度较高的变化检测。

这些方法都局限于相等间隔的时间序列，近年来，考虑时间序列中观测不确定性的算法不断出现，Ghaderpour 和 Vujadinovic（2020）提出了频谱和趋势跳跃（jumps upon spectrum and trend，JUST）变化检测方法，同时搜索每个时间序列段的趋势和具有统计意义的频谱分量，通过考虑与时间序列相关的适当权重来识别潜在的跳跃，能够分析不等间距和加权时间序列，因此它们无须任何预处理，包括插值和间隙填充。

6.5.2　变化检测算法研究展望

迄今为止，最新的时序变化检测算法中，包括融合多种空间分辨率遥感影像的方法（Ferraris et al.，2020）、基于光谱-时相空间特征（spectral-temporal-spatial，STS）的分类方法等，这些新算法通常通过整合和优化现有的遥感时间序列检测方法，以提高变化检测的精度和效率。Han 等（2020）通过加权 DS 理论融合基于像素的变化检测结果，实现了对超高分辨率图像进行基于对象的变化检测，DST可以提供对不同数据源不同变化检测结果之间的不确定性的估计。Wang 等（2022b）提出一种多变量时间序列算法（MTS-GS），通过构建一个相似矩阵，融合高维时间序列和拓扑图，创建了一种"时间序列图"来识别变化规律。具体的方法是利用 HOG 算子，识别出图像的一些特征，然后对每个时间的 HOG 算子之间计算相似度，即距离的导数。

随着人工智能技术的发展，深度学习已广泛应用于遥感变化检测领域。基于深度学习的变化检测方法可以提取更高分辨率图像中的细节和复杂的纹理特征等深度特征，然后通过深度特征比较生成差异图像或变化向量，最终的变化图是通过聚类或基于阈值的分类方法生成的。

在遥感变化检测领域，2018 年卷积神经网络首次用于此领域，2016 年 Gong 等（2016）将生成对抗网络运用于此。Wiratama 和 Sim（2019）将基于深度学习的变化检测分成了预先融合（pre-fusion）和后期融合（post-fusion）。预先融合是将图像对串联或图像对差分后输入。后期融合变化检测是指先将两张双时相图像分别输入网络，分别得到两幅图像的特征，然后将得到的两组特征进行融合，如Zhang 等（2020）提出的深度监督图像融合网络（deeply supervised image fusion network）。

未来深度学习变化检测，可能在方法上更加偏向于耦合型深度学习网络（coupled deep learning neural network）模型，这种方法有更稳定的精度和抗噪能力；在空间范围上，更大的空间尺度的变化检测如全球尺度可能是未来变化检测的趋势。

本章参考文献

张立福，王飒，刘华亮，等. 2021. 从光谱到时谱：遥感时间序列变化检测研究进展. 武汉大学学报（信息科学版），46（4）：451-468.

赵忠明，孟瑜，岳安志，等. 2016. 遥感时间序列影像变化检测研究进展. 遥感学报，20（5）：1110-1125.

Aljaddani A H，Song X P，Zhu Z. 2022. Characterizing the patterns and trends of urban growth in Saudi Arabia's 13 capital cities using a Landsat time series. Remote Sensing，14：2382.

Alonso L，Picos J，Armesto J，2023. Automatic forest change detection through a bi-annual time series of satellite imagery：toward production of an integrated land cover map. International Journal of Applied Earth Observation and Geoinformation，118：103289.

Chen G，Hay G J，Carvalho L M T，et al. 2012. Object-based change detection. International Journal of Remote Sensing，33：4434-4457.

Cleveland R B，Cleveland W S，McRae J E. 1990. STL：a seasonal-trend decomposition procedure based on loess. Journal of Official Statistics，6（1）：3-73.

de Castro P I B，Yin H，Junior P D T，et al. 2022. Sugarcane abandonment mapping in Rio de Janeiro state Brazil. Remote Sensing of Environment，280：113194.

de Jong R，Verbesselt J，Zeileis A，et al. 2013. Shifts in global vegetation activity trends. Remote Sensing，5（3）：1117-1133.

Dianat R，Kasaei S. 2009. Change detection in remote sensing images using modified polynomial regression and spatial multivariate alteration detection. Journal of Applied Remote Sensing，3：033561.

Ferraris V，Dobigeon N，Chabert M. 2020. Robust fusion algorithms for unsupervised change detection between multi-band optical images：a comprehensive case study. Information Fusion，64：293-317.

Gelabert P J，Rodrigues M，de la Riva J，et al. 2021. LandTrendr smoothed spectral profiles enhance woody encroachment monitoring. Remote Sensing of Environment，262：112521.

Ghaderpour E，Vujadinovic T. 2020. Change detection within remotely sensed satellite image time series via spectral analysis. Remote Sensing，12：4001.

Gong M G，Zhao J J，Liu J，et al. 2016. Change detection in synthetic aperture radar images based on deep neural networks. IEEE Transactions on Neural Networks and Learning Systems，27：125-138.

Hamunyela E，Rosca S，Mirt A，et al. 2020. Implementation of BFASTmonitor algorithm on Google Earth Engine to support large-area and sub-annual change monitoring using earth observation data. Remote Sensing，12：2953.

Han Y，Javed A，Jung S，et al. 2020. Object-based change detection of very high resolution images by fusing pixel-based change detection results using weighted dempster-shafer theory. Remote Sensing，12：983.

He T T，Zhang M X，Guo A D，et al. 2023. A novel index combining temperature and vegetation conditions for monitoring surface mining disturbance using Landsat time series. CATENA，229：107235.

Hussain M，Chen D M，Cheng A，et al. 2013. Change detection from remotely sensed images：from pixel-based to object-based approaches. ISPRS Journal of Photogrammetry and Remote Sensing，80：91-106.

Jönsson P，Eklundh L. 2004. TIMESAT：a program for analyzing time-series of satellite sensor data. Computers & Geosciences，30：833-845.

Kennedy R E，Yang Z Q，Cohen W B. 2010. Detecting trends in forest disturbance and recovery using yearly Landsat time series：1. LandTrendr：temporal segmentation algorithms. Remote Sensing of Environment，114：2897-2910.

Kennedy R E，Yang Z Q，Gorelick N，et al. 2018. Implementation of the LandTrendr algorithm on Google Earth Engine. Remote Sensing，10：691.

Luo H，Liu C，Wu C，et al. 2018. Urban change detection based on Dempster-Shafer theory for multitemporal very high-resolution imagery. Remote Sensing，10：980.

Masiliūnas D，Tsendbazar N E，Herold M，et al. 2021. BFAST lite：a lightweight break detection method for time series analysis. Remote Sensing，13：3308.

Maus V，Câmara G，Appel M，et al. 2019. DwSat：time-weighted dynamic time warping for satellite image time series analysis in R. Journal of Statistical Software，88：1-31.

Mendes M P，Rodriguez-Galiano V，Aragones D. 2022. Evaluating the BFAST method to detect and characterise changing trends in water time series：a case study on the impact of droughts on the Mediterranean climate. Science of the Total Environment，846：157428.

Mugiraneza T，Nascetti A，Ban Y F. 2020. Continuous monitoring of urban land cover change trajectories with Landsat time series and LandTrendr-Google Earth Engine cloud computing. Remote Sensing，12（18）：2883.

Reiche J，Hamunyela E，Verbesselt J，et al. 2018. Improving near-real time deforestation monitoring in tropical dry forests by combining dense Sentinel-1 time series with Landsat and ALOS-2 PALSAR-2. Remote Sensing of Environment，204：147-161.

Shi W Z，Zhang M，Zhang R，et al. 2020. Change detection based on artificial intelligence：state-of-the-art and challenges. Remote Sensing，12：1688.

Tewkesbury A P，Comber A J，Tate N J，et al. 2015. A critical synthesis of remotely sensed optical image change detection techniques. Remote Sensing of Environment，160：1-14.

Théau J. 2008. Change detection//Shekhar S，Xiong H，Zhou X. Encyclopedia of GIS. Boston：Springer Publishing：77-84.

Verbesselt J，Hyndman R，Newnham G，et al. 2010. Detecting trend and seasonal changes in satellite image time series. Remote Sensing of Environment，114：106-115.

Verbesselt J，Zeileis A.，Herold M. 2012. Near real-time disturbance detection using satellite image time series. Remote Sensing of Environment，123：98-108.

Wang N，Li W，Tao R，et al. 2022a. Graph-based block-level urban change detection using Sentinel-2 time series. Remote Sensing of Environment，274：112993.

Wang Z，Wei C，Liu X N，et al. 2022b. Object-based change detection for vegetation disturbance and recovery using Landsat time series. GIScience & Remote Sensing，59：1706-1721.

Wiratama W，Sim D. 2019. Fusion Network for change detection of high-resolution panchromatic imagery. Applied Sciences，9：1441.

Zhang C X，Yue P，Tapete D，et al. 2020. A deeply supervised image fusion network for change detection in high resolution bi-temporal remote sensing images. ISPRS Journal of Photogrammetry and Remote Sensing，166：183-200.

Zhu Z. 2017. Change detection using Landsat time series：a review of frequencies，preprocessing，algorithms，and applications. ISPRS Journal of Photogrammetry and Remote Sensing，130：370-384.

Zhu Z，Woodcock C E. 2014. Continuous change detection and classification of land cover using all available Landsat data. Remote Sensing of Environment，144：152-171.

第 7 章　城市扩张与效率评价

7.1　城市 ISA 扩张

7.1.1　背景与需求

作为 21 世纪的关键词之一，城市化对经济、政治和文化都产生了深刻的影响（陈明星等，2009）。从物理形态上而言，城市化是高密度建筑的扩张，是逐渐将曾经的近郊区和远郊区变为新的城市和城乡边缘的过程。城市的快速扩张会带来一系列的社会经济和环境问题，如城乡发展失衡、粮食安全问题、城市无序蔓延和城市热岛。自 1960 年至 2021 年，全球城市化率由 34%增长至 57%；联合国经济和社会事务部人口司预测，到 2050 年，全球四分之三的人口将生活在城市。ISA是反映城市化程度的重要指数。在全球经济快速发展和人口膨胀的推动下，全球 ISA急剧增长，导致森林、农田、水体等自然的土地覆盖面积迅速减少。ISA 的增长改变了土地表面的生物物理环境，对城市生态环境破坏严重，包括热岛效应、地表水污染、城市内涝等（Salerno et al.，2018；Yin et al.，2018；Zhang et al.，2020）。联合国预测，发展中国家和地区在未来将经历从农村到城市地区的大量迁移，城市的扩张也将持续加剧，就城市生态环境而言，这些地区（如中国）的城市可持续发展面临重大挑战（徐涵秋，2009）。因此，获取高时间分辨率和空间分辨率的 ISA 动态信息，对于了解城市的增长模式和城市可持续发展至关重要。ISA 是指具有不透水性的人工材料硬质表面，包括房屋、道路和停车场等。长时序密集监测 ISA 很困难。大部分 ISA 数据集的时间间隔较长，不能有效揭示 ISA 的变化强度，难以满足了解城市化过程的需求。

7.1.2　技术与方法

Landsat 存档的免费发布，为高时间分辨率地监测 ISA 创造了机会。Landsat数据在 ISA 制图方面已经取得了一定成功。而且，Landsat 提供了长达 40 年的时空一致性的影像，适合长时序的 ISA 变化检测。变化检测方法是基于空间一致的多时相遥感数据，确定和分析地物性质、地物状态的变化（Pasquarella et al.，2022）。变化检测方法已广泛用于土地覆盖变化。这些方法大致分两种：比较分类结果和基于时间序列数据的光谱轨迹分析（Lv et al., 2022）。第一种方法，通过监督分类提取土地覆盖类型，然后比较前后土地覆盖类型来识别变化（Fenta et al., 2017；Liu et al., 2019），但其需要收集样本集，而持续时间久的高质量的样本难以获取。而且，比较分类结果，仅生成"变化"和"无变化"图，不能指定变化类型。第二种方法，利用密集时间序列数据表征土地覆盖的光谱轨迹，通过提取轨迹的指数规则来进行变化检测（Cao et al., 2021；Yan and Wang, 2021）。该方法的数据具备时间频率高的优势，受到越来越多的关注。受 Landsat、MODIS 等免费数据发布的推动，时间序列变化检测算法发展明显，包括 LandTrendr（Kennedy et al., 2010）、VCT 算法（Huang et al., 2010）、BFAST（Verbesselt et al., 2010）、CCDC（Zhu, 2017）等。

　　基于 Landsat 数据与变化检测算法，可以开发一种基于多指数趋势规则和逻辑函数模拟自动追踪 ISA 变化及其来源的方法。城市增长模式非常复杂，就来源而言，包括植被、水体和裸地三类土地覆盖。因此，单个指数难以区分 ISA 的来源。本节尝试用多个指数的时间趋势表征城市增长模型。首先，从起始年和结束年的 Landsat 数据中得到可靠的 ISA 变化区域。其次，分析遥感指数的规律，确定植被到 ISA、水体到 ISA、裸地到 ISA 分别用 NDVI、修正归一化水体指数（modified normalized difference water index，MNDWI）、SWIR1 3 种指数来解释。再次，分析 3 个指数的时间趋势规则来追踪城市增长的来源。最后，利用逻辑回归函数拟合指数的轨迹数据来检测变更时间，逻辑回归函数已在城市土地覆盖、植被物候变更时间点的检测中得到验证（Li et al., 2019）。

　　我们使用 GEE 平台上 3 种 Landsat 影像集（Landsat image collection）：Landsat-5 TM 数据、Landsat-7 ETM + 数据、Landsat-8 OLI 的 SR 数据集从获取时序遥感影像。Landsat SR 数据已经经过辐射校正、地形校正以及大气校正。大气校正是基于 LEDAPS 处理的。我们利用 Landsat SR 产品的像素质量波段，将影像中存在云、雪和阴影的像素删除。在 1990～2021 年，共获得 2837 张影像。所有高质量的像素都用于每个像素遥感指数的构建。

1. 新增 ISA 提取

1）影像特征构建

　　光学遥感影像受云、雪、阴影等影响，容易造成数据污染，导致许多位置 Landsat 数据量不理想。为了解决数据质量问题，我们利用统计方法在像素上合成遥感指数特征值。时序特征值有利于高精度土地覆盖类型的提取。我们计算指数的 4 个分位数值，以及指数的标准差、偏度和峰度。指数包括 NDVI、MNDWI 和 6 个波段（红波段、绿波段、蓝波段、NIR 波段、SWIR1 波段、SWIR2 波段）。由此，构建 56 个影像特征值作为年度分类的频段指标。

2）分类与精度验证

我们采用基于像素的随机森林算法提取 ISA 分布，该算法广泛用于遥感影像的土地覆盖类型分类，包括土壤、耕地、红树林、城市等方面制图。随机森林是一个集成分类器，它使用一组不相关的随机决策树进行预测（Pal，2005），与其他方法（如最大似然法、单层神经网络、单层决策树）相比，随机森林可以成功处理高维数据，通常不受数据噪声和过度拟合的影响。

为了提取 ISA 区域，我们在 GEE 中利用随机森林分类器。随机森林算法涉及两个参数：生成决策树的个数（Ntree）和节点处样本预测期的个数（Mtry）。由于 GEE 具备处理大量地理数据的能力以及随机森林算法不存在过拟合现象，我们设定决策树数参数 Ntree = 500。根据已有研究 Ntree = 500 时，算法的误差能达到稳定值，阈值高于 500 时，分类精度不会有明显改善。Mtry 参数采用输入变量个数的平方根，这是目前研究随机森林算法的通常做法。

随机森林算法输入变量为影像特征构建中的 56 个影像特征值，输出端分为 ISA、水体、植被、裸地。为了实现随机森林算法以及验证算法精度，我们通过 Landsat 数据和 Google Earth VHR 图像的可视解释，在 2021 年分别选择 400 个训练样本集和 400 个验证样本集，4 种土地覆盖类型数量均为 100。训练样本集用于训练随机森林算法，验证样本集执行准确性评估，从而得到使用者（user），生产者（producer），总体（overall）精度以及 kappa 系数。通过随机森林算法提取 2021 年城市区域内的精准 ISA 分布，将水体、植被、裸地合并为非不透水面（non_ISA）。

3）ISA 变化检测

我们应用 CCDC 算法监测了 1990～2021 年 ISA 的变化。CCDC 算法于 2014 年被开发出来用于连续土地覆盖变化检测和分类。CCDC 算法使用所有可用的 Landsat 观测数据，采用包含正弦和余弦项的线性谐波模型，生成由独立段和断点组成的不连续分段模型，这些断点是表示时间轨迹中的跳跃或偏移的离散变化事件。CCDC 算法可以利用多个光谱波段捕捉观测数据和模型预测之间的差异，从而检测土地覆盖变化。考虑到研究对象为 ISA，采用的波段为绿波段、NIR 波段、SWIR1 波段、SWIR2 波段、NDVI、MNDWI。利用 CCDC 算法，得到 1990～2021 年新增的 ISA，并在新的 ISA 上进行 ISA 增长模式检测。

2. 动态检测算法

1）时序数据构建

为了表征植被、水体和裸地，我们选择 NDVI、MNDWI、SWIR1 三个指标构建年度时序数据，SWIR1 指标由 Landsat 影像直接提供。其余指标计算如下：

$$\text{NDVI} = (\rho_{\text{NIR}} - \rho_{\text{red}})/(\rho_{\text{NIR}} + \rho_{\text{red}}) \tag{7.1}$$

$$\text{MNDWI} = (\rho_{\text{green}} - \rho_{\text{SWIR1}})/(\rho_{\text{green}} + \rho_{\text{SWIR1}}) \tag{7.2}$$

其中，ρ_{red}、ρ_{green}、ρ_{NIR}、ρ_{SWIR1} 表示红波段、绿波段、NIR 波段、SWIR1 的表面反射值。

在最近的土地覆盖制图和变化检测研究中，通常采用影像合成来降低时序 Landsat 数据的季节变化。因此，我们计算一年中所有观测值的中位数作为年度合成影像。由于生长期能更好地表征植被，NDVI 观测值限定在 6~9 月。将年度合成影像堆叠在一起，生成 NDVI、MNDWI、SWIR1 三个指数的年度轨迹数据。然而，极端天气（如洪水）或仪器故障都有可能导致异常观测值。为了避免异常观测值的干扰，利用 BISE 算法对时序数据进行平滑处理。根据已有的研究以及选择 100 个样点的计算结果，算法中的移动窗口定为 3，可接受变化幅度定为 0.4。根据阈值，对每个像素的三个指数的轨迹数据进行平滑处理。

2）识别 ISA 增长模式

新增 ISA 的来源有植被、水体、裸地，对应植被—ISA、水体—ISA、裸地—ISA 三种增长模式。现在的研究集中在 ISA 扩张对植被的占用。但是，在某些地区（如武汉、长沙等）ISA 的扩张对水体的占用同样严重。裸地也是 ISA 转换的重要来源。因此，可以通过多种指数来追踪 ISA 来源。

三种 ISA 增长模式的多指数动态趋势规则如下：植被转换为 ISA，NDVI 时序数据呈现负趋势，MNDWI、SWIR1 呈现正趋势；水体转换为 ISA，MNDWI 呈现负趋势，NDWI、SWIR1 呈现正趋势；裸地转换为 ISA，SWIR1 呈现负趋势，NDWI、MNDWI 呈现正趋势。为了表征三种指数的变化，使用非参数的森氏方法评估趋势幅度 S。S 小于 0 表示负趋势，S 等于 0 表示无变化，S 大于 0 表示正趋势。然后使用 MK 检验确定时序数据是否显著地单调增加或减小（$p < 0.05$），MK 检验是一种非参数测试，该方法不受少数异常值的影响，广泛用于趋势的重要性检验。通过上述三种指数的动态趋势规则可以识别 ISA 的增长模式。

3）检测 ISA 变化年份

针对植被、水体、裸地转换成 ISA，动态趋势下降趋势较明显的指数分别为 NDVI、MNDWI、SWIR1。因此，将 NDVI、MNDWI、SWIR1 作为植被、水体、裸地到 ISA 变化年份识别的指定指数。另外，新增 ISA 像素在时序上呈现上升趋势，因此，ISA 与 DN 值（NDVI/MNDWI/SWIR1）负相关、与亮度温度正相关。我们定义指数 $K = DN/BT$，K 作为表征 ISA 变化的指数。在建筑施工周期中，指数 K 将从稳定的最大值向最终的最小值转变。本节中我们认为城市发展是一个不可逆的过程。考虑到建筑施工周期大部分小于 5 年，我们以 9 年作为步长，将指数趋势最明显的时间段作为变化事件的分析窗口。一个变化事件通常会经历如下三个阶段：指数稳定在变更前期、指数逐渐减小的变更阶段以及变更后指数稳定阶段。因此，可以利用逻辑回归函数来模拟和重建指数的时序数据。逻辑函数中的曲线拐点代表建设周期中土地覆盖类型变化最大的点，确定为 ISA 变化的转折点，即变更年份。在对时序指数进行逻辑回归拟合前，需通过 SG 滤波器平滑处理（Schafer，2011）。SG 滤波器根据多项式函数对时序数据进行平滑，可得到一组可导的连续值。由此，通过对不同模型的指定指数进行逻辑函数模型的构建，确定 ISA 的变更年份。

4）变化检测的精度验证

目前没有连续的土地覆盖数据集可用于 ISA 来源以及变化年份的验证。Landsat 数据和 Google Earth VHR 图像的可视解释能有效识别土地覆盖类型及变更时间。首先，验证 3 种增长模式，ISA 来源为植被、水体、裸地的样点分别选择 100 个，共 300 个样点，评估基于多个指数趋势识别增长模式的精度。其次，基于分层随机抽样的方法，在研究期间，每年选择 30 个样点，验证变化年份检测的精度。最后，根据连续的 ISA 变化年份图可以生成研究期内任意年份的 ISA 分布图，将其与间隔 5 年的中国多时期土地利用土地覆被遥感监测数据集（China multi-period land-use and land-cover change，CNLUCC）进行比对，评估研究方法的性能。

7.1.3　结果与讨论

1. 城市 ISA 时空变化

以湖北省武汉市为例应用动态检测算法。研究区武汉市属于中国中部城市，处于长江和汉江交汇处。全市总面积 8569.15 km^2，人口约 1077 万人。研究区域地势相对平坦，海拔约 10～24 m。气候属于亚热带季风湿润型，夏季炎热多雨，冬季寒冷多雨，年均降水量约 1140～1265 mm，年均气温在 288.95～290.65 K。武汉市是中国湖北省的省会城市，是中国中部最大的城市。随着城市的快速扩张，武汉市经历了一些土地用途的变化，城市中的植被、水域遭受了一定的损坏。

研究生成了武汉市从 1991 年至 2021 年 ISA 的年份变化图（图 7.1）以及来源图（图 7.2）。研究发现 ISA 面积呈现上升趋势，这与城市扩张现象一致。同时，植被面积随 ISA 同步增长，这说明植被是 ISA 的主要来源。水体面积在 2005 年之前，与 ISA 保持上升趋势，但在 2005 年之后，水体面积出现了下降。这说明前期的城市扩张属于粗放式，后期的国土规划中重视城市生态环境保护，填埋湖泊的现象逐渐减少。计算武汉市不同时期的 ISA 增长率，我们发现：20 世纪 90 年代初到 20 世纪 90 年代中期，ISA 增长缓慢，年平均增长率为 3.86%；从 1998 年到 2013 年，武汉市经历了快速城市化，年均增长率达到 5.42%，这可能与中部崛起和武汉城市圈政策的实施有关；2013 年到 2021 年，ISA 增速急剧下降，年均增速为 2.47%，城市扩张进入稳定期。

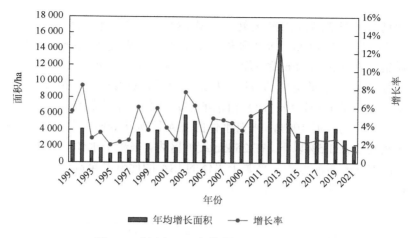

图 7.1　武汉市 ISA 年均增长面积与增长率

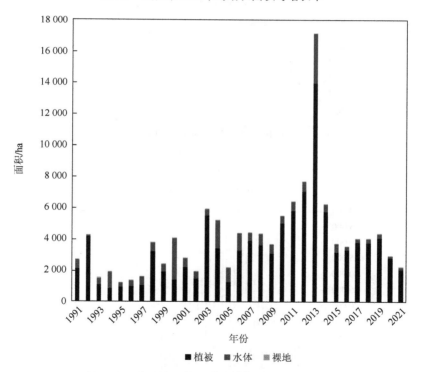

图 7.2　武汉市 ISA 的来源：来源于水体、植被与裸地的 ISA 面积

　　为了探究 ISA 时空变化格局，我们计算了 1990 年武汉市 ISA 的质心（121.409°E，31.212°N），并生成了每公里的缓冲区，测量了新增 ISA 平均变化年份和来源（图 7.3）。结果表明，武汉市 ISA 扩展模式符合同心区模型。离质心越远，ISA

的生长期越长。在 35 km 缓冲区处，新增 ISA 的出现年份达到峰值，之后稳定在 2008 年左右。在 21 km 缓冲区处，ISA 增长面积达到顶峰。不透水地表的增长主要集中在 12～35 km 的缓冲带，表明该区域的城市扩张较为明显。12 km 缓冲区内为 1990 年以前建成的市区。从来源上看，随着离中心距离的增加，来自植被的 ISA 比例呈上升趋势，而来自水的 ISA 比例呈下降趋势。来自植被的 ISA 比例从 40%上升到接近 100%，来自水体的 ISA 比例从 60%下降到 1%。来自裸地的 ISA 比例稳定在 1.5%以下。在 25 km 缓冲区内，来源于水体的 ISA 比例始终高于 10%，在 12 km 缓冲区内，来源于水体的 ISA 的比例甚至高于 30%，表明城市化发生时，市中心的水体侵占很明显。

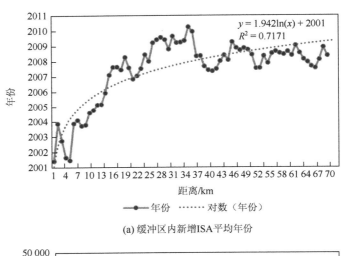

(a) 缓冲区内新增ISA平均年份

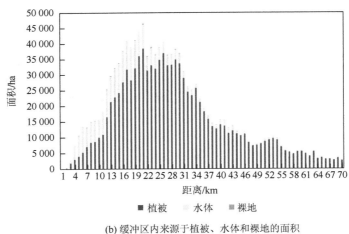

(b) 缓冲区内来源于植被、水体和裸地的面积

图 7.3　每公里缓冲区的 ISA 来源

2. 城市 ISA 年度扩张监测

该方法利用结束年份的 Landsat 影像与 CCDC 算法提取城市的 ISA 变动区域，1990~2021 年经历城市扩张的区域为 126 299.0 ha，变化年份检测和来源识别只在变动区域进行，这大大减少了运算量。多指数动态趋势规则法是一种基于知识的先驱性研究，也称基于规则的方法，这种方法强调地理意义上的理解和解释。该方法包括变量、规则和假设，有助于提高分类精度和变化检测精度。该方法有效地追踪到武汉市的城市增长模式。虽然，追踪土地变化类型的传统方法是机器学习法（如随机森林、支持向量机等），但这种方法存在难以理解的"黑箱"弊端（Pal，2005）。另外，多指数动态趋势规则法不需要经验阈值，也避免了监督分类中大量样本的约束。目前，趋势分析多集中在植被分类及其变化检测。本节选择 NDVI、MNDWI、SWIR1 三个指数做时间趋势分析，为了排除气候（如旱年和涝年）等条件引起的年纪变化影响，研究利用了 MK 检验和 Sen's 检验趋势的显著性。ISA 的增长模式，分别为植被、水体、裸地到 ISA 的变化。在武汉市评估算法的精度：总体精度为 94.3%，kappa 系数为 91.5%。结果表明三个指数的动态趋势能有效地追踪 ISA 的变化来源。由于不需要阈值及样本，基于多指数动态趋势规则法能方便移植到其他区域，适宜大范围实施。

Landsat 具有 40 年时空一致的数据产品，大大促进了土地覆盖的长时序变化检测的发展。我们利用城市发展不可逆的规律，开发了一种基于逻辑函数模拟城市从非不透水面（non_ISA）到 ISA 的变更时间检测方法。三种增长模式下分别选择轨迹特征明显的 NDVI、MNDWI、SWIR1 进行模拟识别，此过程能大大提高检测的准确度。利用年份变更产品，我们可以生成 1990~2021 年的年度 ISA 产品，实现 ISA 的连续变化监测，为城市管理者提供有力的数据支撑。在武汉市的应用中，我们发现植被是 ISA 的主要来源，这与已有的研究一致（Du et al.，2010）。武汉市的早期城市化进程中，对水体的有一定的破坏，主城区有些水体消失，水体图斑细碎化。该城市在时间上的发展速率，可以发现中国中部崛起和武汉城市圈政策实施，大大促进了该阶段的城市快速化发展（金贵等，2017；柯善咨，2009）。

7.1.4　小结与展望

本节证明了时序数据在年度尺度对城市 ISA 进行连续变化检测的可行性。我们开发了一种基于多指数趋势规则和逻辑函数模拟的方法。该方法能有效追踪 ISA 的变化过程，包括变更年份和变更来源。在武汉市的应用证明了该方法的适用性。另外，本节的方法均在 GEE 平台上运行，大量的免费数据参与计算，提高了检测精度。而且，GEE 的开源模式使科研人员能方便地参与实验，公众获取环境信息的成本大大降低。总之，本节的方法精度可靠，能灵活地移植到不同时空尺度，为 ISA 变化检测提供了一种可靠的研究途径。

7.2　城市三维扩张的监测

7.2.1　背景与需求

全球城市化已经持续了超过一个世纪，如今全球仍在快速城市化进程中。不同于早期建设用地的缓慢增长，当前全球城市用地面积以快于城市人口的速度不理性地增长（Seto et al.，2012）。以城市用地快速扩张为特征的城市化给自然环境与人居环境均带来了挑战，如侵占生态空间和农业空间、威胁生物多样性、改变城市微气候。因而，监测城市建设用地扩张对了解城市化的过去、现状与发展模式，分析城市化对生态环境的即时与潜在影响具有重要意义。归功于多源遥感数据，当前监测建设用地扩张的方法繁多，相当多的土地覆被产品和方法被开发以用于城市扩张研究（Kussul et al.，2017；Rwanga and Ndambuki，2017；Xu et al.，2021）。但是，城市化不仅是建设用地的平面扩张，还包含建筑的垂直增长过程。城市建筑高度不仅是城市形态的一个维度，更被证明与城市热岛效应、碳排放和能源消耗等可持续议题密切相关。然而当前城市扩张相关研究大多局限于二维层面，忽视了代表城市紧凑度、人口密度和生活方式的城市垂直扩张。当前探索城市三维扩张的方法有限，无法实现对城市三维扩张动态变化的连续监测。

7.2.2　技术与方法

监测城市建设用地扩张的方法可大致划分为两类，一类是土地利用/覆被分类和制图，另一类是基于变化检测算法的时序变化研究。前者通常基于多期合成的遥感影像，应用面向像素或面向对象的方法获得特定年份的土地覆被分类图像，通过比较不同年份建设用地的分布进行城市扩张研究。这种方法相当成熟，但由于前期遥感影像的缺乏、运算量大，通常只能实现以五年乃至十年为周期的城市扩张研究，无法捕捉城市扩张的完整动态过程。此外，此类方法通常需要基于人工目视解译获得分类样本，在进行时序研究时易导致误差的累积与传播。后者是随着 GEE 平台的建设和时序分割算法，如 LandTrend 算法和 CCDC 算法的提出而出现的。Landsat 提供了地球表面多光谱数据的长期记录，使得对地表的长时序观测成为可能。时序分割算法通过将观测值的时间序列划分为建模时间段序列，即分段拟合，来识别断点，即发生突变的时间节点，因此可以实现对建设用地年际变化的监测。因为该类算法观察的对象是每个像素，所以可以充分应用遥感影像，并避免误差的累积。随着遥感数据的进一步丰富，一些城市建筑高度数据集被开发出来，提供特定年份的建筑高度数据以丰富城市化、城市形态与城市可持续性的研究（Esch et al.，2022；Li et al.，2020；Yang and Zhao，2022）。地图爬虫数据更是能提供精确的建筑高度信息。

基于 Landsat 数据、建筑高度数据与变化检测算法，可以开发一种基于多源数据测度城市三维扩张的技术方案。首先，基于开始年和结束年的遥感影像，应用随机森林算法提取出建设用地，进而提取出研究期间新增的建设用地。其次，应用 CCDC 算法获得变化的像素及其时间信息，并据此校正新增的建设用地，实现对新增建设用地的年度动态监测。最后，综合建筑高度数据集与爬虫获取的结束年建筑高度数据，将高度数据根据转变年份赋予新增建设用地，计算城市建设用地水平扩张与垂直扩张的年际动态变化。

研究使用的遥感数据来自 GEE 平台的 Landsat-7、Landsat-8 的地表反射数据产品以及 Landsat 影像集。其中 Landsat-7 提供了 2000 年 24 张上海地区含云量低于 10% 的影像，用于合成 2000 年的影像。Landsat-8 提供了 14 张 2021 年上海地区含云量低于 10% 的影像，用于合成 2021 年的影像。Landsat 影像集提供了 20 世纪 80 年代至今的 Landsat 时序影像，应用 CCDC 算法以获取建设用地变化的时间信息。研究使用的建筑高度数据来自中国建筑高度数据集（building height dataset across China，BHDC）与百度地图爬虫。中国建筑高度数据集是基于哨兵-1 SAR 数据开发的，提供了 2017 年的 1 km 分辨率的中国建筑高度数据，产品整体 R^2 为 0.81，RMSE 为 4.22 m。本节用 2021 年百度地图爬虫的建筑高度作为补充数据。

1. 新增建设用地提取

为了避免单期影像云层覆盖率高等影响，本节对影像进行合成处理。研究使用 GEE 提供的 Landsat-5，Landsat-7 和 Landsat-8 地表反射数据，筛选出开始年和结束年云覆盖率低于 30% 的影像，进而合成开始年和结束年的上海影像。Google Earth 提供了高清历史影像，因此可以从中获得开始年和结束年样点的土地覆盖类别。GEE 提供的随机点生成算法用于生成两个年份各 1000 个样点。因为研究只需要提取建设用地，所以样点的土地覆被类别只被划分为建设用地（Type = 1）与非建设用地（Type = 0）。80% 的样点被随机选中作为训练样本，20% 的样点作为后续精度检验的验证样本。选择蓝波段、绿波段、红波段、SWIR1 波段、NDVI、TCB（tasseled cap brightness，穗帽亮度）与 NDWI 等波段作为预测波段，应用随机森林算法获得土地覆被的初始分类结果。随机森林分类是一种机器学习算法，由多个分类器组合而成，通过多数投票制（majority voting）获得最终结果，因高效和准确率高被广泛使用。基于初始分类结果提取开始年和结束年的建设用地像素，通过处理去除细碎斑块与弥合孔洞，对开始年和结束年的建设用地进行掩膜处理，提取出研究区在研究期间新增的建设用地。

2. 建设用地变化时间信息提取

CCDC 算法于 2014 年被开发用于土地连续变化检测与分类（Zhu and Woodcock，2014）。CCDC 算法应用所有具有观测值的影像，使用线性谐波模型进行拟合。独立的时序片段和断点"break"组成不连续的分段拟合模型，断点"break"就是时间轨迹中跳跃或偏移的离散变化（Pasquarella et al., 2022）。由于不同的土地覆被有不同的光谱特征，因此，CCDC 算法可以通过捕捉观测影像与预测影像的差异检测地表变化。因为研究主要需要监测建设用地的变化，所以使用的监测波段为 NDVI、蓝波段、EVI、NDBI、NIR 波段、SWIR1、SWIR2。波段的计算公式如下所示。

$$EVI = \frac{2.5 \times (\rho_{NIR} - \rho_{red})}{\rho_{NIR} + 6 \times \rho_{red} - 7.5 \times \rho_{blue} + 1}$$

$$NDBI = \frac{\rho_{SWIR1} - \rho_{NIR}}{\rho_{SWIR1} + \rho_{NIR}}$$

为了获得更优的时间分割结果，我们随机选择了 400 个样点计算其发生变化前后 NDBI 的差值，取 95% 置信区间的结果（ΔNDBI≥0.05）为阈值，据此筛选出前后两个时间段 NDBI 差值高于 0.05 的像素作为最终筛选出的变化像素。将结果与新增建设用地提取这一步骤生成的新增建设用地像素进行掩膜处理，获得校正后的新增建设用地。因为研究基于不发生城市更新的假设，所以选择第一次变化的时间作为非建设用地转为建设用地的时间。

3. 测度城市三维扩张

百度地图提供了带有高度的建筑信息，可以通过爬虫获取，作为现有数据集的补充。在 GEE 中将获取的建筑高度矢量数据转为栅格，取建筑高度均值为栅格值，将其与现有高度数据集合并。将高度属性赋予新增建设用地，根据年份统计每年新增建设用地的面积与平均高度，据此计算新增建设用地的体积，并计算建设用地的平面增长率与垂直增长率。为了区分纵向和横向扩张，我们参考了 Zambon 等（2019）提出的 VHG（vertical-to-horizontal growth ratio，垂直–水平扩张）指数构建了新的 VHG 指数，该指数可用于判断城市建设用地水平或垂直扩张的趋势。

$$VHG = \frac{(r^h)_{t+1}}{(r^v)_{t+1}} - \frac{(r^h)_t}{(r^v)_t}$$

其中，r^h 表示平面增长率；r^v 表示体积增长率；t 表示时间。如果 $\dfrac{r^h}{r^v} < 1$，则表示该年度的城市扩张以垂直扩张为主；反之则表示以平面扩张为主。如果 VHG 接近 0，则表示城市扩张趋势比较稳定。如果 VHG 大于 0，则表示相较之前的扩张模式，城市有进一步平面扩张的趋势。如果 VHG 小于 0，则表示城市有进一步垂直扩张的可能。

4. 精度验证

本节方法的精度检验包括两方面。首先是随机森林提取建设用地的精度检验。在应用随机森林进行分类的过程中，我们计算了使用者精度、生产者精度、整体精度和 kappa 系数。此外，样本数据中 20%（开始年和结束年各 200 个）作为验证样本，用来与随机森林分类获得的用地类别（建设用地或非建设用地）比较，以验证其准确性。其次是根据 CCDC 算法获得的新增建设用地变化时间信息。我们应用分层抽样的方法，每一年随机选择 50 个样点来评估提取变化年份的精度。参考类似研究中时间变化的准确性评估方法，我们认为 Google Earth 上的变化年份与 CCDC 提取的变化年份差距在三年内为可接受的（Yan and Wang，2021）。

7.2.3　结果与讨论

1. 城市三维扩张动态测度

以上海市为例应用本节的方法。上海是中国的经济中心。上海位于长三角东部沿海，地势平坦，地理位置为东经 120°52′～122°12′，北纬 30°40′～31°53′。作为中国最大、最发达的都市之一，上海 2020 年常住人口为 2489.14 万人，是中国人口第二多的城市；GDP 为 38 700.58 亿元，是中国 GDP 最高的城市。虽然早在 20 世纪上海便经历了城市的快速扩张阶段，但是 21 世纪以来上海仍在城市化进程中，人口城市化与土地城市化持续推进。2000 年至 2020 年，上海人口城市化率由 74.6%增长至 89.3%；城市建成区面积由 550 km² 增长至 1238 km²。此处建成区的内涵是城市行政区内已成片开发建设、市政公用设施和公共设施基本具备的地区。国家统计部门用建成区来表示一个城市城市化区域的大小，但这并非精确的城市建设用地边界。

研究生成了上海市从 2000 年至 2021 年建设用地的年份变化结果以及新增建

设用地的高度结果。研究发现，上海的建设用地面积从 1446.79 km² 增长至 2400.23 km²，增长了 65.90%，平均年增长率为 2.44%。上海建设用地的平面扩张经历了明显的增速减缓过程。在 2009 年以前，上海市建设用地的年增长率几乎都在 2%以上，在 2005 年之前甚至达到了 5%。但 2010 年至 2021 年，上海市每年建设用地的增长率几乎都在 1.5%以下。2021 年建设用地增长率仅为 1.09%，但这可能是因为 2021 年的合成影像无法反映 2021 年末的上海市土地利用状况，该年度新增建设用地量被低估。从地理区位上看，早期上海市建设用地主要向和江苏省接壤的西北扩张，这是因为上海市一直与江苏省保持着紧密的联系，这是长三角一体化进程的表现；后期逐渐向东南方向扩张。中心城区在 2000 年之前已得到充分开发，因此在 21 年里几乎没有新增建设用地。新增建设用地广泛分布在除中心城区的各个区县，尤其是西北方向，但北部的崇明岛和沿海的东部至今仍只有很小的区域被开发。

　　与平面扩张相对应的，上海建设用地的垂直扩张也在发生。2000 年至 2021 年，上海新增建设用地平均高度为 20.07 m，建筑体积从 29.2 m³ 增长至 43.7 m³，增长了 49.65%，平均年增长率为 1.94%。在 2002 年，新增建设用地的平均高度最高，为 22.25 m；在 2021 年，新增建设用地的平均高度最低，为 17.14 m。与平面扩张相似的是，上海市建设用地的垂直扩张也经历了增速减缓与平均高度下降的过程。在 2010 年之前，上海市建筑体积的年增长率均高于 2%，在早期甚至达到 4%。2003 年新增建筑体积达到 1.4 亿 m³，占所有新增建筑体积的 9.62%，增长率为 4.26%。但 2011 年以来，上海市建筑体积的年增长率几乎一直保持在 2%以下。除去 2021 年，新增建筑体积最少的是 2015 年，新增建筑体积为 4100 万 m³，占所有新增建筑体积的 2.82%，增长率 1.01%。21 世纪以来上海的城市扩张在平面和垂直上均经历了增速放缓过程，新增建设用地的高度也呈现了逐渐降低的规律。在 21 年里，大部分新增建设用地高度在 30 m 以下，高度超过 150 m 的摩天大楼只在上海西北部有非常稀疏的分布。

　　为了观察上海城市扩张的趋势，我们计算了 VHG 指数（表 7.1）。2000 年以来，有 8 个年份 VHG 大于 0，表明这些年份城市扩张相对上一年份平面扩张的趋势增强。有 10 个年份 VHG 小于 0，表明这些年份城市扩张相对上一年垂直扩张的趋势增强。2004 年和 2012 年 VHG 等于 0，表明这两年城市扩张的趋势与前一年保持一致。除去 2021 年，上海市在 2015 年平面扩张的趋势最强；在 2002 年，上海市垂直扩张的趋势最强。大多数垂直扩张趋势发生在 2010 年之前，平面扩张的趋势在近些年则进一步加强，尤其是 2015 年之后。通过计算的每年 r^h / r^v，可以发现上海建设用地的平面扩张增长率一直高于垂直扩张的增长率（r^h / r^v 大于 1），且 2015 年后的 r^h / r^v 均大于 1.3。这说明 21 世纪上海建设用地的扩张一直以平面为主导，且平面扩张的趋势在近些年愈加明显。

表 7.1　VHG 和 r^h/r^v 变化

指标	2001 年	2002 年	2003 年	2004 年	2005 年	2006 年	2007 年	2008 年	2009 年	2010 年	2011 年
r^h/r^v	1.46	1.28	1.24	1.24	1.23	1.21	1.25	1.19	1.18	1.17	1.14
VHG	—	−0.19	−0.04	0.00	−0.01	−0.02	0.03	−0.06	−0.01	−0.01	−0.03
指标	2012 年	2013 年	2014 年	2015 年	2016 年	2017 年	2018 年	2019 年	2020 年	2021 年	平均
r^h/r^v	1.14	1.16	1.15	1.32	1.36	1.38	1.32	1.37	1.50	2.07	1.24
VHG	0.00	0.03	−0.01	0.17	0.03	0.02	−0.05	0.04	0.13	0.57	−0.03

　　为了观察上海城市水平与垂直扩张的时空趋势，我们计算出 2000 年建设用地的中心坐标为（121.409°E，31.212°N），以此为上海市中心，统计每年新增建设用地距市中心的距离与高度（图 7.4）。结果发现，上海城市扩张在平面上呈现较为明显的同心圆特征。距离市中心越远，新增建设用地的年份越近（50 km 处除外），建设用地密度越低，建筑高度也曲折下降。新增建设用地形成年份的增加是由 15 km 开始的。在 15 km 以内，建设用地大多在 2000 年之前形成；新增建设用地形成年份最近的是 60 km，这几乎是城市最边缘。相应地，建设用地密度的快速下降是从 15 km 开始的；建设用地密度最低的是位于城市边缘的 55 km 与 60 km

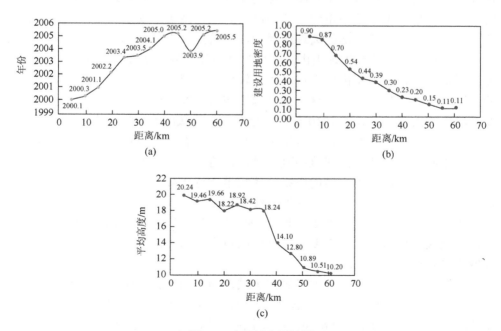

图 7.4　上海城市缓冲区

缓冲区。值得注意的是，在 35 km 以内，城市建筑高度与中心城区差距不大，但在 40 km 之外，建筑高度断崖式下降，并在 60 km 处达到最低（10.20 m）。说明在 35 km 内虽然建设用地密度缓慢下降，但建筑高度仍处于稳定水平，建设用地强度较高；在 35 km 之外，城市建设用地便呈现低密度与低高度的特征。

2. 识别城市三维扩张特征

上海的城市化是典型的从中心向城市外围扩张的过程，即同心圆模式（吴良镛和刘健，2005）。因为上海城市化开始得很早，21 世纪以来上海已经进入了相对缓慢的城市化发展阶段，表现在城市扩张上便是建设用地扩张速度的逐步下降。但在 2000 年到 2005 年期间，上海仍然保持了快速的城市土地扩张，这也许是因为当时的开发区建设仍在继续（李强等，2012）。开发区建设政策于 20 世纪 80 年代被提出，对我国改革开放后的经济发展发挥了不可替代的作用，也深刻影响了中国城市用地扩张的模式。为了遏制开发区建设导致建设用地粗放利用的现象，在 2003 年无序的开发区建设被叫停（张晓玲和吕晓，2020）。自此上海市土地城市化速率逐渐降低，并在 2010 年以后稳定在较低的水平。从三维扩张的角度，能捕捉到上海城市扩张的更多规律。一个明显的规律是，上海市城市体积增长的速度一直低于平面扩张的速度，而且在近些年这种差距在加大。统计每年新增建设用地距市中心的距离与高度，结果发现，近年来上海市新增建设用地与市中心的平均距离逐渐增加，建筑高度也越来越低。随着与市中心距离的增长，新增建设用地也由高密度与高高度转为低密度与低高度。21 世纪前期新增的建设用地距离中心城区距离较近，高层建筑较多，但在远离市中心的郊区也有新增建设用地，这可能是源于城市开发区的建设，在此阶段也有填充式增长的出现。但到了 2010 年后，分布在中心城区的新增建设用地就逐渐减少，向城市边缘扩张的建设用地增多。从空间上看，上海城市扩张的特征是距离城市中心越远，新增的建筑高度就越低，这符合中国城市扩张的一般规律。从时间上看，新增建设用地的面积与体积虽然逐年减少，但平均高度却相当稳定，表明上海可能进入了稳定的城市缓慢扩张阶段。值得警惕的是，虽然近年来上海建设用地平面扩张速度与垂直扩张速度均在下降，但两者的差距在增加，郊区的建设用地有相对低密度与低高度的特点。这可能部分归因于我们没有区分城市与农村建设用地。

传统城市扩张相关研究大多聚焦于城市的平面扩张、驱动因素及其对社会经济环境的潜在影响。垂直扩张是城市扩张的另一个维度，可以表征城市形态、土地利用强度（land use intensity）和生活方式，与城市人居环境和城市生态密切相关，如能源消耗与热岛效应（丁沃沃等，2012）。然而与城市平面扩张相比却鲜少受到关注，这可能是由于城市建筑高度信息相对难以获取。当前已经有学者关注到忽略城市高度可能造成的对城市扩张及其影响的认识的局限，并尝试开发城市高度数据集，测度城市三维扩张。但这类研究通常只能获得特定年份的城市建筑高度信息，通过前后间隔五年乃至十年的对比测度城市三维扩张，难以反映城市三维扩张的动态变化，无法捕捉更多城市扩张的细节。为了弥补当前测度城市扩张研究的不足，本节提出了一种重构城市三维扩张的技术方案，突破了之前研究仅关注二维扩张的局限，也解决了三维扩张研究中时间分辨率与精度不足的问题。我们应用 CCDC 算法实现对建设用地平面扩张的年际监测，避免了传统方法造成的误差累积。为了准确识别建设用地的转变，我们选择了包括 NDBI 在内的七个波段作为突变检测的波段。因为建设用地可能来源于植被、水体与裸地等多种土地覆被。基于对建设用地平面扩张的监测，我们发现上海建设用地平面扩张逐渐减缓，城市扩张似乎在向更理性的方向发展。然而，这意味着上海的建设用地进入科学扩张的模式吗？答案是不确定的，因为建设用地的高度被忽略了。因此本节基于中国建筑高度数据集与百度地图爬虫提供的建筑高度，将高度属性赋予新增建设用地，测度其三维扩张的年际变化。研究发现，虽然上海市建设用地平面扩张与垂直扩张速度均减缓，但是两者之间差距逐渐增大。虽然新增建设用地平均高度稳定在 17 m 左右，但近年来平面扩张的趋势增强，且城市郊区的建设用地呈现低密度与低高度的特点。因此，与传统城市平面扩张的测度相比，综合平面扩张与垂直扩张可以帮助我们全面认识土地城市化的历史、现状与进程。

7.2.4　小结与展望

基于 GEE 平台和 CCDC 算法，本节提出了一种测度城市水泥森林增长时序变化的技术方案。该方案通过提取研究期间新增建设用地及其时间信息，结合建筑高度数据，以上海市为案例，实现对发展中的城市的三维扩张测度。结果表明，上海的中心城区在 20 世纪已经得到充分开发，21 世纪上海市建设用地从中心向城市外围持续扩张，但建设用地平面扩张与垂直扩张速度均缓慢下降，且两者之间的差距逐渐扩大。近年来新增建设用地的平均高度逐渐降低，建设用地平面扩张的趋势增强。因而需要警惕城市扩张进入低密度与低高度模式，即城市蔓延。本节为城市扩张相关研究提供了新的视角，技术方案可扩展应用到更多扩张中的城市，并可进一步应用到城市建设用地利用与人居环境等相关领域。本节的操作几乎都是依托 GEE 平台强大的云计算能力完成的，因此该方案具有很高的迁移性。基于城市三维扩张的信息，可以探索城市扩张合理的密度与高度，展开城市建筑形态、土地利用强度与效率、城市热岛效应与微生态、城市能源消耗与碳排放等研究。

7.3　城市建设用地利用效率

7.3.1　背景与需求

　　城市化毫无疑问是影响最大的人类活动之一。城市化是农村人口向城市集聚的过程，是土地覆被转为以人类为主导的景观的过程，是农村生活方式转为城市生活方式的复杂过程。21 世纪以来，全球 15.7 亿人口从农村涌入城市，在 2020 年全球人口中约占比 20.2%，增长 56.4%；与此同时，全球 ISA 面积增长 1.5 倍至 $1.0871 \times 10^6\ \mathrm{km^2}$（至 2020 年）（Zhang et al.，2022）。按照人均建设用地面积来看，土地城镇化是人口城镇化的 2.9 倍，显然，城市土地以快于城市人口的速度扩张。城市土地的过度扩张不仅意味着建设用地的低效利用，也会带来环境破坏、影响粮食安全、气候变暖等一系列威胁可持续发展的问题。因而，判断建设用地是否低效利用并制定相应的应对措施尤为重要。就中国而言，21 世纪前 20 年中国的城市人口增加 3.8 亿人，增长了 76%，而城市建成区则增长了近 3 倍，表明中国存在更严重的城市土地过度扩张现象。低效利用的城市土地承载了稀疏的人口、不活跃的社会经济生产活动，没有充分发挥城市土地应有的对人口、社会经济生产活动的集聚效应。为了遏制无序的土地开发，多功能土地利用、紧凑城市、新城市主义、智慧增长等解决方案相继被提出（Ismael，2021；Kremer et al.，2019；Lee and Lim，2018；Stanislav and Chin，2019）；近年来中国政府也致力于限制城市无序扩张，鼓励土地的节约集约利用，如设置城市增长边界和城市发展边界、严格保护耕地、展开旧城改造、"标准地"改革（姜文锦等，2011；李风，2019；刘彦随和乔陆印，2014；张兵等，2014）。

　　但是，建设用地无序扩张现象真的得到有效改善了吗？为了评估建设用地是否存在低效利用的现象，有学者提出土地利用效率这一概念。就经济学角度而言，效率是反映资源配置和经济活动的指标，可用以表征资源或劳动价值的实现程度，由此可以推断，土地利用效率可以反映土地资源配置、经济强度与人类活动情况。相较定性描述，基于面板数据的定量测度显然更能表征土地利用效率，这也是目前研究的主流方式。很多研究会选择某些特定指标来表征土地利用效率，如表征土地资源配置效率的人均建筑面积、表征经济强度的单位面积经济产出增加值、表征人类活动强度的人口密度。当考虑要素投入-产出原则时，最常用的方法是数据包络分析（data envelopment analysis，DEA）模型（Chen et al.，2016；Song et al.，2022；Zhu et al.，2019）、SBM（slack-based measure，差额衡量）模型（Jiang，2021；Yu et al.，2019）和随机前沿分析（stochastic frontier analysis，SFA）（Liu et al.，2020，2021；Otsuka and Goto，2015）。上述模型常用的土地投入指标包括建设用地面积、固定资产投资、从业人口、能源投入，常用产出指标包括建设用地、城市人口、经济产值、政府收入增量和不良产出（即环境污染）。虽然上述方法已经相当成熟，但研究忽略了建设用地本身的覆盖强度信息。此外，面板统计数据具有一定的时间滞后性和空间分辨率的局限性，无法突破行政边界的限制，导致行政区域内部的土地利用效率空间差异等信息无法获取，限制了这一领域在多尺度与多时相的进一步拓展与研究。

7.3.2　技术与方法

以高时空分辨率为特征的遥感数据弥补了面板统计数据的不足，并已广泛应用于城市土地利用相关研究。其中各种各样的地表覆被产品为科学认识城市扩张和土地利用与土地覆被变化提供了多种选择；近年来全球建筑高度产品则丰富了对城市形态的研究，这与城市扩张和城市可持续发展密切相关。夜间灯光数据与人类和经济活动强度存在稳定的正相关性，与城市活动联系密切，如城市形态与扩张、能源消耗、碳排放等，形式简洁却内涵丰富。温度数据是评估城市热岛效应的基础，而城市热岛效应被认为与人类活动强度正相关。此外，POI 作为与人类活动密切相关的地理实体集合，可作为传统遥感数据的补充，用以认识社会经济活动强度。格网尺度的人口密度与 GDP 数据也被用于获取城市扩张与经济活动等信息，这类数据本身具备的社会经济属性也值得关注。遗憾的是，虽然拥有了种类繁多的遥感数据与其他辅助数据，这些数据却很少被综合起来用于城市土地利用效率的测度。

基于多源遥感数据，可以开发一种多尺度的建设用地利用强度与效率测度技术方案。在这里，我们将土地利用效率定义为建设用地上人类活动与经济产出的强度。然而，就土地利用而言，除了关注土地利用效率，土地的建设用地强度也值得关注（建设用地强度一般被定义为建筑面积在空间上的占比）。因为理论上来说，建设用地强度应当与土地利用效率存在正相关关系，否则便认为存在建设用地资源错配与土地低效利用现象。首先，基于建设用地平面数据与建筑高度数据计算建设用地强度指数；其次，综合夜间灯光、温度、人口密度、POI、GDP 数据构建土地利用效率指数；再次，计算土地利用效率与建设用地强度的耦合度以评估二者错配程度；最后，对长三角的建设用地强度、土地利用效率、耦合度进行空间分析，以揭示建设用地利用不均衡、不充分、不协调的空间格局。

1. 建设用地强度测度

我们认为建设用地强度指物理层面的建设用地利用状况，包括平面扩张与垂直扩张，因而构建建设用地强度指数（ BUI_{index} ），其计算方法如下。

$$BUI_{index} = \frac{1}{2} \times BUA_{index} + \frac{1}{2} \times BUH_{index} \qquad (7.3)$$

$$BUA_{index} = \frac{ISA}{TA} \qquad (7.4)$$

$$BUH_{index} = \frac{BUH}{BUH_{max}} \qquad (7.5)$$

其中，BUA_{index} 表示建设用地面积指数，即建设用地面积占比；ISA 表示像元内 ISA 面积；TA 表示像元总面积；BUH_{index} 表示建设用地高度指数；BUH 表示像元内建筑高度；BUH_{max} 表示研究区内所有像元中建筑高度最大值。

　　本节应用的建设用地平面数据来源于中国土地覆盖数据集，是武汉大学的学者基于 Landsat 影像开发的（Yang and Huang，2021）。该数据集提供了 1990～2020 年 30 m 分辨率的中国年度土地覆盖产品，整体精度达到 79.31%。产品有八个土地覆盖类别，分别是：耕地、森林、灌木、草地、水体、冰雪、裸地、ISA。本节提取 ISA 作为建设用地，并在 GEE 中对 ISA 进行自掩膜处理。

　　除了平面上的扩张，建筑高度也是评估建设用地强度的重要内容。本节的方法应用的建筑高度数据来源于中国建筑高度数据集（Yang and Zhao，2022）。该数据集是基于哨兵-1 SAR 数据开发的，提供了 2017 年 1 km 格网分辨率的中国建筑高度数据，产品整体 R^2 为 0.81，RMSE 为 4.22 m。由于该数据集缺失舟山市，因此选择地区尺度三维建筑结构数据（continental-scale 3D building structure data）作为补充数据（Li et al.，2020）。该数据集提供了 2015 年 1 km 格网分辨率的欧洲、美国和中国建筑高度数据，三个区域的产品 R^2 均超过 0.8。

2. 土地利用效率测度

　　遥感数据具有丰富的内涵，如何综合多源遥感数据描述建设用地的利用效率是研究的关键。虽然目前暂无利用多元遥感数据测度土地利用效率的先例，但在土地利用强度的测度中常应用归一化加权综合计算的方法。本节也采用相似的处理方法。为保证权重的客观性，研究应用熵权法确定各要素的权重，这在研究中广泛应用。熵权法认为对于某项指标，可以用熵值来判断其离散程度，其信息熵值越小，指标的离散程度越大，该指标对综合评价的影响（即权重）就越大。根据计算的权重，我们构建了归一化加权综合土地利用效率评价体系（式 7.6）。

$$\begin{aligned} LUE_{index} = {} & 0.218 \times NTL_{index} + 0.146 \times LST_{index} + 0.201 \times PD_{index} \\ & + 0.202 \times POI_{index} + 0.233 \times GDP_{index} \end{aligned} \qquad (7.6)$$

其中，LUE_{index} 表示土地利用效率；NTL_{index} 表示夜间灯光指数；LST_{index} 表示温度指数；PD_{index} 表示人口密度指数；POI_{index} 表示 POI 密度指数；GDP_{index} 表示 GDP 指数。所有指数均经归一化处理以消除指标之间的量纲影响，如式（7.7）～式（7.11）所示。

$$NTL_{index} = \frac{NTL}{NTL_{max}} \tag{7.7}$$

$$LST_{index} = \frac{LST}{LST_{max}} \tag{7.8}$$

$$PD_{index} = \frac{PD}{PD_{max}} \tag{7.9}$$

$$POI_{index} = \frac{POI}{POI_{max}} \tag{7.10}$$

$$GDP_{index} = \frac{GDP}{GDP_{max}} \tag{7.11}$$

其中，NTL、LST、PD、POI、GDP 分别表示像元内夜间灯光、温度、人口密度、POI 密度和 GDP 数值；NTL_{max}、LST_{max}、PD_{max}、POI_{max}、GDP_{max} 分别表示研究区内所有像元中夜间灯光、温度、人口密度、POI 密度和 GDP 的最大值。为了消除异常值的影响，此处最大值均为 95%分位数值。考虑到长三角城市群气候相近，为了反映城市热岛效应的强度，此处的温度实为像元（建设用地像元）内温度与非建设用地温度均值的差值。

土地利用效率的测度综合夜间灯光数据、温度数据、人口密度数据、POI 数据和 GDP 数据。夜间灯光数据来源于全球类似 NPP-VIIRS 夜间灯光数据（global NPP-VIIRS-like nighttime light data）（Chen et al., 2021）。DMSP-OLS 和 NOAA-VIIRS 分别提供了 1992～2013 年和 2012～2023 年的夜间灯光数据产品，但两个产品存在空间分辨率和传感器设计的差异，因此需要进行跨传感器校准。该数据集提供了 500 m 分辨率的校准后的扩展时间序列（2000～2020 年）的夜间灯光产品，与 2012 年的 NPP-VIIRS 夜间灯光数据相比，产品在城市层面的 R^2 高达 0.95，说明具有良好的时空一致性。

温度数据来源于 MODIS 提供的 1 km 分辨率的地表温度数据，取年际地表日间温度的中位数作为研究区的温度。人口密度数据来源于 NASA 社会经济数据与应用中心（Socioeconomic Data and Applications Center，SEDAC）提供的 1 km 分辨率的人口密度数据集（Gridded Population of the World Version 4.11，译为世界人口网格化第 4.11 版）。2020 年的 POI 数据通过百度地图爬虫得到，取每个栅格内的 POI 数量作为属性值。中国科学院地理科学与资源研究所发布了中国 GDP 空间分布公里网格数据集（数据来源于资源环境科学数据注册与出版系统）（徐新良，2017），该数据集提供了 1995～2019 年每隔五年的 GDP 数据。

3. 建设用地强度与利用效率耦合测度

当评估低效用地时，除了土地利用效率，建设用地强度也值得纳入考虑。低效用地意味着土地利用效率与建设用地强度的错配，也就是说，低效利用的土地往往具备建设用地强度高而土地利用效率低的特征。因此需要构建耦合指数以实现对低效建设用地的精准识别。我们用建设用地强度与土地利用效率的差值表示两者之间的错配状况，因而耦合度的计算如下。

$$CI_{index} = BUI_{index} - LUE_{index} \tag{7.12}$$

其中，CI_{index} 表示耦合度指数，CI_{index} 越接近 0，建设用地强度与土地利用效率耦合越好；$CI_{index} > 0$，表明建设用地强度高于土地利用效率；$CI_{index} < 0$，表明土地利用效率高于建设用地强度。

4. 空间自相关分析

空间自相关分析，包括全局莫兰指数与局部莫兰指数，应用于探究建设用地强度、土地利用效率及两者之间的耦合度的空间分异。全局莫兰指数计算公式如下：

$$I = \frac{n}{\sum_{i=1}^{n}\sum_{j=1}^{n} w_{ij}} \times \frac{\sum_{i=1}^{n}\sum_{j=1}^{n} w_{ij}(x_i - \overline{x})(x_j - \overline{x})}{\sum_{i=1}^{n}(x_i - \overline{x})^2} \tag{7.13}$$

其中，I 表示全局莫兰指数；n 表示研究区内空间单元的数量；x_i 表示第 i 个空间位置上的属性值；$\overline{x}$ 表示所有空间单位属性值的平均；w_{ij} 为研究区的空间权重矩阵（$n \times n$）。全局莫兰指数可用于判断数据是否表现出空间集聚特性。

局部莫兰指数计算公式如下：

$$I_i = \frac{x_i - \overline{x}}{\left(\dfrac{\sum_{i=1}^{n}(x_i - \overline{x})^2}{n}\right)} \times \sum_{i=1}^{n}\sum_{j=1}^{n} w_{ij}(x_j - \overline{x}) \tag{7.14}$$

其中，I_i 表示空间位置 i 的局部莫兰指数，其余参数含义与式（7.13）相同。局部空间自相关分析可用于识别不同空间位置上可能存在的不同空间关联模式，判断是否存在高值或低值的局部空间集聚。

7.3.3　结果与讨论

1. 城市建设用地强度、利用效率与耦合

以长三角为例应用本节的方法。长三角城市群地处中国东南沿海，是中国九大城市群之一。《长江三角洲城市群发展规划》的发布更是明确了长三角城市群在中国城市发展中的重要战略地位。长三角城市群以上海为核心，紧密联系多个城市，范围包括上海，江苏的南京、无锡、常州、苏州、南通、盐城、扬州、镇江、泰州，浙江的杭州、宁波、嘉兴、湖州、绍兴、金华、舟山、台州，安徽的合肥、芜湖、马鞍山、铜陵、安庆、滁州、池州、宣城等 26 市。长三角城市群是中国经济最发达、城市化水平最高的地区之一，承载了中国城市群一体化与高质量发展的期望。2020 年长三角城市群的 GDP 总量达到 205 107 亿元，占中国 GDP 总量的 20.2%；城市常住人口数达到 1.3 亿人，占中国城市常住人口的 14%；人口城市化率平均为 75.63%，比中国平均水平高 12%。然而，长三角内部存在巨大的发展差异，就经济而言，2020 年人均 GDP 最高的无锡市是最低的安庆市的 2.8倍，就城市化而言，城市化水平最高的上海市比城市化水平最低的安庆市城市化率高 34%。已有研究普遍认为该区域的经济活动强度和土地利用效率是相对集约和高效的，但也有研究认为在该区域也存在城市收缩与鬼城现象。那么，对于这样一个经济相对发达的区域，是否也存在低效利用的建设用地，是否有必要进行多尺度土地利用效率测度？选择长三角城市群作为案例研究对象评估土地利用效率，本节不仅意在尝试应用多元遥感数据评估土地利用效率，也意在揭示城市土地利用不均衡、不充分、不协调的空间格局。

研究生成了长三角 2020 年建设用地强度结果、建设用地利用效率结果、建设用地强度与利用效率耦合结果以及空间自相关分析图。研究发现，长三角建设用地强度均值为 0.35，最小值为 0.04，最大值为 1。根据自然断点法对建设用地强度进行等级划分，数值 0~0.29[①]划分为低强度，面积为 25 010 km²，占比 48.5%；数值 0.29~0.55 的划分为中等强度，面积为 16 590 km²，占比 32.1%；数值 0.55~1 的划分为高强度，面积为 10 007 km²，占比 19.4%。显然高强度建设用地在长三角东部集中分布，研究区西部存在较多零星分布的低强度建设用地，这可能是由于研究采用的 ISA 并未区分城市和农村。一般而言，高强度建设用地地区大多是

---

① 本节此类型数据包含上界，不包含下界。

城市化的核心区，中等强度建设用地地区可能是城市边缘带，低强度建设用地地区可能存在零星分布的农村建设用地。

长三角土地利用效率均值为 0.38，最小值为 0.01，最大值为 1。应用自然断点法对土地利用效率进行等级划分，数值 0~0.29 划分为低效率，面积为 21 605 km²，占比 42.9%；数值 0.30~0.57 的划分为中等效率，面积为 17 794 km²，占比 35.4%；数值 0.58~1 的划分为高效率，面积为 10 899 km²，占比 21.7%。

高土地利用效率的区域集中在上海及周边城市（长三角东部），远离上海的长三角西部（安徽）、北部（江苏中部）和南部（浙江中部）零星分布着高土地利用效率区域。事实上，除了表示热岛效应强度的温度指数（LST_{index}），夜间灯光指数（NTL_{index}）和 GDP 指数（GDP_{index}）、人口密度指数（PD_{index}）和 POI 密度指数（POI_{index}）均在空间上表现出一致性，即其高值区主要分布在长三角中部，这是长三角城市群的核心区。换言之，该区域表现出人口集聚与经济活跃的特征，而长三角北部与西部低土地利用效率的建设用地分布较广，表明其尚处于快速城市化的进程，人口城市化与经济城市化仍在推进。相较长三角北部，长三角南部建设用地利用效率更高，可能是这些地区地形以山地为主，因而用地更为节约。

高土地利用效率与高建设用地强度在空间上存在高度重合现象，大多集中在长三角东部，此处正是长三角经济最发达的城市集聚的地方。事实上，考虑土地的建设用地强度与土地利用效率之间的耦合状况有助于准确识别低效利用的建设用地。根据耦合度计算公式，CI_{index} 越接近 0，表明 BUI_{index} 与 LUE_{index} 之间差距越小，耦合越好；若 $CI_{index} > 0$，则表明 BUI_{index} 高于 LUE_{index}，可能存在建设用地低效利用；若 $CI_{index} < 0$，则表明 LUE_{index} 高于 BUI_{index}，可能存在建设用地过载。长三角建设用地强度与土地利用效率耦合度均值为–0.029，最小值为–0.63，最大值为 0.54。根据自然断点法对耦合度进行等级划分，数值–0.63~（–0.12）划分为过载，面积为 12 764 km²，占比 25.4%；数值–0.12~0.06 的划分为耦合良好，面积为 25 593 km²，占比 50.9%；数值 0.06~0.54 的划分为低效利用，面积为 11 943 km²，占比 23.7%。长三角建设用地强度与土地利用效率耦合状况总体良好，土地利用效率与建设用地强度错配情况并不严重，但存在低效利用的建设用地。低效利用的建设用地主要分布在上海的城郊，因为上海的城市化水平已经非常高，这暗示着上海存在郊区化的可能性；此外，低效利用的建设用地西北部有分散却广泛的分布，这些地区尚处于快速城市化的进程中，易存在城市用地过度扩张的现象。过载的建设用地主要分布在长三角中部，此处城市化水平高、经济发达、人口活跃，因而土地利用效率显著高于建设用地强度。长三角南部也存在土地过载现象，这可能是因为此处山区多，限制了建设用地的扩张。耦合较好的建设用地集中在上海中心城区及其周边城市，并在其他区域有广泛的、分散的分布。

根据计算得到的全局莫兰指数，建设用地强度、土地利用效率及两者之间耦合度均存在空间正相关，即 BUI_{index}、LUE_{index}、CI_{index} 值越大，越容易产生空间集聚现象。局部莫兰指数运算结果表明 BUI_{index}、LUE_{index}、CI_{index} 在空间上的集聚情况，这能帮助认识建设用地利用的空间特征。虽然 BUI_{index}、LUE_{index} 与 CI_{index} 在空间上均存在集聚现象，且 BUI_{index} 与 LUE_{index} 集聚的空间格局类似，但表征两者错配情况的 CI_{index} 空间集聚特征复杂。BUI_{index} 和 LUE_{index} 的高-高聚类集中在城市核心区；在城市边缘带则广泛分布着低-高聚类，表明城市边缘带的建设用地强度与土地利用效率较低；符合城市发展的一般规律。在长三角东部城市交界处高-低聚类和低-低聚类共存，这是城市扩张与长三角一体化的信号，表明本节研究在测度和揭示长三角一体化方面的潜力。相较 BUI_{index}，LUE_{index} 有更少的高-低聚类与低-高聚类分布，取而代之的是广泛的高-高和低-低聚类分布，表明 LUE_{index} 在空间上表现出更强的集聚特征。长三角西北部，LUE_{index} 的低-低聚类分布比 BUI_{index} 更为广泛，表明此处有可能出现土地低效利用。就 CI_{index} 值而言，高-高聚类主要分布在长三角西北与上海西北郊区，说明这些地区出现了较多的集中的低效用地。在长三角中部的中心城区出现了低-低聚类，此类建设用地处于过载状态。与 BUI_{index}、LUE_{index} 空间聚类分布不同的是，CI_{index} 的空间聚类分布在城市中心与郊区没有明显的区分，反而存在广泛分布的高-低聚类与低-高聚类，这反映了城市建设用地强度与土地利用效率耦合的复杂性与无序性。

2. 低效用地的识别

根据研究结果揭示的长三角土地利用特征，可将长三角建设用地分为三类。类型一的特征是土地利用效率明显高于建设用地强度，这类建设用地可能存在土地过载的现象。类型二的特征是建设用地强度明显高于土地利用效率，这类建设用地存在明显的土地投入与利用效率错配现象，说明处于低效利用的状态。类型三的特征是土地利用效率与建设用地强度差距不大，耦合度处于合理水平，表明建设用地得到了充分的合理的使用。

就像素尺度而言，类型一建设用地主要分布于长三角中部和南部。类型一建设用地的土地利用效率通常处于较高水平，但城市功能的过度集聚或地形因素导致建设用地过载。就县级尺度而言，浙江的县（市、区）更容易出现过载现象。这是因为浙江地形以丘陵为主，建设用地的利用较为集约。就城市尺度而言，长三角只有宁波建设用地处于过载状态。城市功能的过度集中会带来交通拥堵、空气污染、热岛效应等问题，影响城市居民生活质量和城市可持续发展。因而需要充分考虑此类建设用地的环境资源承载能力，适当新增建设用地以疏散城市功能。

就像素尺度而言，类型二建设用地主要分布于长三角西部。此类建设用地的土地利用效率通常处于较低水平，但建设用地强度处于常规水平，导致低效利用。就县级尺度而言，安徽的县（市、区）最容易出现建设用地低效利用现象，江苏一些县（市、区）也是如此。这些地区大多经济相对不发达，但地势平坦，因而更容易出现建设用地浪费。就城市角度而言，安徽大多城市建设用地处于低效利用的状态。对中国而言，城市扩张的动力往往是经济的增长，基础设施建设与平坦的地形也会对城市扩张产生正面影响（Zhang and Su，2016）。但是在建设用地低效利用的区域，土地投入与利用效率错配发生了。一方面是建设用地的持续扩张，另一方面是人口流出，经济增速放缓，因此这种错配在中国部分地区发生（Hu et al.，2021；Zhang et al.，2019；Zheng et al.，2017）。建设用地的粗放利用不仅会导致土地资源的浪费，影响城市的可持续发展，也会侵占农业与生态空间，间接影响粮食与生态安全，影响零饥饿和气候行动等可持续目标的实现。因而在城市规划中，选择继续扩张或是继续开发现存建设用地值得深思熟虑。

就像素尺度而言，类型三建设用地主要分布于上海中心城区及其周边城市，并在其他区域有广泛的分散的分布。就县级尺度而言，江苏、上海和浙江大多数的县区处于耦合良好的状态。就城市角度而言，江苏、上海和浙江几乎全部城市的建设用地处于耦合良好的状态。此类建设用地可细分为两类：①土地利用效率与建设用地强度均较高，通常位于中心城区。这类建设用地往往已经得到充分开发，因此不适宜继续提高其利用强度，并需要警惕建设用地过载的风险。②土地利用效率与建设用地强度均处于中等水平，通常分散分布。如果考虑提升土地利用效率，则要注意控制建设用地强度在合理范围内。

传统测度土地利用效率的方法基于单一要素或土地投入-产出视角，其共性是关注土地的人口集聚与经济活跃程度。但是这种方法无法突破尺度限制，且受限于数据可获得性。本节基于高时空分辨率的、信息丰富的遥感数据构建了建设用地强度与利用效率耦合测度方案，降低了建设用地利用效率测度方法的复杂度，实现了多尺度的低效用地识别。在研究中，我们解决的第一个问题是建设用地强度的测度。传统建设用地强度测度通常考虑建设用地面积占比，本节综合考虑了平面扩张与垂直扩张，丰富了建设用地强度的内涵。并且，我们综合多元遥感数据进行了建设用地利用效率测度，突破了传统建设用地利用效率测度中的行政区划限制。我们认为，并非所有利用效率偏低的建设用地都值得关注。在建设用地稀疏的地区，利用效率偏低是可以接受的。只有当密集的建设用地表现出较低的利用效率时，我们才认为存在建设用地投入与利用效率错配的情况，进而判断其为低效用地。因此，本节对土地利用效率与建设用地强度的耦合状况进行测度，识别建设用地强度与利用效率错配情况，从多尺度上判断建设用地的利用状态是低效、过载还是耦合良好（图 7.5）。城市或县级尺度耦合状况良好的建设用地在像素尺度面临复杂的土地利用情况，我们相信基于多源空间数据的 BUI_{index} 与 LUE_{index} 耦合的评估能帮助城市从多尺度解决土地粗放利用或过载的问题。

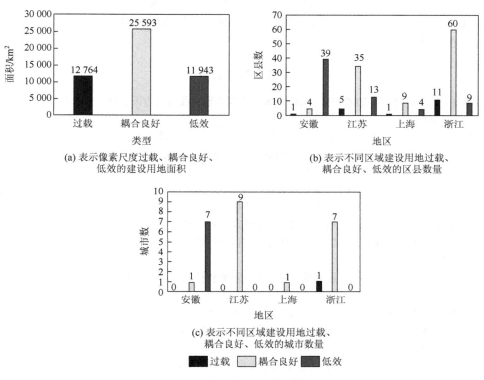

(a) 表示像素尺度过载、耦合良好、
低效的建设用地面积

(b) 表示不同区域建设用地过载、
耦合良好、低效的区县数量

(c) 表示不同区域建设用地过载、
耦合良好、低效的城市数量

图 7.5　多尺度低效用地识别

7.3.4　小结与展望

本节提出了一种应用多元遥感数据评估土地利用效率、识别低效用地的方法，以认识和缓解建设用地投入与利用效率错配问题，促进城市可持续发展。以长三角为例，研究构建并测度了建设用地强度、土地利用效率与二者之间的耦合度，研究发现，长三角建设用地强度与利用效率整体耦合较好，但存在明显的空间异质性。过载的建设用地主要分布在长三角中部和南部，低效利用的建设用地主要分布在长三角西部。城市功能的过度集中与地形限制可能导致建设用地过载，因而需要适当新增建设用地以疏散城市功能。低效利用的建设用地区域往往面临着建设用地的持续扩张与人口流出、经济增速放缓的不协调局面，因而需要考虑重新开发现存建设用地而非继续扩张。

土地低效利用是全球广受关注的话题，低效利用的建设用地不仅意味着土地资源的浪费，还会加剧生态空间侵占、城市热岛效应与环境污染等问题。对建设用地进行利用效率测度是解决土地低效利用的前提。但是并非所有土地利用效率较低的建设用地都存在土地资源的浪费现象。因此，地方政府应当关注土地利用效率与建设用地强度的错配，识别建设用地过载与低效利用的问题区域，并制订相应的处理方案。

本章参考文献

陈明星，陆大道，张华. 2009. 中国城市化水平的综合测度及其动力因子分析. 地理学报，64（4）：387-398.

丁沃沃，胡友培，窦平平. 2012. 城市形态与城市微气候的关联性研究. 建筑学报，（7）：16-21.

姜文锦，陈可石，马学广. 2011. 我国旧城改造的空间生产研究：以上海新天地为例. 城市发展研究，18（10）：84-89，96.

金贵，邓祥征，张倩，等. 2017. 武汉城市圈国土空间综合功能分区. 地理研究，36（3）：541-552.

柯善咨. 2009. 扩散与回流：城市在中部崛起中的主导作用. 管理世界，（1）：61-71.

李凤. 2019. 浙江：以"标准地"探索节约用地新路径. 中国土地，（10）：55-56.

李强，陈宇琳，刘精明. 2012. 中国城镇化"推进模式"研究. 中国社会科学，（7）：82-100，204-205.

刘彦随，乔陆印. 2014. 中国新型城镇化背景下耕地保护制度与政策创新. 经济地理，34（4）：1-6.

吴良镛，刘健. 2005. 城市边缘与区域规划：以北京地区为例. 建筑学报，（6）：5-8.

徐涵秋. 2009. 城市不透水面与相关城市生态要素关系的定量分析. 生态学报，29（5）：2456-2462.

徐新良. 2017. 中国 GDP 空间分布公里网格数据集. [2024-03-10]. http://www.resdc.cn/DOI.

张兵，林永新，刘宛，等. 2014. "城市开发边界"政策与国家的空间治理. 城市规划学刊，（3）：20-27.

张晓玲，吕晓. 2020. 国土空间用途管制的改革逻辑及其规划响应路径. 自然资源学报，35（6）：1261-1272.

Cao W T，Zhou Y Y，Li R，et al. 2021. Monitoring long-term annual urban expansion（1986-2017）in the largest archipelago of China. Science of the Total Environment，776：146015.

Chen Y，Chen Z G，Xu G L，et al. 2016. Built-up land efficiency in urban China：insights from the General Land Use Plan（2006-2020）. Habitat International，51：31-38.

Chen Z Q，Yu B L，Yang C S，et al. 2021. An extended time series（2000-2018）of global NPP-VIIRS-like nighttime light data from a cross-sensor calibration. Earth System Science Data，13（3）：889-906.

Du N R，Ottens H，Sliuzas R. 2010. Spatial impact of urban expansion on surface water bodies：a case study of Wuhan，China. Landscape and Urban Planning，94（3/4）：175-185.

Esch T，Brzoska E，Dech S，et al. 2022. World Settlement Footprint 3D-a first three-dimensional survey of the global building stock. Remote Sensing of Environment，270：112877.

Fenta A A，Yasuda H，Haregeweyn N，et al. 2017. The dynamics of urban expansion and land use/land cover changes using remote sensing and spatial metrics: the case of Mekelle City of northern Ethiopia. International Journal of Remote Sensing, 38 (14): 4107-4129.

Hu Y K, Wang Z Y, Deng T T. 2021. Expansion in the shrinking cities: does place-based policy help to curb urban shrinkage in China?. Cities, 113: 103188.

Huang C Q, Goward S N, Masek J G, et al. 2010. An automated approach for reconstructing recent forest disturbance history using dense Landsat time series stacks. Remote Sensing of Environment, 114 (1): 183-198.

Ismael H M. 2021. Urban form study: the sprawling city: review of methods of studying urban sprawl. GeoJournal, 86 (4): 1785-1796.

Jiang H L. 2021. Spatial–temporal differences of industrial land use efficiency and its influencing factors for China's central region: analyzed by SBM model. Environmental Technology & Innovation, 22: 101489.

Kennedy R E, Yang Z Q, Cohen W B. 2010. Detecting trends in forest disturbance and recovery using yearly Landsat time series: 1. LandTrendr: temporal segmentation algorithms. Remote Sensing of Environment, 114 (12): 2897-2910.

Kremer P, Haase A, Haase D. 2019. The future of urban sustainability: smart, efficient, green or just? Introduction to the special issue. Sustainable Cities and Society, 51 (4): 101761.

Kussul N, Lavreniuk M, Skakun S, et al. 2017. Deep learning classification of land cover and crop types using remote sensing data. IEEE Geoscience and Remote Sensing Letters, 14 (5): 778-782.

Lee J H, Lim S.2018. The selection of compact city policy instruments and their effects on energy consumption and greenhouse gas emissions in the transportation sector: the case of South Korea. Sustainable Cities and Society, 37: 116-124.

Li M M, Koks E, Taubenböck H, et al. 2020. Continental-scale mapping and analysis of 3D building structure. Remote Sensing of Environment, 245: 111859.

Li X C, Zhou Y Y, Meng L, et al. 2019. Characterizing the relationship between satellite phenology and pollen season: a case study of birch. Remote Sensing of Environment, 222: 267-274.

Liu S C, Lin Y B, Ye Y M, et al. 2021. Spatial-temporal characteristics of industrial land use efficiency in provincial China based on a stochastic frontier production function approach. Journal of Cleaner Production, 295: 126432.

Liu S C, Xiao W, Li L L, et al. 2020. Urban land use efficiency and improvement potential in China: a stochastic frontier analysis. Land Use Policy, 99: 105046.

Liu Y Q, Song W, Deng X Z. 2019. Understanding the spatiotemporal variation of urban land expansion in oasis cities by integrating remote sensing and multi-dimensional DPSIR-based indicators. Ecological Indicators, 96: 23-37.

Lv Z Y, Liu T F, Benediktsson J A, et al. 2022. Land cover change detection techniques: very-high-resolution optical images: a review. IEEE Geoscience and Remote Sensing Magazine, 10 (1): 44-63.

Otsuka A, Goto M. 2015. Regional policy and the productive efficiency of Japanese industries. Regional Studies, 49 (4): 518-531.

Pal M. 2005. Random forest classifier for remote sensing classification. International Journal of

Remote Sensing，26（1）：217-222.

Pasquarella V J，Arévalo P，Bratley K H，et al. 2022. Demystifying LandTrendr and CCDC temporal segmentation. International Journal of Applied Earth Observation and Geoinformation，110：102806.

Rwanga S，Ndambuki J. 2017. Accuracy assessment of land use/land cover classification using remote sensing and GIS. International Journal of Geosciences，8（4）：611-622.

Salerno F，Gaetano V，Gianni T. 2018. Urbanization and climate change impacts on surface water quality：enhancing the resilience by reducing impervious surfaces. Water Research，144：491-502.

Schafer R W. 2011. What is a Savitzky-Golay filter? IEEE Signal Processing Magazine，28（4）：111-117.

Seto K C，Güneralp B，Hutyra L R，et al. 2012. Global forecasts of urban expansion to 2030 and direct impacts on biodiversity and carbon pools. Proceedings of the National Academy of Sciences of the United States of America，109（40）：16083-16088.

Song Y，Yeung G，Zhu D L，et al. 2022. Efficiency of urban land use in China's resource-based cities，2000-2018. Land Use Policy，115：106009.

Stanislav A，Chin J T. 2019. Evaluating livability and perceived values of sustainable neighborhood design：New Urbanism and original urban suburbs. Sustainable Cities and Society，47：101517.

Verbesselt J，Hyndman R，Newnham G，et al. 2010. Detecting trend and seasonal changes in satellite image time series. Remote Sensing of Environment，114（1）：106-115.

Xu J P，Xiao W，He T T，et al. 2021. Extraction of built-up area using multi-sensor data：a case study based on Google earth engine in Zhejiang Province，China. International Journal of Remote Sensing，42（2）：389-404.

Yan X R，Wang J L. 2021. Dynamic monitoring of urban built-up object expansion trajectories in Karachi，Pakistan with time series images and the LandTrendr algorithm. Scientific Reports，11（1）：23118.

Yang C，Zhao S Q. 2022. A building height dataset across China in 2017 estimated by the spatially-informed approach. Scientific Data，9（1）：76.

Yang J，Huang X.2021. The 30m annual land cover dataset and its dynamics in China from 1990 to 2019. Earth System Science Data，13（8）：3907-3925.

Yin C H，Yuan M，Lu Y P，et al. 2018. Effects of urban form on the urban heat island effect based on spatial regression model. Science of the Total Environment，634：696-704.

Yu J Q，Zhou K L，Yang S L. 2019. Land use efficiency and influencing factors of urban agglomerations in China. Land Use Policy，88：104143.

Zambon I，Colantoni A，Salvati L. 2019. Horizontal vs vertical growth：understanding latent patterns of urban expansion in large metropolitan regions. Science of the Total Environment，654：778-785.

Zhang Q F，Wu Z F，Zhang H，et al. 2020. Identifying dominant factors of waterlogging events in metropolitan coastal cities：the case study of Guangzhou，China. Journal of Environmental Management，271：110951.

Zhang Q W，Su S L.2016. Determinants of urban expansion and their relative importance：a comparative analysis of 30 major metropolitans in China. Habitat International，58：89-107.

Zhang X，Liu L Y，Zhao T T，et al. 2022. GISD30：global 30m impervious-surface dynamic dataset from 1985 to 2020 using time-series Landsat imagery on the Google Earth Engine platform. Earth System Science Data，14（4）：1831-1856.

Zhang Y J，Fu Y，Kong X S，et al. 2019. Prefecture-level city shrinkage on the regional dimension in China：spatiotemporal change and internal relations. Sustainable Cities and Society，47：101490.

Zheng Q M，Zeng Y，Deng J S，et al. 2017. "Ghost cities" identification using multi-source remote sensing datasets：a case study in Yangtze River Delta. Applied Geography，80：112-121.

Zhu X H，Zhang P F，Wei Y G，et al. 2019. Measuring the efficiency and driving factors of urban land use based on the DEA method and the PLS-SEM model：a case study of 35 large and medium-sized cities in China. Sustainable Cities and Society，50：101646.

Zhu Z. 2017. Change detection using Landsat time series：a review of frequencies，preprocessing，algorithms，and applications. ISPRS Journal of Photogrammetry and Remote Sensing，130：370-384.

Zhu Z，Woodcock C E. 2014. Continuous change detection and classification of land cover using all available Landsat data. Remote Sensing of Environment，144：152-171.

第8章 水稻种植监测

8.1 背景与需求

水稻养活了全球一半以上的人口，其中90%以上的水稻生产在亚洲。因此，获取有关水稻位置和分布的信息对粮食安全和用水非常重要。以实地调查为基础的农业统计方法是确定水稻种植面积的传统方法，它费时费力，得到的表格数据缺乏明确的空间分布信息。相比之下，遥感方法是获取空间明确和客观的数据的一种有效和可靠的方法。主要的数据来源是光学遥感和SAR。光学数据提供了物体表面的光谱信息，反映了物体的生化特性。然而，被动成像的性质和它波长较短的特点意味着它很容易受到大气因素的影响，如云和云阴影。SAR数据为表面物体提供不同偏振下的后向散射信息，并捕捉其物理特征，如空间结构和介电特性。SAR主动成像的性质和它波长具较长的特点具有全天候和昼夜观测能力。

Dong和Xiao（2016）回顾了20世纪80年代至2015年水稻遥感制图方法的演变，将方法分为四类：①反射率数据和图像统计；②植被指数和增强图像统计；③基于植被指数或雷达后向散射的时间分析；④物候学，通过遥感识别关键生长期。第一类和第二类方法采用有监督或无监督算法，如最大似然分类器、随机森林和支持向量机，这些算法涉及人工干预样本采集或聚类标记来构建模型。由于固有的光谱变异性，这种基于图像和统计的方法的可行性仅限于特定的区域或时期，这使得难以对多年的作物信息进行大规模监测（Liu et al.，2020）。第三类方法的一个例子是 Gumma 等（2011）为南亚制作的水稻种植系统地图，这种方法可在广阔的区域内生成精确的地图，但将其应用到其他区域将涉及耗时的操作分析、分类、分组和标记。

第四类方法基于水稻种植的时间特征定义了一系列检测标准。第四类方法中最常用的水稻检测方法之一是利用法国卫星数据（Xiao et al.，2002）和后来的MODIS数据来绘制中国、南亚和东南亚的水田和水稻种植面积。这种方法是利用作物生长之前检测稻田的农艺（即故意）淹水，以及在淹水后的固定时间内迅速生长的现象。由于这两种特征是许多水稻种植做法所共有的（旱稻、深水水稻、旱地直播水稻和其他相对较小的水稻生态系统或水稻管理做法除外），因此这种方法有可能在区域范围内对水稻种植地区进行业务监测。然而，第四类方法的演示表明，当应用于与最初开发该方法的生态系统不同的生态系统时，或当不考虑当地作物日历和农业实践的外部知识时，可能会出现假阳性。在温度是限制水稻生长的主要因素的温带地区，可以根据时间序列温度数据确定水稻移栽阶段的信号检测时间窗，滤除窗口外的假信号（Dong et al.，2016）。除了温度限制外，何时种植作物的选择还受到其他几个因素的驱动，如在缺水环境中的水可用性、水盐度的时间变化、淹没风险或这些因素的组合。因此，根据气候适宜性参数绘制水稻潜在生长季节图是可能的。然而，作为世界水稻主要产地的南亚、东南亚和东亚，其亚热带和热带的温度、季风季节的充足水源以及旱季对灌溉的日益依赖，使得该地区几乎可以在一年中的任何时候种植水稻。

MODIS 卫星具有高时间分辨率的特点，已成为植被物候反演的主要数据源。在此基础上提出了几种算法。例如，Sakamoto 等（2005）使用小波分析从日本和湄公河三角洲水稻作物的多时相 MODIS 图像中提取季节信息（Sakamoto et al.，2005）。Nguyen 等（2012）和 Asilo 等（2014）分别使用湄公河三角洲的 SPOT-VGT 数据和菲律宾的 MODIS 数据对无监督分类进行标记和分组，以生成水稻作物日历。Tornos 等（2015）研究了西班牙水稻种植制度的时间特征，证明了植被指数的时间序列数据可以帮助分析洪涝期（水期）的变化。Boschetti 等（2017）提出了一种名为 PhenoRice 的基于规则的算法，用于利用 MODIS 数据自动提取水稻作物的时间信息。PhenoRice 算法在研究中得到了广泛的应用，结果表明该方法可以有效地估计水稻作物时间信息。

除了复杂的种植制度外，南亚和东南亚的许多地区由复杂的地形和季风导致了水稻生长季节频繁地出现云层覆盖，其地貌特征是碎片化的。目前这种基于物候学的方法的应用通常使用粗分辨率 MODIS 数据，这涉及亚洲的混合像元问题，那里的水稻农业以小农经营为主（Dong and Xiao，2016）。对于碎片化农业景观，低分辨率卫星图像可能显著高估或低估耕地面积。Landsat 卫星档案数据的免费发布和 Landsat-8 及哨兵-2 号的发射提供了前所未有的机会，以更高的空间分辨率绘制碎片化景观中的水稻；然而，增强的空间分辨率带来的椒盐效应是基于像素的分类中的另一个问题。根据每片田地（基于对象）的方法对作物进行分类会比按像素的方法产生更好的结果（裴欢等，2018；王利民等，2013；谢静等，2012；曹宝等，2006；陈云浩等，2006）。

已经探索的几种确定耕地范围的遥感方法证明，使用高空间分辨率的多时相图像通常比使用单时相图像或低分辨率的图像有更好的效果。Watkins 和 van Niekerk（2019）评估了几种以多时相哨兵-2 图像自动划定农田边界的方法，该方法将边缘检测应用于生长季节获取的多个图像，并将图像分割以划定农田、果园和葡萄园，将 Canny 边缘检测器应用于多个哨兵-2 图像，取得了良好的效果。然而，多时相高空间分辨率数据的使用导致数据量的爆炸性增长，这意味着研究区域的大小受到本地通用计算机数据存储和处理能力的限制。

频繁的云层覆盖影响观测，SAR 的图像由于不受云层或照明条件的影响，获得了越来越多的关注。SAR 的后向散射机制由表面反射转变为镜面反射，表现为当区域因自然洪水或农业生产灌水而被淹没时，后向散射系数迅速下降。因此，利用这一事实对测绘水稻或洪水地区的范围进行了广泛的研究（张影等，2021；张悦琦等，2021；凌飞龙等，2011）。在近年来的研究中，有效结合光学和微波数据往往能提供比单一数据源更高的精度，成为研究热点（甘聪聪等，2023）。哥白尼计划的实施大大提高了数据的可用性。哥白尼计划是一项地球观测计划，通过哨兵卫星提供了前所未有的观测能力。哨兵-1 数据是全球首个开放获取 SAR 数据集的一部分。因为哨兵-2 星座有大量的光谱波段（13 个），较高的空间分辨率（10～60 m）和较短的重访周期（5 天），所以与其他卫星（如 Landsat）相比，哨兵-2 星座提供了更强的观测能力。本章研究的目的是利用哨兵-1、哨兵-2 强大的对地观测能力，基于稻田的时间特征，开发一种水稻制图算法。该算法有三个特点：①适应农业景观的碎片化；②在经常被云层覆盖的地区能取得良好的性能；③可以处理复杂的种植系统。对 Dong 等（2016）提出的基于像素和物候的水稻制图算法进行了改进：对于水稻物候，将 MODIS 温度时间序列替换为 MODIS 植被指数时间序列，采用 PhenoRice 算法；对于基于对象的分类，采用基于边缘的图像分割算法对多时相哨兵-2 图像进行分割，提取出对象。改进的算法被命名为物候-对象-双源（phenology object double source，PODS）算法。

8.2　技术与方法

PODS 算法识别水稻一共分为四个步骤。首先，使用边缘检测技术识别田块边界，以田块作为识别单元；其次，用 MODIS 植被指数时间序列识别关键物候期——移栽期的时间窗口；再次，在时间窗口内应用光学和微波数据来检测水淹信号，判断该田块是否属于水稻田；最后是分类结果的验证与精度评价。

8.2.1　田块对象识别

当使用中至粗分辨率数据时，通常采用基于像素的分类。但当使用较高分辨率数据时，像素异质性的增加导致椒盐噪声，因此很少采用基于像素的分类。为了缓解这种影响，可以采用超像素或基于对象的分类，其中基本分类单元近似于包裹或字段（裴欢等，2018；王利民等，2013；谢静等，2012；曹宝等，2006；陈云浩等，2006）。

当不同的作物类型在其物候生长周期的某些阶段具有相似的光谱和结构

特性时，使用单一日期图像寻找农田的边缘是具有挑战性的。当一种作物种植在相邻的田地上时，这种挑战就更加复杂了。因此，需要全年使用多幅图像来准确检测不同作物类型之间以及同类型作物之间的空间边缘。图像中的边缘可以定义为灰度值的急剧变化或不连续的像素。人们提出了各种边缘检测器，如Sobel、Prewitt、Roberts、Scharr 和 Canny 等来生成边缘层，可以将边缘层描述为表示物体边缘的灰度图像。高灰度值表明该像素与相邻像素之间有明显的不连续。由于 Canny 算子的性能优于其他边缘检测算法，因此本章采用了 Canny 算子（Zhan et al.，2021）。

单边层由噪声引起的假边和来自场的真边组成。对边缘层进行简单的等权求和，将图像组合为单张复合的多时相边缘图像，其中假边缘被淡化，真边缘被强化。使用阈值将聚合梯度边缘图像分为边缘像素和非边缘像素。边缘像素的值大于阈值，而非边缘像素的值较小。由于每个网格中使用的图像数量不同，每个网格的阈值也会发生变化。通常，叠加的图像越多，阈值越高。阈值设置为图像数量与一个因子的乘积，该因子由试错实验确定。在划分不同的地块时，适当的因子应该保持单个地块的完整性（假设地块种植相同的作物）。高（低）因子导致过度（不足）分割。每个日期的边缘层是由红波段、绿波段、蓝波段和 NIR 波段生成的四个边缘层的等权聚合。这个例子定性地说明了边缘层的多时间复合如何捕获和突出持久的场边界。一些模糊的场边界（低强度）在特定日期变得更加明显。

边缘像素在后续操作中被排除，非边缘像素被保留。这些非边缘像素来自不同的类别，如森林、湿地、建成区和农田。虽然水稻插秧期的洪水信号具有水稻的独特特征，但其他土地覆盖类型的洪水信号也可能存在于水稻插秧期，主要包括水体（如河流和湖泊）和自然湿地。此外，由于一些意外的天气影响，杂项的非农田覆盖，如自然植被和建成区，也会产生一些噪声。这些非农田掩膜的生成有助于减少生成的水稻图中的零星佣金误差（Dong et al.，2016）。我们通过改进先前研究中使用的规则生成了几个掩膜。这些掩膜包括稀疏和自然植被掩膜、森林掩膜以及斜坡地面掩膜。掩膜区域被排除在外，以尽量减少委托误差——如年最大植被指数值小于 0.3 的像元可以认为是稀疏植被。森林和斜坡掩膜分别由日本宇宙航空开发机构的森林地图（Shimada et al.，2014）和航天飞机雷达地形任务的海拔地图生成。基于四邻连通性规则对未掩膜的非边缘像素进行聚类。然后使用 3×3 像素的交叉核进行形态学闭合操作，以填充孔洞和平滑边界。

8.2.2　时间窗口反演

何时种植水稻取决于遗传、环境和管理因素。只有当与环境相关的因素（如温度）是水稻种植的主要限制时，才可以使用与环境相关的因素来检索水稻物候，但杭嘉湖平原不是这样。一些研究者使用了气象站或农业观测站提供的作物日历（Zhan et al.，2021）。然而，这些方法在没有观测站的国家可能会失败，因为当地农业部门无法提供可靠的作物日历。遥感数据为水稻物候反演提供了可靠和稳健的解决方案。

PhenoRice 算法通过分析单个像素的时间序列，监测主要水稻区域的信息，包括季节开始（start of season，SOS）和季节顶峰（peak of season，POS）时期的日期，以及种植强度。对于每个 MODIS 像素（被掩膜排除的像素除外），PhenoRice 算法先判断属于水稻的概率，再估算水稻作物种植日期。利用迭代运行两次 SG 算法对每个像素的 EVI 时间序列进行平滑处理，以减少云雾污染或不同采集角度的噪声。平滑方法使用像素可靠性、有用指数和蓝波段反射率中包含的信息，根据估计的数据质量为 EVI 值分配权重。因为这些噪声通常对原始值有负偏差，得到的平滑时间序列拟合于原始曲线的上包络线。对平滑后的 EVI 信号进行分析，以识别时间序列中所有的局部极小值和极大值。这些极小值和极大值基于农艺标准（如插秧期洪水事件的发生，从 SOS 到 POS 的持续时间）进行分析，以确定时间序列中"水稻周期信号"的存在。满足这些标准的像素点被标记为水稻，并估计其水稻作物种植和开花日期。关于 PhenoRice 算法及其性能的更详细描述可以在相关文献中找到（Boschetti et al.，2017）。PhenoRice 使用的 EVI 和归一化洪水指数（NDFI）的计算方法为

$$\mathrm{EVI} = 2.5 \times \frac{\rho_{\mathrm{NIR}} - \rho_{\mathrm{red}}}{\rho_{\mathrm{NIR}} + \rho_{\mathrm{red}} \times 6 - \rho_{\mathrm{blue}} \times 7.5 + 1} \tag{8.1}$$

$$\mathrm{NDFI} = \frac{\rho_{\mathrm{red}} - \rho_{\mathrm{SWIR}}}{\rho_{\mathrm{red}} + \rho_{\mathrm{SWIR}}} \tag{8.2}$$

根据随机像元上指标的时间分布和栽培实践的部分知识，将洪水信号检测的时间窗口设置为从 SOS 前 10 天到 SOS 后 50 天这一时间段。值得注意的是，由于 250 m 像素通常包含多种作物，其 SOS 是由主要作物类型决定的。例如，由 10%的水稻和 90%的森林组成的像素的 SOS 是森林 SOS（3 月左右），而不是水稻 SOS（5 月左右）。如果使用森林 SOS 生成的时间窗口，使用 8.2.3 节中的方法检测到的水淹信号数量将显著减少。为了确保识别的 SOS 来自水稻而不是森林（或其他作物），不估算非水稻像素的物候，假设相邻稻田物候相似，将非水稻像素的缺失 SOS 设为相邻水稻像素的 SOS，即用相邻水稻像素的 SOS 作为非水稻像素的 SOS。因此，可以正确估计样本非水稻像元中少量稻田的 SOS。

8.2.3 水淹信号检测

水淹信号检测用于在相应的时间窗口内识别单个对象的水稻。水淹和水稻插

秧信号是识别水稻田的关键特征，因为这是唯一需要在水土混合环境中插秧的作物。插秧信号的遥感识别是水稻识别的关键。已有研究表明，LSWI（land surface water index，地表水指数）与 NDVI（或 EVI）之间的关系可以有效地区分水淹/移栽信号（Xiao et al.，2002）。我们对研究区随机水稻站点进行了时间剖面分析，发现研究区所有水稻农业系统在生长早期都有水淹和插秧信号，可以利用植被指数捕捉到这些信号。本节采用 LSWI 标准：$\text{LSWI}_{T_i} - \min(\text{EVI}, \text{NDVI}) > 0$ 与基于像素的分类不同（Dong et al.，2016），我们将对象单元中的信号计算为每个对象内像素的平均值。

因此，我们利用水稻插秧期的植被指数来检测水淹和插秧信号。具体来说，使用式（8.3）（Xiao et al.，2002）：

$$\text{Flood} = \begin{cases} 1, & \text{LSWI}_{T_i} - \min(\text{EVI}_{T_i}, \text{NDVI}_{T_i}) \geqslant 0 \\ 0, & \text{LSWI}_{T_i} - \min(\text{EVI}_{T_i}, \text{NDVI}_{T_i}) < 0 \end{cases} \tag{8.3}$$

其中，Flood 表示移栽的状态；T_i 表示获得观测值的时间。NDVI（Tucker，1979）、LSWI 的光谱指数计算公式如下：

$$\text{NDVI} = \frac{\rho_{\text{NIR}} - \rho_{\text{red}}}{\rho_{\text{NIR}} + \rho_{\text{red}}} \tag{8.4}$$

$$\text{LSWI} = \frac{\rho_{\text{NIR}} - \rho_{\text{SWIR}}}{\rho_{\text{NIR}} + \rho_{\text{SWIR}}} \tag{8.5}$$

其中，ρ_{red}、ρ_{NIR} 和 ρ_{SWIR} 表示哨兵-2 传感器的红波段、NIR 波段和短波红外波段的 SR 值。

SAR 数据提供了光学数据的补充观测，特别是在云普遍存在的季风季节。洪水发生时，稻田 VH（vertical transmit horizontal receive，垂直发射，水平接收）极化 SAR 后向散射系数急剧下降，而非稻田则保持相对稳定。将后向散射系数阈值用于区分洪涝区和非洪涝区，成功应用于不同频率的 SAR 数据。选取均匀分布在研究区域的 50 个水稻和 50 个非水稻对象，计算其在时间窗口内的最小 VH 后向散射强度，并应用 LDA 对水稻和非水稻对象进行 γ-零分离，最终得到区分两类对象的阈值。可以在两类对象之间建立分隔线，并从 LDA 中获得阈值为−20.1 dB。

水稻在插秧期具有独特的水淹特性。然而，不同区域的移植时间的变化可能会使特定图像或合成图像的相关信息产生偏差。我们采用基于统计的方法，通过考虑移栽阶段的所有水淹信号 $\text{signal}_{\text{flood}}$ 来圈定水淹信号。利用式（8.6）计算每个对象（F）在给定时间窗口内的泛洪信号之和。利用 LDA 方法确定 F 识别水稻对象的阈值。F 值大于等于 3 的对象归为水稻。

$$F = \sum \mathrm{signal}_{\mathrm{flood}} \tag{8.6}$$

8.3　结果与讨论

8.3.1　田块对象识别

野外边界的划定对进一步的分析有很大的影响。图像分割不良的两个主要原因是过度分割和欠分割。利用嘉善县国土资源局提供的地籍数据作为参考边界数据集，验证了田间边界的划定。混淆矩阵由 10 000 个样本组成，其中 5000 个边缘样本随机选取在参考边界 10 m 内，5000 个非边缘样本随机选取在距离参考边界 10 m 以外。从混淆矩阵计算出的精度指标是委托误差（CE）、遗漏误差（OE）、kappa 系数和总体精度（OA）。遗漏误差表示提取的边缘与参考边缘的吻合程度，较高的遗漏误差表示分割不足。委托误差测量域内的假边缘，高遗漏误差意味着过度分割。除了从混淆矩阵中获得的度量之外，还使用了交集过并（IoU）评分。IoU 是量化参考字段和我们提取的字段（预测）之间重叠百分比的度量，计算方法为

$$\mathrm{IoU} = \frac{\mathrm{reference} \cap \mathrm{prediction}}{\mathrm{reference} \cup \mathrm{prediction}}$$

从表 8.1 的精度指标可以看出，地块边界圈定达到了令人满意的总体精度（0.898）。委托误差和遗漏误差都可以。对预测结果的详细检查表明，大量的化学消耗发生在种植相同作物、作物生长情况相似的田地之间的边缘，一些化学消耗是由同一田地内的线性特征（如灌溉沟渠）贡献的，而这些特征没有在地籍数据中记录。由于这种欠分割（将种植进度相近的稻田合并）和过度分割（由灌溉系统引起）不会明显影响水稻识别，因此在计算 IoU 评分之前，将参考田中的这些稻田进行相应的合并和分割。使用大约 400 个随机抽样参考字段计算的 IoU 评分为 0.718。

表 8.1　地块边界刻画的精度指标

指标	得分
CE	0.116
OE	0.084
OA	0.898
kappa	0.796
IoU 评分	0.718

若干基于对象的分类研究使用从高分辨率（米级）商业卫星或当地农业管

理机构获得的田间边界信息。然而，商业数据的成本很高，官方地籍数据的可及性很低。哨兵-2 卫星虽然有 10 m 的空间分辨率，但不如商业卫星好，不过，它的高时间分辨率（5～7 天）弥补了空间分辨率的限制。从叠加的多时间边缘层中识别出的场是我们研究的一个有前景的领域。哨兵-2 数据的开放和免费访问，使得算法可以低成本地应用于更大的研究区域。在过去的几年里，越来越多的基于对象的水稻分类研究使用哨兵数据（甘聪聪等，2023）。其中，经常使用的是商业软件 eCognition，它提供了许多复杂的图像分割算法。然而，它在本地计算机上运行的情况说明它不太适合采用多时相图像方法，因为多时相高分辨率图像的体积将"压倒"本地计算机，特别是在一个大的研究区域的情况下。相比之下，GEE 平台既提供现成数据又提供计算资源，更适合采用多时相图像分割方法。多时相图像方法解决了基于边缘的图像分割算法的一个主要缺陷，即场之间的边缘有时很弱，场内的假边缘可能存在于单幅图像中。除了基于边缘的图像分割方法，GEE 平台上还有一些基于区域的图像分割方法，如简单非迭代聚类。一些研究人员比较了基于边缘和基于区域的方法在识别农田方面的效果，认为基于边缘的方法更好，因为它利用了农业景观的关键特征（如农田周围的山脊或道路）（Watkins and van Niekerk，2019）。

8.3.2　时间窗口反演

由于水稻基因、环境和管理的不同，不同地理区域的水稻插秧期不同。

MODIS 数据已在多个案例研究中用于大规模检索水稻物候（Dong et al.，2016；Boschetti et al.，2017），其空间信息明确，分辨率高于农业局（通常为国家级或省级）公布的农业物候日历。在沪江平原，500 m 分辨率已经能够反映物候的总体趋势：距离像素之间的差异可能超过 40 天，而相邻像素之间的差异很小。为了适应相同像素内的势场变化，以引入假信号为代价采用了较宽的时间窗。物候信息分辨率的提高可以缩短时间窗口，这就需要使用中分辨率卫星，如 Landsat 或哨兵-1/哨兵-2。虽然通过组合多颗卫星可以缩短重访周期，如哨兵-2 的 5～7 天，然而，这样的观测频率仍然不能保证生成平滑的植被指数时间序列，由于云量的影响，在 153 天到 203 天之间只有一个有效的哨兵-2 观测结果。在低纬度地区，如越南，云覆盖更频繁，因此需要观测频率达到逐日，可以通过图像融合技术，如时空自适应反射融合模型（STARFM）来实现（Gao et al.，2006）。Gao 等（2017）利用时空自适应反射融合模型融合 MODIS 和 Landsat 数据，获得了类似 Landsat 的每日观测数据，并成功地检索了多云地区的地块级物候。然而，目前在 GEE 中还不容易实现，因此这一技术并没有集成到我们的 PODS 算法中。

SAR 后向散射系数时间序列和干涉相干时间序列可用于水稻物候反演，但需要注意的是：SAR 数据对土壤湿度（介电常数）、表面粗糙度以及地形非常敏感，因此非植被因素（如耕作、降水）会在时间序列中引入大量的不确定性。此外，在山区的成像缺陷，如前缩、阴影和叠加现象，限制了它的使用。

当感兴趣的区域较大时，需要考虑各种干扰因素，包括地形、耕作和降水。光学数据的植被指数受这些因素的影响较小，因此是作物发育程度的较好表征。建立在植被指数时间序列上的 PhenoRice 算法在几个案例研究中都被报道是稳健和可靠的（Busetto et al.，2019）。

8.3.3 水淹信号检测

采用单一的全局保守阈值对微波数据进行水淹信号检测。局部入射角对后向散射的影响在一定程度上阻碍了对整个场景使用单一阈值，但哨兵-1 的入射角范围适中。阈值越高（越低），遗漏错误和真阳性率越好（越差）。未来的研究将设置阈值作为入射角的函数（如分段函数或线性函数），或考虑入射角的影响，基于经验回归将后向散射系数归一化到参考入射角（Nguyen et al.，2012）中。

在我们的研究中，SAR 和光学观测的权重是相同的，但可以根据地形、天气等条件进行调整。由于 SAR 的采集机制存在前视缩短、叠加和阴影等不足，在山区应用时可以降低 SAR 观测的权重，还应考虑后向散射系数对土壤湿度和地表粗糙度的敏感性。

8.4 展　　望

我们利用 MODIS 和哨兵-1/哨兵-2 时间序列数据开发了一种系统的水稻制图方法，称为 PODS 算法。该方法包括三个步骤：①从多时相的 10 m 哨兵-2 数据中提取目标；②使用 PhenoRice 算法从时间序列植被指数数据中指定移植阶段；③利用时间序列光学和微波信号（VH 后向散射）进行水淹信号检测，识别稻田。PODS 算法通过面向对象的分类方法缓解了椒盐效应，通过 PhenoRice 方法准确识别水稻生长期的开始，通过光学和雷达数据融合解决了季风气候带来的光学遥感图像可用性低的问题。用来自 Google Earth 的 VHR 图像、水稻相关 POI、地理参考田野照片、植被指数时间序列和其他数据源进行了验证，PODS 方法在绘制中国沪江平原的稻田图时是有效的。我们认为 PODS 有可能适用于云层覆盖普遍、农田分散和碎片化或种植系统复杂的其他地区。

本章参考文献

曹宝，秦其明，马海建，等. 2006. 面向对象方法在 SPOT5 遥感图像分类中的应用：以北京市海淀区为例. 地理与地理信息科学，（2）：46-49，54.

陈云浩，冯通，史培军，等. 2006. 基于面向对象和规则的遥感影像分类研究. 武汉大学学报（信息科学版），（4）：316-320.

甘聪聪，邱炳文，张建阳，等. 2023. 基于 Sentinel-1/2 动态耦合移栽期特征的水稻种植模式识别. 地球信息科学学报，25（1）：153-162.

凌飞龙，李增元，白黎娜，等. 2011. ALOS PALSAR 双极化数据水稻制图. 遥感学报，15（6）：1215-1227.

裴欢，孙天娇，王晓妍. 2018. 基于 Landsat 8 OLI 影像纹理特征的面向对象土地利用/覆盖分类. 农业工程学报，34（2）：248-255.

王利民，刘佳，杨玲波，等. 2013. 基于无人机影像的农情遥感监测应用. 农业工程学报，29（18）：136-145.

谢静，王宗明，毛德华，等. 2012. 基于面向对象方法和多时相 HJ-1 影像的湿地遥感分类：以完达山以北三江平原为例. 湿地科学，10（4）：429-438.

张影，王珍，孙政，等. 2021. Sentinel-2 红边波段在水稻识别中作用研究：以浙江省德清县为例. 中国农业资源与区划，42（12）：144-153.

张悦琦，李荣平，穆西晗，等. 2021. 基于多时相 GF-6 遥感影像的水稻种植面积提取. 农业工程学报，37（17）：189-196.

Asilo S，Bie，de Bie K，Skidmore A，et al. 2014. Complementarity of two rice mapping approaches：characterizing strata mapped by hypertemporal MODIS and rice paddy identification using multitemporal SAR. Remote Sensing，6（12）：12789-12814.

Boschetti M，Busetto L，Manfron G，et al. 2017. PhenoRice：a method for automatic extraction of spatio-temporal information on rice crops using satellite data time series. Remote Sensing of Environment，194：347-365.

Busetto L，Zwart S J，Boschetti M. 2019. Analysing spatial–temporal changes in rice cultivation practices in the Senegal River Valley using MODIS time-series and the PhenoRice algorithm. International Journal of Applied Earth Observation and Geoinformation，75：15-28.

Dong J W，Xiao X M. 2016. Evolution of regional to global paddy rice mapping methods：a review. ISPRS Journal of Photogrammetry and Remote Sensing，119：214-227.

Dong J W，Xiao X M，Menarguez M A，et al. 2016. Mapping paddy rice planting area in northeastern Asia with Landsat 8 images，phenology-based algorithm and Google Earth Engine. Remote Sensing of Environment，185：142-154.

Gao F，Anderson M C，Zhang X Y，et al. 2017. Toward mapping crop progress at field scales through fusion of Landsat and MODIS imagery. Remote Sensing of Environment，188：9-25.

Gao F，Masek J，Schwaller M，et al. 2006. On the blending of the Landsat and MODIS surface reflectance：predicting daily Landsat surface reflectance. IEEE Transactions on Geoscience and Remote Sensing，44（8）：2207-2218.

Gumma M K，Nelson A，Thenkabail P，et al. 2011. Mapping rice areas of South Asia using MODIS multitemporal data. Journal of Applied Remote Sensing，5（1）：053547.

Liu L，Huang J F，Xiong Q X，et al. 2020. Optimal MODIS data processing for accurate multi-year paddy rice area mapping in China. GIScience & Remote Sensing，57（5）：687-703.

Nguyen D，Wagner W，Naeimi V，et al. 2015. Rice-planted area extraction by time series analysis of ENVISAT ASAR WS data using a phenology-based classification approach：a case study for Red River Delta Vietnam. ISPRS International Archives of the Photogrammetry，Remote Sensing and Spatial Information Sciences，（7）：77-83.

Nguyen T T H，de Bie C A J M，Ali A，et al. 2012. Mapping the irrigated rice cropping patterns of the Mekong delta，Vietnam，through hyper-temporal SPOT NDVI image analysis. International Journal of Remote Sensing，33（2）：415-434.

Sakamoto T，van Nguyen N，Ohno H，et al. 2006. Spatio–temporal distribution of rice phenology and cropping systems in the Mekong Delta with special reference to the seasonal water flow of the Mekong and Bassac Rivers. Remote Sensing of Environment，100（1）：1-16.

Sakamoto T，Yokozawa M，Toritani H，et al. 2005. A crop phenology detection method using time-series MODIS data. Remote Sensing of Environment，96（3/4）：366-374.

Shimada M，Itoh T，Motooka T，et al. 2014. New global forest/non-forest maps from ALOS PALSAR data（2007–2010）. Remote Sensing of Environment，155：13-31.

Tornos L，Huesca M，Dominguez J A，et al. 2015. Assessment of MODIS spectral indices for determining rice paddy agricultural practices and hydroperiod. ISPRS Journal of Photogrammetry and Remote Sensing，101：110-124.

Tucker C J. 1979. Red and photographic infrared linear combinations for monitoring vegetation. Remote Sensing of Environment，8（2）：127-150.

Watkins B，van Niekerk A. 2019. A comparison of object-based image analysis approaches for field boundary delineation using multi-temporal Sentinel-2 imagery. Computers and Electronics in Agriculture，158：294-302.

Xiao X，Boles S，Frolking W，et al. 2002. Observation of flooding and rice transplanting of paddy rice fields at the site to landscape scales in China using VEGETATION sensor data. International Journal of Remote Sensing，23（15）：3009-3022.

Zhan P，Zhu W Q，Li N. 2021. An automated rice mapping method based on flooding signals in synthetic aperture radar time series. Remote Sensing of Environment，252：112112.

第9章　耕地"非粮化"监测

　　我国土地资源人均占有量小的实际情况，决定了耕地保护和粮食安全对经济发展、社会稳定以及国家安全具有极其突出的重要性。快速城镇化背景下，耕地粮食生产力损失对耕地保护提出了更高的要求。粮食生产力损失由"非农化"损失及"非粮化"损失两部分组成，现有研究已对耕地"非农化"，即耕地转化为建设用地，构建了相对完整的分析框架，但耕地"非粮化"，即耕地内部的农业生产结构调整，却没有得到足够的重视。

　　"非粮化"现象在我国农村普遍存在，在"非粮化"情况下，耕地仍被用于农业用途，但其种植粮食作物的性质已发生转变，如种植经济作物和发展林果、养殖业等。有研究显示，我国 2022 年耕地"非粮化"率约为 27%。

　　现有关于"非粮化"的研究多围绕"非粮化"状况、原因、对策、影响因素及宏观政策展开，也有部分学者着眼于耕地"非粮化"信息识别的区域实证研究。为得到不同地区目前耕地"非粮化"情况的第一手数据，多数学者利用统计信息进行"非粮化"信息提取，而统计方法均在耕地"非粮化"的空间特征表达能力上有所欠缺，难以对研究区耕地"非粮化"发生的时空过程进行探究。检测和描述耕地"非粮化"的时空动态过程，能够加深对农业生产结构调整引起的生态后果的理解，进而为农村经济及农业可持续发展提供决策性的意见。

　　为了进一步探究耕地"非粮化"在时空上的分布，有学者将遥感变化检测方法运用到耕地"非粮化"信息提取之中，这些方法大致分为两种：遥感影像分类结果比较和时序变化检测算法分析。凭借多期影像识别土地覆被类型对比得到耕地"非粮化"结果，具体"非粮化"时间不清楚，影像时间点内的时空动态过程不清晰，且分类结果会受限于持续时间、高质量的样本难以获取以及受到自设分类样本、分类标准的影响；同时，由于农作物的生长具有周期性且农户种植农作物的时间具有不确定性，正在生长粮食作物的耕地可能与裸地、草地、建设用地等存在相似的光谱特征，分类结果经常出现"同谱异物"或"同物异谱"现象。

　　基于时间序列数据的遥感变化检测方法是基于空间一致的多时间遥感数据，利用密集时间序列数据表征土地覆盖的光谱轨迹，通过提取轨迹的指数规则来进行变化检测，目前已广泛用于土地覆被变化监测。该方法的数据具备时间频率高的优势，受到越来越多的关注。受 Landsat、MODIS 等免费数据发布的推动，时间序列变化检测算法发展迅速，包括 LandTrendr、VCT、BFAST 及 CCDC 等多种时序变化检测算法已被开发并逐渐运用，本章主要介绍 CCDC 算法。

在上述背景下，本章聚焦耕地"非粮化"时空演变过程这一热点话题，以浙江省嘉善县为案例研究对象，提出了一种基于 GEE 平台和时序变化检测算法的耕地"非粮化"时空演变过程提取方法。

9.1　研　究　背　景

粮食安全是经济社会稳定运转的坚实基础，也是维护国家长治久安的重要保障（陈秧分等，2021）。我国人口众多但水土资源短缺的基本情况，决定了粮食安全对于经济发展、社会稳定以及国家安全具有极其突出的重要性。

在新冠疫情全球大流行、中美贸易摩擦不断、国际粮食流通受阻的背景下，我国能在疫情来袭时社会始终保持稳定，粮食和重要农副产品稳定供应功不可没，保障粮食安全的重要性不言而喻。

20 世纪 90 年代，中国步入快速工业化和城镇化阶段；城镇化率从 1990 年的 26.44% 提升到 2021 年的 64.72%，在世界舞台上，中国城镇化水平经历了从落后到赶超的飞速发展。随着中国工业化和城镇化的快速推进，越来越多的年轻人从农村走向城市（王国刚等，2013）。农村劳动力析出的同时，受到种植粮食作物比较利益低下（朱道林，2021）和机会成本等因素的影响，近年来我国耕地"非粮化"问题依然突出，影响着粮食安全（易小燕和陈印军，2010）。

第三次全国国土调查数据显示，2019 年末全国耕地 19.18 亿亩，相较第二次全国国土调查，全国耕地面积减少了 1.13 亿亩。有研究指出我国截至 2022 年耕地"非粮化"率约为 27%，不同地区耕地"非粮化"类型、程度存在一定差异（孔祥斌，2020）。同时，"非粮化"导致的粮食生产力隐性损失已远大于"非农化"的显性损失（许恒周和金晶，2011），危害粮食安全、生态安全与社会稳定。

我国现有关于"非粮化"研究的针对性案例、空间定量分析的研究较少。近期有学者开始利用地理空间分析方法识别耕地"非粮化"时空特征识别和空间分异现象（孙巍巍等，2021），但大部分都基于不同时间节点的土地利用类型变化（关小克等，2021；苏越，2020）识别耕地"非粮化"信息，很少有学者利用时序遥感提取的方法进行耕地"非粮化"时空过程的识别。时序遥感提取的方法基于遥感指数时序变化进行耕地"非粮化"时空特征识别，在识别耕地"非粮化"信息时能降低使用目视解译或监督分类产生的分类误差，能够识别出研究区"非粮化"的类型和发生的时间拐点，从而得到耕地"非粮化"的时空分布，为"非粮化"治理提供更准确的数据支撑。

9.2 技术与方法

本章研究技术路线图如图 9.1 所示，采用基于 CCDC 算法的遥感指数时序变化检测的方法识别嘉善县耕地"非粮化"时空演变。

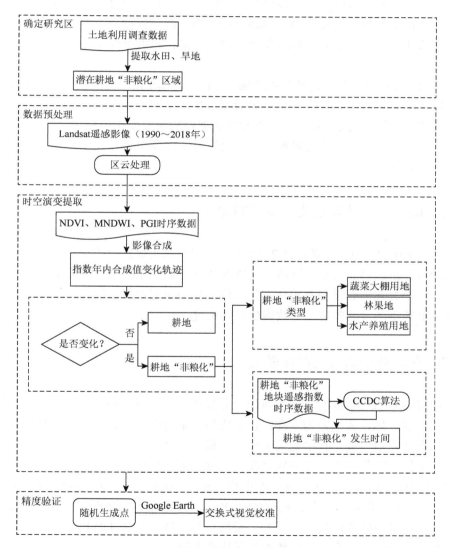

图 9.1 研究技术路线图

PGI（plastic greenhouse index，塑料大棚遥感指数）

时序遥感影像能通过提取年内与年际遥感指数时间序列轨迹将作物物候变化规律性很好地显示出来，能够敏感地检测出土地覆被的变化。选用 NDVI、MNDWI、PGI 作为识别潜在耕地"非粮化"区域耕地"非粮化"时序变化的遥感指数；NDVI 时序数据能够描述具体地块农作物生长过程中植被指数的变化，在作物光谱和物候特征上具有较高的识别效率和准确率；MNDWI 能反映出进行林果地或者水产养殖用地等"非粮化"生产后土壤中的水分的变化；同时，PGI 能够很好地识别大棚。获取 NDVI、MNDWI、PGI 时序数据后，通过影像合成得到每个指数的年内合成值并绘制出变化轨迹，根据轨迹斜率变化判断像素耕地"非粮化"类型。

CCDC 算法是一种专门针对遥感领域设计的，基于时间序列的变化检测算法，它使用所有可用的 Landsat 陆地卫星数据来建模时间光谱特征，包括季节性、趋势和光谱变异性。CCDC 算法能根据时序遥感指数轨迹变化情况，监测到耕地"非粮化"发生的时间，在检测耕地"非粮化"时空演变上可行。下面将分步骤具体介绍提取方法。

9.2.1 确定耕地"非粮化"研究对象

利用 ArcGIS 10.8 将嘉善县 2018 年土地利用调查数据中的旱地与水田提取出来作为潜在耕地"非粮化"区域。这些地块在土地利用类型上被分类为耕地，但其实际生产方式未必是种植粮食作物，将其作为研究对象，能够在达到研究目的的基础上减小研究区的范围与数据处理的难度。

9.2.2 获取典型指数的时序轨迹

通过 Google Earth 对嘉善县耕地"非粮化"情况进行初步观察，本节将嘉善县耕地"非粮化"类型分为三类：耕地变为蔬菜大棚用地、耕地变为林果地、耕地变为水产养殖用地，其中蔬菜大棚种植蔬菜、水果、蘑菇、花卉等作物，林果地种植果树和绿化苗木。相关研究在运用时序遥感变化检测土地覆被变化时，常选用 NDVI、EVI、归一化差异湿度指数（normalized difference moisture index，NDMI）等植被指数。在前人研究的基础上，本节通过选取若干上述类型样本进行多种指数时序轨迹检测（图 9.2），最终选择 NDVI、MNDWI 以及 PGI 三个典型指数，并获取了三个典型指数的时序轨迹数据。

NDVI 是使用较广泛的植被指数，与叶绿素含量、叶面积指数以及植物光合作用能力等高度相关，可以较好地反映出植被的覆盖特征和年际变化情况，从而

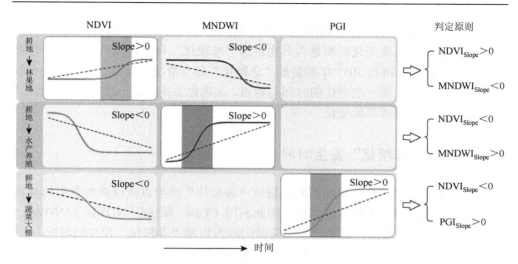

图 9.2　耕地"非粮化"类型判别规则示意图

实线为变化轨迹，虚线为轨迹拟合，Slope 表示斜率

达到识别土地覆被变化的功能。因此 NDVI 时序数据可以作为判断耕地"非粮化"现象是否发生以及类型的一个重要指标。

MNDWI 是用短波红外波段替换了 NDWI 中的 NIR 波段，构建的改进归一化差异水体指数（徐涵秋，2005）。改进之后极大地提高了区分水体与建筑物的精确度，在大范围水体快速提取中的应用十分广泛（王航和秦奋，2018）。

PGI 是一种增强蓝波段、绿波段、红波段和 NIR 波段光谱信息的遥感指数（Yang et al.，2017），其放大了塑料大棚区域的光谱值，并使其与开阔农田、裸露土壤和人造表面等分离。PGI 值变高说明此地块用地类型转换为蔬菜大棚。

9.2.3　耕地"非粮化"类型遥感判读规则

在耕地变为林果地的过程中，植被覆盖率明显上升表现为 NDVI 值的明显增长；同时，由于种植林果地相对于种植粮食作物无须很多灌溉设置，土壤水分含量较少，表现为 MNDWI 值下降；因此将 NDVI 值明显增长，MNDWI 值明显下降的时序变化轨迹归类为耕地变为林果地这一类型。耕地变为水产养殖用地，植被覆盖率明显下降，土壤水分含量明显上升，表现为 NDVI 值下降，MNDWI 值增长。耕地变为蔬菜大棚用地过程中，蔬菜的绿度比农作物低且有明显的塑料薄膜覆盖，表现为 NDVI 值的下降，PGI 值上升。根据这样的变化趋势，设定如图 9.2 所示的判别规则来识别耕地"非粮化"的类型。

在具体操作中，先把年内所有影像通过提取中位数的方法合成，得到每个指数的年内合成值，再提取出 1990～2018 年的所有年内合成值，绘制出变化轨迹，而后根据轨迹的斜率变化判断是否发生耕地"非粮化"现象以及具体耕地"非粮化"的类型，最终得到 2018 年的耕地"非粮化"分布情况。需要注意的是，本节重点关注耕地发生第一次变化的时间与地点，未考虑土地在第一次耕地"非粮化"之后是否发生复耕或其他变化。

9.2.4　提取"非粮化"发生时间

通过年度合成值趋势只能判断出耕地"非粮化"类型以及该类型发生的具体时间段，无法获得发生的具体年份，因此利用 CCDC 算法从 NDVI、MNDWI、PGI 的轨迹中识别断点，此断点发生的时间即为耕地"非粮化"发生的时间。

CCDC 算法是康涅狄格大学朱博士于 2014 年提出的时间序列方法（Zhu et al.，2016）。该算法与传统方法不同，主要基于 Landsat 卫星时间序列，噪声较小，且利用了全部可用的 Landsat 影像，其变化检测结果比仅利用准周年影像更全面，在渐变检测方面更为有效（Zhong et al.，2017）。当获得新的卫星数据时，CCDC 算法结合每个像素的所有可用 Landsat 观测值来估计时间序列模型，该模型可用于预测未来的观测值。如果新的连续观测值超过预期范围，将标记一个断点，并自动生成一个新的时间序列模型，即在更改前后将生成两个时间序列段。直到检测到下一个断点或观测结束时，最终识别出轨迹数据的中间和年际中的所有断点信号。

本节将第一个断点发生的时间视为耕地"非粮化"发生的时间（图 9.3），识别出所有类型发生的时间并进行统计得到嘉善县耕地"非粮化"时间演变情况。本节中未考虑发生第一次变化之后的变化情况，仅关注第一次耕地"非粮化"发生的时间。

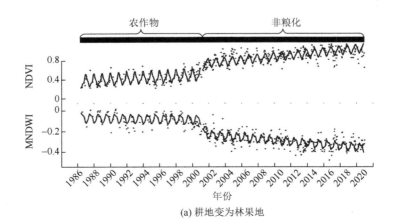

(a) 耕地变为林果地

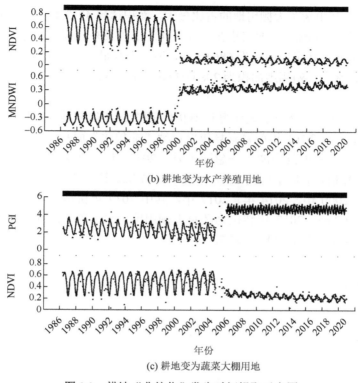

(b) 耕地变为水产养殖用地

(c) 耕地变为蔬菜大棚用地

图 9.3　耕地"非粮化"发生时间提取示意图

9.2.5　精度验证

考虑到获取高时间和高空间分辨率的公共遥感数据的困难，本节通过视觉校准的方法验证了耕地"非粮化"结果的准确性。在 ArcGIS 中对 2018 年每种类型的图像随机生成 100 个点，然后利用 Google Earth 上的高分辨率图像数据进行交互式视觉校准。由于嘉善县缺少 2003 年之前的高分辨率图像，精度验证简化为观察随机点的地块在长时序区间有没有发生该类型"非粮化"变化，将发生了该类型变化的点命名为 1，未发生的命名为 0，当以随机点为顶点的 30 m×30 m 分辨率的方格 50%以上为变化后的"非粮化"类型时，也视作发生了该种"非粮化"。经验证，蔬菜大棚用地、林果地以及水产养殖用地三种类型遥感提取的精度分别为 81%、87%和 93%。

9.3　结果与讨论

截至 2018 年，嘉善县的耕地"非粮化"总面积为 7012.44 ha，耕地"非粮化"

率为24.89%。其中蔬菜大棚用地的占比最大，面积达到4237.42 ha，占耕地"非粮化"总面积的 60.43%，主要聚集在研究区西北部以及东北部，除主城区外其余区域均有零散分布；林果地面积为686.95 ha，所占面积最小，占比为9.80%，主要聚集在东南部；水产养殖用地面积为2088.07 ha，占比29.78%，主要分布在嘉善县的北部。

将研究结果进行分类型统计得到图9.4。研究区年度耕地"非粮化"面积变化没有明显的规律，2013年前嘉善县年度耕地"非粮化"面积变化呈现两个"U"形，即急速下降—小范围波动—急速上升，2013 年至 2016 年小范围波动后在2017 年达到峰值，最后下降到 2018 年的 713.97 ha。整个变化共出现了四个峰值，即 1990 年、2000 年、2014 年、2017 年，其中 2017 年耕地"非粮化"的数量最多，为 1052.62 ha，2017 年转化为蔬菜大棚用地、水产养殖用地及林果地的面积分别为 625.51 ha、331.33 ha、95.78 ha。

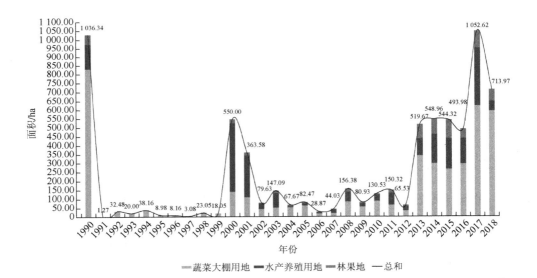

图 9.4　年度耕地"非粮化"面积变化

1990 年作为本节研究的时间范围起点，在这一时间点的耕地"非粮化"面积高达 1036.34 ha，说明研究区部分耕地在 1990 年之前就进行着"非粮化"生产，并不是仅在 1990 年转化的耕地面积，可看作之前时间的累积值。2000 年之前，研究区年度耕地"非粮化"面积均在 40 ha 以下，在这一阶段，耕地"非粮化"类型中蔬菜大棚用地占据主导地位，农民大多选择在耕地上种植粮食作物和蔬菜以满足自家的口粮需求。2000 年耕地"非粮化"面积急剧增长，高达 550.00 ha，其中水产养殖用地占比最高，为 385.33 ha，这与嘉善县在 20 世纪初开始大规模利用浅滩、低洼田改建养鱼池塘有关。2000 年后，年度耕地"非粮化"数量呈现下降趋势，在 2002 年到 2012 年十年间出现小范围波动，在这一时间段水产养殖用地类型增加的幅度大于其他两种类型，成了三种类型中的优势类型。2012 年之后，耕地"非粮化"面积急速增长，在 2013 年至 2016 年稳定每年增加 500 ha 左右，2017 年达到了整个变化的最大值。在这一时间段，蔬菜大棚用地类型的增长占据了绝对的主导地位，林果地的变化也更加明显，这说明随着经济的发展，越来越多的农民选择种植蔬菜、苗木、果木以获得更高的经济效益。

为了进一步探究嘉善县的耕地"非粮化"时空演变，以 1995 年、2005 年、2015 年为时间节点进行提取，对每个时间节点进行分类型统计得到表 9.1 和图 9.5。

表 9.1 1990～2018 年嘉善县耕地"非粮化"类型面积及比例

年份	面积（比例）				耕地"非粮化"率
	蔬菜大棚用地	林果地	水产养殖用地	总计	
1995	933.67 (81.94%)	58.83 (5.16%)	146.99 (12.90%)	1139.49 (100%)	4.05%
2005	1443.47 (58.13%)	141.68 (5.71%)	898.02 (36.16%)	2483.17 (100%)	8.82%
2015	2637.97 (56.57%)	467.20 (10.02%)	1558.18 (33.41%)	4663.35 (100%)	16.56%
2018	4237.42 (60.43%)	686.95 (9.80%)	2088.07 (29.78%)	7012.44 (100%)	24.89%

注：表中总计比例不等于 100%，是因为有些数据进行过舍入修约，但仍计为 100%；表中面积单位为 ha

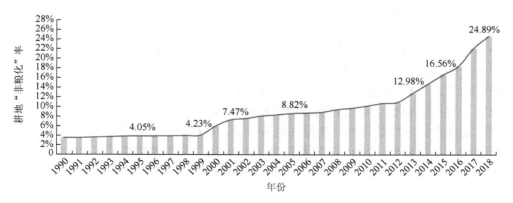

图 9.5 耕地"非粮化"率变化图

随着经济的发展，农户基于各种原因改变耕地上的生产方式，经济作物种植等"非粮化"生产开始出现。结果显示，在 1995 年，嘉善县的耕地"非粮化"面积仅有 1139.49 ha，占总耕地面积的 4.05%。在之后的十年间增加了 1343.68 ha，2005 年耕地"非粮化"率为 8.82%。2015 年较 2005 年增加了 2180.18 ha，耕地"非粮化"面积率为 16.56%，耕地"非粮化"日益普遍。2015 年至 2018 年三年时间增加了 2349.09 ha，与前十年增加的数量持平，2018 年的耕地"非粮化"面积为 7012.44 ha，占当年总耕地面积的 24.89%，耕地"非粮化"问题十分严峻。

蔬菜产业是嘉善县农业生产的支柱产业之一，大棚蔬菜面积连续多年位居全省第一。大棚蔬菜生产已成为嘉善县蔬菜产业的一大亮点，也是农民增收的重要途径，且已有多年的历史。1990~2018 年，耕地转化为蔬菜大棚用地是最具优势的"非粮化"类型，转化的面积最大，1995 年、2005 年、2015 年、2018 年其转化的面积分别为 933.67 ha、1443.47 ha、2637.97 ha 和 4237.42 ha，占当年耕地"非粮化"总面积的 81.94%、58.13%、56.57%和 60.43%。嘉善县国民经济与发展中的蔬菜播种面积在非粮食作物播种面积中占比最大且超过 50%，时序遥感提取的结果与其达到一致。

蔬菜大棚用地作为三种类型中最具优势的"非粮化"类型，起初多聚集于嘉善县东北部的北港村、界泾港村、北鹤村，中东部的网埭港村、智果村以及西南部的鑫锋村、马家桥村和大云村，其他区域分布比较分散。1995~2005 年，这些村镇的周围地区的蔬菜养殖也得到发展，基本上每个村的蔬菜大棚用地分布都有所增加，到 2018 年，蔬菜大棚聚集于嘉善县主县城的东北部地区以及南部的马家桥村，其他村镇也有一定的蔬菜大棚面积。资料显示，马家桥村的蔬菜大棚用地占比大离不开甜瓜大棚种植，改革开放之后，马家桥村村民因地制宜尝试种植甜瓜，开始探索增收致富之路，经过多年发展，截至 2002 年已有 3000 亩左右的设施大棚栽培，成为远近闻名的"中国甜瓜之乡"。

在建设长三角生态绿色一体化发展示范区的大背景下，城市环境绿化建设使得苗木需求大涨，苗木种植得以快速发展，农户逐渐倾向于将原有种植农作物的耕地转变为种植苗木以达到更高的经济效益；同时，"十三五"期间，嘉善县平原绿化共完成 18 747 亩，绿道共完成 42.6 km，在此过程中，存在将耕地转变为道路沿线的绿化装饰带以及水域旁的绿色通道的行为。除了苗木种植的发展，种植果树也是可选择的农业结构调整方式，在获得农业收入的同时，也能发展观光旅游农业，进一步提高经济效益。林果地类型在 2015 年之前数量增长缓慢且占比最小，2005 年的面积为 141.68 ha，仅占所有类型的 5.71%，到了 2018 年，总转化面积为 686.95 ha，2015 年至 2018 年该类型增加了 219.75 ha，约为总量的 32%。

林果地是三种类型中占比最小的"非粮化"类型，2015 年之前，零星地分布在嘉善县主县城的东南部地区，在2015～2018年，该"非粮化"类型的集聚程度不断增加，主要分布在嘉善县主县城的南部地区，并且较为集中地聚集于曙光村到江家村的连线上，这刚好是沪昆高速公路经过的地方。在城市环境绿化建设和高速道路两旁绿化建设的背景下，交通的便利促进了沿线地区苗木种植的发展。同时，随着经济发展水平的不断提高，居民越来越注重饮食的健康，为水果种植提供了巨大的市场，交通的便利降低了水果运输的成本，也能吸引附近的游客前来实地采摘，种植果树也是农民的"非粮化"选择之一。

地处浙北平原的嘉善县，渔业一直是其优势产业。1985年，嘉善县被列为浙江省重点淡水渔业生产基地，内塘养殖业迅速发展，由于天然池塘养鱼的养殖规模和产量极其有限，内塘养殖产量和产值一直徘徊不前，2000年后嘉善县开始大规模利用废旧河道、浅滩、低洼田改建养鱼池塘，大量耕地转化为水产养殖用地。1990～2018年共有2088.07 ha的耕地转变为水产养殖用地，占总耕地面积的29.78%。

提取嘉善县2018年土地利用调查数据中的河流水面、湖泊水面、坑塘水面、内陆滩涂作为嘉善县总水面面积，并将其与水产养殖用地这种类型进行比对，发现初期耕地转化为坑塘养殖用地仅发生在零星的几个村落，如东北角的渔民村、俞北村以及东南部的光明村，且多发生在湖泊坑塘水面的附近，之后水产养殖用地类型开始在嘉善主县城北部各种水系周围出现，这说明随着社会经济的发展，为了追求更高的经济效益，农民越来越倾向于将自家低洼田改建成养鱼池塘。除此之外，该类型也逐渐聚集于北部汾湖周围地区，主要分布在陶庄镇、金湖村、湖滨村、利生村、汾湖村和新胜村，这与嘉善县汾湖休闲观光农业带的开发息息相关，利用汾湖优美的自然景观，在周围地区开发垂钓、观光、餐饮、水上运动等项目，发展观光农业的同时必然会占用大量的耕地。

总的来说，随着时间的演变，嘉善县的耕地"非粮化"空间聚集性越来越明显，这说明"非粮化"具有较强的辐射效应，先行者选择"非粮化"生产方式获得经济效益后，会自然地带动并影响周围农民加入，同时随着耕地"非粮化"的不断聚集，形成了农业生产专业化格局（孔祥斌，2020），专业化格局会明显降低生产成本，"非粮化"生产的经济效益进一步上升，从而加速了"非粮化"趋势。同时耕地"非粮化"发展早期，三种"非粮化"类型的分布表现出明显的区域差异，彼此之间少有重叠，但到后期农民往往因地制宜地选择最适合的方式进行"非粮化"生产，多种耕地"非粮化"类型开始在同一村镇出现。值得注意的是如果出现某一种"非粮化"类型在某地区建立非常明显的优势（如马家桥村的甜瓜种植），在一定程度上会对其他"非粮化"类型的发展产生抑制作用。

9.4　小结与展望

本章提出了一种基于 Landsat 遥感影像时间序列对耕地"非粮化"的时空演变进行检测的处理方法。以浙江省嘉兴市嘉善县为研究区，构建了 1990～2018 年像素级 NDVI、MNDWI、PGI 全时序序列，根据判别规则确定耕地"非粮化"类型。然后，利用 CCDC 算法进行时间分割，得到了具体耕地"非粮化"类型发生的相应时间点。精度验证结果显示，三种类型准确率均在 80% 以上，水产养殖用地类型高达 94%，检测结果理想，该方法可用于检测耕地"非粮化"变化。

研究表明，2018 年，嘉善县耕地"非粮化"面积达 7012.44 ha，"非粮化"率为 24.89%。在 2000 年之前，耕地"非粮化"增长缓慢，处于萌芽阶段；2000 年之后，耕地"非粮化"面积增长速度不断加快，2017 年达到了整个变化的最大值，转化了 1052.62 ha，占整个耕地"非粮化"面积的 15%，同时 2015 年至 2018 年三年期间增加了 2349.09 ha，数量与前十年增加的数量持平，这说明嘉善县的耕地"非粮化"问题突出且有进一步发展的可能，急需出台有效的政策进行管理。

不同耕地"非粮化"类型的时空演变存在区别，本章将嘉善县耕地"非粮化"分为三大类：耕地变为蔬菜大棚用地、耕地变为林果地、耕地变为水产养殖用地。结果显示，耕地变为蔬菜大棚用地一直是三种中最具优势的类型，转化的面积最大，1995 年、2005 年、2015 年、2018 年其转化面积分别为 933.67 ha、1443.47 ha、2637.97 ha 和 4237.42 ha，且四个时间节点的占比均超过 50%；蔬菜大棚用地类型起初多分布在嘉善县东北部，之后广泛分布在嘉善县的各村落。渔业一直是嘉善县的优势产业，对于农民来说，水产养殖用地也是一种重要的农业结构调整方式，从 1990～2018 年共有 2088.07 ha 的耕地转变为水产养殖用地，占总耕地面积的29.78%；在初期，耕地转化为水产养殖用地仅发生在零星的几个村落且多发生在湖泊坑塘水面的附近，之后水产养殖用地类型开始在嘉善主县城北部各种水系周围出现。林果地类型在 2015 年之前数量增长缓慢且占比最小，2005 仅占所有类型的 5.71%，2005 年之后随着城市绿化需求的增加和居民饮食结构的升级，农户逐渐倾向于将原有种植农作物的耕地转变为种植林木或果树以达到更高的经济效益，到 2018 年总转化面积为 686.95 ha，其中 2015 年至 2018 年该类型增加了219.75 ha，约为总量的 32%；该类型主要分布在嘉善县主县城的南部地区，并且较为集中地聚集于沪昆高速公路的周围。

基于 Landsat 卫星时间序列和 GEE 平台的 CCDC 算法具有多段分裂和灵敏度高等特点，是一种连续动态检测方法。该方法准确地识别了耕地"非粮化"的时间和类型，减少了实地调查耕地"非粮化"的人力和财政资源，可广泛应用于耕地"非粮化"时空演变检测，为政府治理耕地"非粮化"提供了更准确的数据支撑。

近期有学者开始利用地理空间分析方法识别耕地"非粮化"时空特征识别和空间分异现象，但大部分都基于不同时间节点土地利用类型变化识别耕地"非粮化"信息，很少有学者利用时序遥感提取的方法进行耕地"非粮化"时空过程的识别。遥感指数时序变化检测方法已广泛用于土地覆被变化识别，但国内少有研究运用这种方法来进行耕地"非粮化"的识别与时空演变过程的分析，本章以时序遥感分析的方法识别耕地"非粮化"时空演变，创新了研究视角与研究方法。

对比基于问卷调查或统计数据的耕地"非粮化"信息统计方法以及土地利用变化检测的耕地"非粮化"提取方法，遥感指数时序变化检测方法能够降低解译分类产生的误差，准确得到"非粮化"发生的时间与地点，同时能进行年内检测与年际检测，有效降低分类产生的误差，在提取"非粮化"上的准确率更高。在获取耕地"非粮化"的时空演变过程的基础上，研究者能进一步探讨耕地"非粮化"过程的内在机理与地域差异，为耕地"非粮化"治理提供更准确的数据支撑。

本章对耕地"非粮化"的提取方法、时空演变规律、驱动机制进行了初步探究和分析，但仍存在以下局限性。

（1）本章探究了三种类型的耕地"非粮化"演变情况，耕地变为蔬菜大棚用地、耕地变为林果地以及耕地变为水产养殖用地，将大棚种植蔬菜、水果、花卉等作物均看作蔬菜大棚大类，种植果树和苗木看作林果地大类，未分别对所包含的类型进行严格的区分，日后可通过进一步研究，在时序序列检测中设置合适的阈值进行更精确的提取；此外，未对如茶叶种植、竹子种植以及抛荒等其他类型进行识别，未来可做进一步探索。

（2）在使用 CCDC 方法识别耕地"非粮化"发生的时间时，仅提取出第一个断点发生的时间，未对地块发生该变化之后的演变进行探究。未来可对发生耕地"非粮化"的地块是否复耕进行提取，实现对区域耕地"非粮化"演变情况更详细的追踪。

（3）本章对耕地"非粮化"扩张的驱动因素进行了探究，在选取驱动因子时受限于数据和数据处理水平，仅考虑了自然地理中的距离因素和政策因素，未能考虑社会经济因素，且政策因素仅从耕地"非粮化"结果考虑，未对具体政策进行分析；在分析方法上受制于研究水平，仅进行定性分析，未从定量角度建立数学模型对驱动因子进行探究。未来可利用更多的驱动因子，建立合适的回归模型进行定量分析。

本章参考文献

陈美球. 2021. 耕地"非粮化"现象剖析与对策建议. 中国土地，（4）：9-10.

陈秧分,王介勇,张凤荣,等. 2021. 全球化与粮食安全新格局. 自然资源学报,36(6):1362-1380.

关小克,王秀丽,赵玉领. 2021. 黄河沿岸"非粮化"耕地形态特征识别与优化调控研究. 农业机械学报,52(10):233-242.

孔祥斌. 2020. 耕地"非粮化"问题、成因及对策. 中国土地,(11):17-19.

苏越. 2020. 耕地非粮化时空演变与管控研究. 杭州:浙江大学.

孙巍巍,陈永林,郭祥光,等. 2021. 县域尺度下耕地"非粮化"空间特征及效益研究:以江西龙南市为例. 赣南师范大学学报,42(6):97-102.

王国刚,刘彦随,刘玉. 2013. 城镇化进程中农村劳动力转移响应机理与调控:以东部沿海地区为例. 自然资源学报,28(1):1-9.

王航,秦奋. 2018. 遥感影像水体提取研究综述. 测绘科学,43(5):23-32.

徐涵秋. 2005. 利用改进的归一化差异水体指数(MNDWI)提取水体信息的研究. 遥感学报,9(5):589-595.

许恒周,金晶. 2011. 耕地非农化与区域经济增长的因果关系和耦合协调性分析:基于中国省际面板数据的实证研究. 公共管理学报,8(3):64-72,126.

易小燕,陈印军. 2010. 农户转入耕地及其"非粮化"种植行为与规模的影响因素分析:基于浙江、河北两省的农户调查数据. 中国农村观察,(6):2-10.

朱道林. 2021. 耕地"非粮化"的经济机制与治理路径. 中国土地,(7):9-11.

Yang D D,Chen J,Zhou Y,et al. 2017. Mapping plastic greenhouse with medium spatial resolution satellite data:development of a new spectral index. ISPRS Journal of Photogrammetry and Remote Sensing,128:47-60.

Zhong T Y,Mitchell B,Scott S,et al. 2017. Growing centralization in China's farmland protection policy in response to policy failure and related upward-extending unwillingness to protect farmland since 1978. Environment and Planning C:Politics and Space,35(6):1075-1097.

Zhu Z,Fu Y C,Woodcock C E,et al. 2016. Including land cover change in analysis of greenness trends using all available Landsat 5,7,and 8 images:a case study from Guangzhou,China (2000-2014). Remote Sensing of Environment,185:243-257.

第10章 耕地撂荒监测

10.1 耕地撂荒的理论基础

10.1.1 耕地撂荒的背景

土地和人口资源的需求重叠使得城市化成为驱动耕地利用变化的最主要因素之一，其作用效果通过不同路径表现。一方面，水热资源的需求重合使得城市与耕地都分布在平原地区，城市化的快速发展驱动大面积的高质量耕地被损毁和侵占（d'Amour et al.，2017）。我国提出了耕地进出平衡、耕地占补平衡、18亿亩耕地红线等举措来进一步保护耕地资源数量、质量和生态平衡。然而由于土地资源的稀缺性和位置固定性，补充耕地更多以坡耕地和梯田的形态，被开发在本底条件较差的土地上，如距离农村居民点和道路较远、耕作层厚度和土壤肥力低、交通不便和坡度较大等。这类耕地在机械化和规模化利用、耕作配套措施等方面处于劣势，粮食生产能力与原有耕地存在显著差距。上述条件使得新增耕地呈现高投入、低产出的特征，综合收益显著低于有序利用的耕地。农户通过转变耕地利用方式，进一步提高劳动力综合效率。当粮食生产收益不能满足投入时，劣质耕地开始被撂荒（Feng et al.，2022）。另一方面，城市化吸引了大量农村农业劳动力从事非农生产，这在推动城市发展的同时，给农业生产带来负面影响。农村具备专业特长的青壮年农户的转移，使得"613899部队"成为农业生产主体。在经济发展落后的地区，受地形和交通条件的限制，农业机械化和规模化水平较低，农业生产仍然属于劳动密集型产业。农村剩余劳动力为了追求劳动生产率最大化，逐渐放弃耕作劣质耕地，导致耕地边际化现象日益凸显，耕地撂荒现象频频发生。

耕地撂荒在无形中浪费了耕地资源，并且随着城市化的进一步发展，城乡人口迁移仍会持续推进，耕地撂荒现象也将继续存在。长期有序利用的耕地是一个与自然环境相协调的稳定系统，耕地撂荒破坏了这种稳态，产生复杂多样的社会、经济和生态影响。明晰耕地撂荒的空间分布特征以及时序发生过程，是探究耕地撂荒的首要前提，有助于为耕地保护政策调整提供方向，促进撂荒耕地再利用，维持社会、经济和生态稳定。

10.1.2　耕地撂荒的概念

耕地撂荒在过去半个多世纪经历了全球性的扩散，但由于其本身具备渐变性、复杂性和不稳定性以及空间分布零散性等特征，实际耕地撂荒变得难以定义、识别和预测。

根据已有研究，耕地撂荒主要从演变过程与呈现结果两方面进行阐述。从演变过程来看，耕地撂荒被视为耕地利用边际化过程的极端表现。耕地利用边际化是在农业生产率与产品价格较为稳定的前提下，农业生产的土地、劳动力或资本投入所带来的收益不能抵消成本投入，继而调整耕地利用强度或结构的过程，而传统的耕地撂荒则是指在现有耕地利用方式保持不变的情况下，受社会、经济与自然等因素的综合作用，土地生产经营者在一定时期内对现有耕地停止或减少耕耘，从而导致耕地从有序利用转向未知性荒芜的过程（李升发和李秀彬，2016）。耕地撂荒的直接结果是耕地演变为撂荒耕地。联合国粮食及农业组织对撂荒耕地进行了定义，将连续五年以上没有被农业生产或其他目的利用的可耕作土地视为撂荒耕地。日本相关法律将撂荒耕地视为游休农地或耕作放弃地，《农业经营基础强化促进法》将其进一步解释为"当前无耕作行为持续一年以上，且在未来仍无耕作意图的农地"。菲律宾国家统计局将 1～5 年临时闲置，没有用来种植农作物的视为撂荒耕地。

现有研究在强调耕地利用状态的基础上，结合中国实际背景，进一步丰富了耕地撂荒的概念。他们认为连续 2 年及以上停止耕作行为的农地、持续撂荒且没有复耕安排的可耕地、因人为管理和维护不善而损坏的可耕地、无故放弃的具有耕种潜力的可耕地等都属于撂荒耕地。以上定义的共同点均是耕地处于一种长期荒芜或未充分利用的状态，不同点的在于停止耕作的持续时间认定。

耕地撂荒与撂荒耕地是两个不同的概念，前者强调土地利用变化过程，体现了耕地从正常耕作到撂荒的演化；后者可以看作一种特殊的土地利用类型，是耕地撂荒的表现形式。两者从不同视角描绘了撂荒特征，是目前相关研究的主要切入点。

10.1.3　耕地撂荒的特性

耕地撂荒主要包括以下几方面特征。

（1）综合性。耕地撂荒是在社会、经济和自然等多种因素的综合作用下产生的。

（2）异质性。地区背景条件的差异决定了耕地撂荒具有显著的时空异质性。

（3）动态性。耕地撂荒是一个不同社会经济背景下的动态演变过程。

10.1.4　耕地撂荒的类型

由于各学者在耕地撂荒定义上有所差别，因此在不同的视角下，耕地撂荒也可以分为不同类型。

从涵盖范围来看，耕地撂荒包括狭义撂荒和广义撂荒。狭义撂荒是指耕地利用者在综合因素驱动下，主动放弃农作物种植，从而使得撂荒耕地呈现出自然演替的特征。广义撂荒则是政府或农户为了最大化耕地利用价值，主动调整耕地利用方式和结构。除了撂荒耕地自然演替外，农田绿化、退耕还林等都属于广义撂荒。

从表现形式来看，耕地撂荒分为显性撂荒与隐性撂荒。显性撂荒是指土地经营者在本应种植农作物的时间里，不种植任何农作物，使耕地呈现出荒芜的状态。隐性撂荒又可以称为暗荒，是指经营者照旧在耕地上种植了作物，但由于投入的人力和物力资源不足，粮食产量呈现显著下降的现象。

从撂荒持续时间的来看，耕地撂荒又可被划分为季节性撂荒和常年性撂荒。季节性撂荒是指在当地气候条件下，耕地可以实现一年两熟或三熟，而现实未实现持续耕作，只发生在一年中某个季节的撂荒，这类耕地撂荒的时间相对较短。常年性撂荒则表示耕地的撂荒状态至少已持续一年，时间相对较长。

从撂荒驱动来看，耕地撂荒又被分为生态型撂荒、灾毁型撂荒和经济效益型撂荒等。生态型撂荒是指耕地利用的生态价值高于粮食供给价值，因而人为主动将耕地退耕还林还草。灾毁型撂荒是因不可抗的人为因素，如滑坡、泥石流或洪水等，耕地不可利用而撂荒。经济效益型撂荒则是由于耕地利用条件较差，农业种植收益难以抵消成本投入而出现的撂荒。

10.2　耕地撂荒的提取方法

国内外学者从耕地撂荒的演变过程与结果特征两个视角，对耕地撂荒时空信息提取开展了广泛研究。一系列技术与方法的进步使得撂荒耕地信息实现了从人工解译到智能提取、从书面统计到电子存储的跨越。

从现有研究来看，耕地撂荒信息识别与提取主要包括抽样调查、文献荟萃和遥感提取三种。它们在适用范围、时间与人力耗费以及提取精度上各有不同的优缺点（陈航等，2020）（表 10.1）。

表 10.1　耕地撂荒信息获取方法总结

方法		原理	应用	优缺点
抽样调查	区域农户抽样调查	PRA 法与问卷调查	探究小尺度区域农户与耕地利用关系	优：除了获取耕地撂荒统计数据外，还可以得到农户家庭的相关信息，适用于撂荒机理研究。 缺：统计结果空间表征能力较弱，缺乏连续性；数据精度受农户主观性影响；调查耗费一定的时间和人力资源
	全国家庭调查统计	随机/分层抽样调查	了解全国家庭信息与耕地利用状况	优：数据种类多，包含调查对象家庭背景信息；能在一定程度上表征撂荒耕地空间信息。 缺：研究单元为市县级行政区；数据二次筛选会降低样本容量，影响数据置信度
文献荟萃		文献荟萃分析	对现有耕地撂荒研究成果的总结	优：研究范围广，统计效率高；在一定程度上表征耕地撂荒空间分布和主要影响因素。 缺：研究结果受已发表文章数量限制；案例研究地点选择代表性有待考证
遥感提取	特征规则	构建地物特征判别规则	撂荒耕地的直接提取	优：直接获取撂荒耕地的空间信息，技术难度相对较低。 缺：时序检测增加工作量；撂荒耕地与耕地存在光谱相似性，难以构建判断规则；计算机硬件要求较高
	变化检测	土地利用信息变化检测	根据土地利用变化间接获取撂荒耕地信息	优：长时序检测可以提高耕地撂荒检测敏感性，准确获取耕地撂荒时空信息，有效区分撂荒耕地类型。 缺：具有较高的技术和计算机硬件要求；研究可行性和提取效率受限较多

注：PRA 的英文全称为 participatory rural appraisal，译为参与式农户评估法

10.2.1　基于抽样调查的耕地撂荒信息提取

　　区域农户抽样调查以 PRA 法为主，该方法是对传统简单抽样调查方法的改进和补充，因具备简单灵活、成本较低的特点，在揭示区域经济发展与社会现象中具有独特的优势。应用 PRA 法获取耕地撂荒信息主要应用在小尺度区域案例研究。首先要选定以是否撂荒或者撂荒面积作为被解释变量，其次从地块、农户以及村域尺度上，选择表征自然条件、生产条件、农户特征以及权属制度等多个解释变量，构建影响因素信息数据库，在各村镇内随机抽取农户、村干部或者农业部门进行面对面访谈，最后进行农户家庭耕地撂荒的单因素或多因素影响分析。

　　也有学者应用该方法在大尺度上进行调查分析，如以李升发等（2017）为主的研究人员就曾返乡大学生参与入户调研，获得了中国 25 个省（区、市）、142 个县（市、区）、235 个村落、2994 个农村家庭 2014～2015 年的耕地撂荒统计数

据，实现了中国山区县级尺度的耕地撂荒首次定量评估。另外，也有研究人员通过已有的家庭调查大数据［如中国家庭追踪调查（China Family Panel Studies，CFPS）、中国家庭收入调查（Chinese Household Income Project，CHIP）、中国劳动力动态调查（China Labor-force Dynamics Survey，CLDS）、中国家庭金融调查（China Household Finance Survey，CHFS）］实现了中国耕地撂荒信息获取（郭贝贝等，2020；金芳芳和辛良杰，2018）。以上家庭调查数据均是在全国范围内进行的家庭随机抽样调查，具有一定的代表性和权威性。然而各数据库建立的最初目的并不是获取撂荒耕地信息，数据二次筛选难免会减少调查样本容量，从而降低数据可信度。

10.2.2　基于文献荟萃的耕地撂荒信息提取

传统的文献综述法将文献按照一定的逻辑关系进行分类，通过综合评述使混乱的文献变得条理化与系统化，而对各案例的研究结果缺少系统整合，并没有满足领域专家对文献分析的需求。在此背景下，文献荟萃法逐渐受到推广。文献荟萃分析是对研究目的相同且相互独立的多个试验结果进行的系统分析，并且按照一定规律从宏观的角度对各数据相关关系进行探索，提高原有研究质量。该方法最初应用在医学、心理学以及教育学等领域，近年来逐渐在地理学、景观学等自然学科领域得到推广。

随着耕地撂荒案例研究的增多，文献荟萃法也逐渐在耕地撂荒信息获取研究中得到应用。例如，刘成武和李秀彬（2006）通过搜集的国内关于耕地与农产品利用的文献资料，建立了中国 1980～2002 年的耕地撂荒信息数据库。统计结果表明在此期间，21 个省区市 107 个县（市、区）发生了耕地撂荒，撂荒地区主要集中在中部，范围广且面积大。张学珍等（2019）应用文献荟萃分析，搜集撂荒主题的相关论文，提取 1992～2017 年 20 个省区市 165 个县（市、区）的耕地撂荒数据，发现撂荒地区整体上呈逆时针旋转 90° 的 "T" 字形空间分布格局。2010 年前主要分布在长江中下游的湖南、湖北与安徽等东西横轴带状区，2010 年后以甘肃、贵州与云南为主的南北带状区撂荒分布占主导。国际上也有学者根据农业用地的表现形式，通过文献荟萃，探索撂荒耕地的程度、空间分布特征及其生态环境效应和政策调整，研究地区多局限于苏联和欧洲东部等撂荒耕地分布集中的国家，并且多以国家为撂荒数据统计单元（张学珍等，2019）。文献荟萃法获取的耕地撂荒信息基于前人研究成果，应用大数据分析思路，不仅能在一定尺度单元上表征不同地区的撂荒率和时空变化，还能对比不同地区耕地撂荒的主要驱动因素，为探究宏观尺度上耕地撂荒的时空格局变化和影响机理提供了依据。

10.2.3　基于遥感技术的耕地撂荒信息提取

根据撂荒耕地特征和耕地撂荒过程两个视角，利用遥感技术提取耕地撂荒可以分为直接提取——基于特征规则的撂荒耕地信息提取和间接提取——基于变化检测的耕地撂荒信息提取。前者将撂荒耕地视为一种特殊的土地利用类型，根据某几个时间点下的地物光谱和纹理特征进行识别；后者根据耕地撂荒过程中地物光谱和物候特征的时序变化，检测耕地撂荒行为。

1. 直接提取

人工目视解译是早期进行耕地撂荒信息提取的常用方法。该方法以图像作为底图，由专业人员对图像上的地物特征进行分析、比较和判断，圈定同类别地物，并以相同符号或代码表示。在遥感技术发展的初期，学者以黑白航摄图像为主，结合实地调查，获取管辖范围内的土地利用普查数据（Izquierdo and Grau，2009）。然而由于撂荒耕地并不包含在国家土地利用现状分类标准体系中，因此需要解译员依据经验或对比前后图像提取撂荒耕地。随着遥感卫星和影像处理技术的发展，多种类型的高时空分辨率影像开始出现，包含丰富的光谱信息和纹理信息，给耕地撂荒识别提供了便利。

人工目视解译耗时耗力，计算机技术的发展给影像分类技术带来了新突破，基于影像的自动分类技术顺势而生。与其他地物分类方法一致，撂荒耕地分类包含监督分类与非监督分类。监督分类是一个训练和学习的过程，根据训练样本，匹配和选择影像所包含的特征参数，建立撂荒耕地的判别规则，提取撂荒耕地。然而由于短期撂荒耕地与未撂荒耕地存在相似的光谱特征，分类结果经常出现"同谱异物"或"同物异谱"的现象。针对此问题，研究人员对地物识别规则进行了算法提升，将分类对象从像元扩大到对象，形成了基于面向对象的分类方法。该方法将地物光谱、纹理和空间信息进行了综合，有效利用了遥感影像携带的信息，减少了数据冗余。分类结果以对象形式呈现，在一定程度上减少了椒盐现象的产生，提高了撂荒耕地解译质量。非监督分类是一个聚类过程，以不同地物的空间特征差别为依据，通过计算机分析对图像进行聚类统计的方法，该方法不需要分类人员对研究区有深入了解。目前应用非监督分类提取撂荒耕地研究相对较少，迭代自组织数据分析技术算法（iterative self-organizing date analysis techniques algorithm，ISODATA）是常用方法。

2. 间接提取

变化检测是提取撂荒耕地信息的主要途径，其基本原理是利用时间堆栈数据，基于不同观测时间点耕地作物特征，采用面向像元或对象的方法，通过构建地物判别规则或识别特征曲线变化来检测耕地撂荒过程。根据检测对象的不同，可以分为基于土地利用与土地信息的耕地撂荒变化检测。

　　1）基于土地利用的耕地撂荒变化检测

　　基于土地利用的耕地撂荒变化检测包括基于双时间点分类叠加检测和基于土地利用变化轨迹检测。

　　基于双时间点分类叠加检测将第一个时间点分类为耕地，而下一个时间点分类为草地、灌木或林地的对象认定为撂荒耕地。学者利用社会制度改革前后的航摄或遥感影像，进行土地利用分类和叠加分析，提取制度变化驱动的撂荒耕地范围和规模（Alcantara et al.，2012）。也有学者将历史时期土地利用数据与现有高分影像分类结果进行叠加分析，扣除退耕还林等生态工程范围，获取撂荒耕地空间分布格局（邵景安等，2015）。现代战争等社会活动也会严重影响耕地利用，不仅会彻底清除耕地附着物，造成当季耕地荒芜，也会对人身生命安全构成威胁，影响耕地农户正常耕作（Olsen et al.，2021）。

　　基于土地利用变化轨迹检测使用三个或更多时间节点的遥感影像来构建土地利用变化轨迹，检测的连续性决定了该方法具有鲜明的时效特征。学者以现存民国时期多种地图为数据源，在复原行政区划改革基础上，整理了民国时期和田地区垦荒地与撂荒耕地的时空变化轨迹（谢丽，2013）。20 世纪中期，航摄图像为探究耕地撂荒时空轨迹变化提供了最早的图像数据来源。尽管该时期的影像为黑白模式，但其具备较高的空间分辨率，提高了耕地撂荒时空变化轨迹检测精度。20 世纪末，苏联解体，俄罗斯和众多东欧国家相继出现耕地撂荒，Landsat 与 MODIS 成为该段时期耕地撂荒变化轨迹检测的主要数据源。学者以 CART、支持向量机等为主要分类方法，对不同国家和地区的耕地撂荒空间分布和规模进行了提取（Alcantara et al.，2012）。进入 21 世纪，高分辨率影像开始出现，种类逐渐增多，数据融合可以有效弥补云层覆盖导致的影像空缺，给丘陵山区耕地撂荒检测提供了数据基础。SAR 数据不受天气影响，更有助于填补耕地撂荒长时序检测中的数据空白。多源数据融合还在一定程度上提高了数据集的时间分辨率，将影像间隔由年缩短到季，不仅提高了耕地撂荒分类精度，还有效区分了撂荒耕地的类型。

　　2）基于土地信息的耕地撂荒变化检测

　　基于土地信息的耕地撂荒变化检测利用地表覆被遥感指数的时序变化特征，能够敏感地检测出耕地利用程度的变化，进而提取撂荒耕地信息。从已有成果中可以发现，研究差异主要体现在选用数据类型、遥感指数以及检测对象上。

　　MODIS 与 Landsat 影像具备较高的时间分辨率，是进行耕地撂荒时序变化检测的主要数据来源，但是由于空间分辨率相差较大，适用场景有所不同。MODIS NDVI 是 MODIS 卫星系列影像中应用较多的数据，空间分辨率较低，在东欧等具有较大规模农场的地区具有较广泛的应用（Alcantara et al.，2012）。Landsat 影像空间分辨率相对更高，一定程度上能够弥补 MODIS NDVI 数据的不足，在撂荒耕地分布零散的丘陵山地和平原区，检测效率和精度相对较高。除了上述中分辨率影像外，高分辨率遥感影像逐渐应用到耕地撂荒时序检测中。

　　NDVI 是进行耕地撂荒时序变化检测的常用遥感指数，在作物光谱和物候特征上具有较高的识别效率和准确率（Alcantara et al.，2012；Yin et al.，2018a）。考虑到短期撂荒耕地与未撂荒耕地在光谱信息上差别不明显，当选择的样本或对象不是纯净像元时，指数曲线和变化趋势相似，很难建立区分两者的判别规则。另外，不同地区和作物类型的物候信息也有很大差异，仅依靠 NDVI 指数变化不能充分反映撂荒过程。考虑到作物生长期内除了植被指数发生变化外，土壤和水分指数也在相应发生变化，这种变化在水稻种植中体现得更为明显。因此，当检测地区包含多种类型作物时，将植被指数与土壤背景反射率、水体指数等相结合通常是检测撂荒行为更好的选择（Yoon and Kim，2020）。

　　计算机技术的提高使得越来越多的学者将检测单元从像元扩大到地块。地块作为耕地最基本的个体单位，边界明显，作物单一，纹理信息特征明显。以耕地地块作为检测单元可以有效减少误差，还可以通过影像分割技术弥补部分地区可用遥感影像不足的问题。学者将面向对象、边缘检测、多分辨率分割与时序分析等技术相结合，根据作物光谱和物候信息提取可能的耕地地块范围，结合地块遥感指数的时序变化，创建时间分割算法，检测耕地撂荒发生的确切地点和时间。这种方法不仅能有效区分撂荒耕地与休耕耕地，还可以检测耕地撂荒期间的复耕行为（Yin et al.，2019）。

10.3　基于 CCDC 算法的山区耕地撂荒监测

10.3.1　研究背景

　　农业提供了主要的食物来源，是人类生存和发展的根基。近年来，地球上人口数量呈现爆炸性的增长，需要更多的食物供应，驱动耕地大面积扩张。21 世纪以来，全世界的人口增加了 27%，同期全球耕地面积也增加了 9%（Potapov et al.，2022）。然而全球不同区域内也在发生着耕地撂荒的现象，如战乱引发的苏丹耕地撂荒（Olsen et al.，2021），政治体制变化驱动的苏联地区耕地撂荒现象（Alcantara et al.，2012）。中国用全球 9%的耕地养活着约 20%的人口，面临着极大的耕地保护的压力。城镇化引发的务农机会成本上升、农村劳动力外流等因素，加速了耕地边际化，进而出现了耕地撂荒的现象。耕地撂荒在长江中上游地区的山地丘陵区尤其显著。如何监测这些撂荒耕地，促进撂荒耕地的再利用，对中国来说尤为重要。

遥感技术利用对地观测卫星，能够高效地获取大范围的土地覆被信息及变化过程。随着计算机技术和图像算法的快速发展，精细分辨率的土地覆被产品相继发布。从全球首套 30 m 分辨率的土地覆被产品 GlobeLand30（Novara et al.，2017），全球首套 10 m 分辨率的 FROM_GLC10（Gong et al.，2019），到采用时空光谱库技术的 GLC-FCS30（Zhang et al.，2020），以及首套逐年长时序的 CLCD 产品（Yang and Huang，2021），这些产品在空间分辨率、时间分辨率、自动化技术应用等方面不断提升。监督分类是机器学习中常用的分类算法之一，使用非参数化模型从输入的标记样本中训练不同覆被类型的特征，具有高度的便利性和可靠性，已在土地覆被产品生产中广泛应用。

耕地撂荒是指在原本种植的耕地上连续多年都没有出现耕作活动，覆被类型逐渐变成荒地、草地、灌丛、森林的过程。利用撂荒发生后的某一时点影像，根据解译信息来判断耕地是否撂荒，要求解译者具备耕地撂荒的先验知识。基于双期影像的监测不需要耕地分布的先验知识，将撂荒发生前耕地空间分布与撂荒发生后的分布进行空间叠加，探究撂荒耕地的空间分布。以上两种方法属同一种监测模式，无法追踪耕地撂荒的时序变化。多期影像的监测可以弥补这些缺陷，并得到长时间序列的耕地动态变化过程。然而目视解译需要极大的人力和时间成本，机器学习算法能够节省很多时间、人力，成为目前识别撂荒耕地的主流方法（Olsen et al.，2021；Zhu et al.，2021）。该方法的工作流程是将目标时间段内的影像数据集，按照时间排序，划分不同子集。对每个子集采用图像合成策略，制作年度多波段图像，进一步通过机器学习模型，得到土地覆被分类结果。土地覆被变化轨迹通过自定义规则识别耕地撂荒，但这种方法存在以下两点缺陷。①土地覆被分类结果的时相一致性难以得到保证。由于图像噪声、分类算法的错误，每一期的分类结果都存在不确定性。这种不确定性在叠加后的土地覆被类型变化轨迹中放大，所以很难判断耕地到非耕地的类型转变是真实的变化，还是由某一期影像中的分类错误导致的。②分类过程要求较多的人工干预，结果受到人为干扰，人力成本较高。土地覆被分类中最常用的监督分类算法，要求高质量的标记样本来训练分类模型，才能得到可靠的分类结果。

相关研究使用的数据包括高时间分辨率的 MODIS 数据（Zhu et al.，2021）、高空间分辨率的哨兵数据（Olsen et al.，2021）以及具有长历史档案的 Landsat 数据（Yin et al.，2018b）。利用 MODIS 影像可以识别东欧等国家大范围的撂荒耕地，但是无法应用于耕地细碎地区的撂荒监测。哨兵数据能够应用于耕地细碎化地区的撂荒耕地识别，但是，因为哨兵影像时序较短，无法监测更早以前的撂荒的耕地，而 Landsat 数据，有较长的历史档案，较高的空间分辨率，是监测细碎耕地地区的长时序耕地撂荒的最优数据来源（Prishchepov et al.，2012）。但是其他限制因素如观测时间序列较稀疏、有效观测值时空分布不均匀等也会影响监测结果。为了解决数据缺失和云污染等问题，图像合成策略被广泛应用。该方法使用目标时间段内的所有影像，通过计算中值、均值，或者构建复杂规则合成年度高质量图像。

近年来，时间序列变化检测算法也开始被开发和应用，如 LandTrend（Kennedy et al.，2010）、VCT 算法（Huang et al.，2010）、CCDC（Zhu and Woodcock，2014），能够较为准确地识别覆被类型变化时间。这些基于时间序列轨迹的方法，能够从长时间序列中分离出短暂的、不稳定的噪声，达到抑制噪声、提高时序一致性的目的。这些算法最初主要应用于监测森林的扰动、恢复，被证明能够有效地监测植被状态变化发生的时间。随后，其应用领域大大扩展，如建成区的动态监测（Deng and Zhu，2020）、露天开采监测、沉陷水体监测等。在耕地撂荒制图研究中，时间序列的变化检测算法 LandTrend 已经被推广和应用，提高了耕地撂荒时间监测的准确性。然而，现有的撂荒耕地识别算法大多是建立在土地覆被分类的基础上，因而无法避免土地覆被分类的固有缺陷。

不同植被类型的物候具有显著的差异。常绿木本植被年际物候波动不明显，但物候基准线相对较高。与之相反，草本植物在较低的基准线上有很强的年度物候波动叠加。因此，NDVI 时间序列可以有效地区分草本植被和常绿木本植被。我们通过时间序列分割将长时间覆被变化分割成相应片段，根据每一时段隐含的物候信息来分类，进而识别耕地撂荒。

10.3.2　技术方法

1. 耕地产品

为了全面分析耕地撂荒的时空过程，我们将研究区范围内历史上曾经出现过耕地的对象都纳入检测范围。目前，学者和研究机构发布了多种土地覆被和耕地产品数据，为精确地刻画山地、丘陵的耕地分布，本节挑选了具有代表性的高分辨率产品数据（表 10.2）。由于耕地的时序动态变化，单个产品可能存在分类遗漏，如 2018 年的耕地分布图缺失早期发生了耕地撂荒而变成森林的耕地。为了减少此类现象，我们从这些产品中提取耕地，然后对这些潜在耕地取并集作为监测范围。

表 10.2　土地覆被产品时序特征

类型	产品	时序特征	参考文献
土地覆被图	Globe Land30	2000 年、2010 年、2020 年	Chen 等（2015）
	CLCD	1990～2020 年	Yang 和 Huang（2021）

类型	产品	时序特征	参考文献
土地覆被图	FROM_GLC10	2017 年	Gong 等（2019）
	GLC_FCS30	2015 年	Zhang 等（2020）
耕地专题图	Global Cropland	2003～2019 年（时间分辨率为 4 年）	Potapov 等（2022）
	China Terrace Map	2018 年	Cao 等（2021）

GlobeLand30 是全球首套 30 m 分辨率的土地覆被产品，采用了基于对象和像元的方法制作，包含 2000 年、2010 年、2020 年三个时期。CLCD 是由武汉大学利用 GEE 平台生产的 1990～2019 年逐年的土地覆被产品。FROM_GLC10 是全球首套 10 m 分辨率的土地覆被产品，通过使用基于 Landsat 的样点，应用于哨兵-2 数据制的，产品年份为 2017 年。GLC_FCS30 是中国科学院的刘良云团队通过建立时空光谱库提供训练样本，进而制作 2015 年的土地覆被图。Cropland_Potapov 是 Potapov 等（2022）等通过三个阶段数据处理，得到的全球耕地分布，但是耕地最小制图单元是 0.5 ha。China Terrace Map 是结合 Landsat-8 和数字高程地图制作的中国梯田分布产品。

2. 技术路线图

为了揭示 1986～2021 年耕地撂荒时空过程，本节选择目标时间段内所有可用的 Landsat 影像，包含 Landsat-4、Landsat-5、Landsat-7、Landsat-8，共计 380 张影像。由于各算法、数据的缺陷，每一套土地覆被产品都存在误差。为了减少耕地遗漏，我们基于多套土地覆被和耕地数据产品，以提取的耕地并集作为潜在监测范围。城市化、河流湖泊扩张会导致的耕地利用变化不在本节研究范围内，我们使用 2000 年、2010 年、2020 年三期 GlobeLand30 产品将水体、建成区剔除，将掩膜后的耕地作为后续分析的基准。即本节重点关注耕地与林地、草地等其他农用地之间的演变过程（图 10.1）。

3. 时间分割

时间序列算法 LandTrend、VCT 等是建立在观测频率每年一次的时间序列上，存在未能充分利用所有的有效观测值、检测变化类型较单一的缺陷。CCDC 时间序列算法考虑到了以上的缺陷，它通过利用所有的观测值，使用多种类型的时间序列来检测变化（Zhu and Woodcock，2014）。为了识别耕地多种类型变化，本节使用 Landsat 的所有波段信息（六个光谱波段和一个温度波段），使用式（10.1）来拟合时间序列变化。

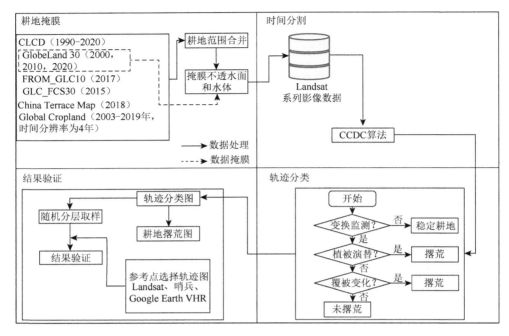

图 10.1　技术路线图

$$\hat{\rho}(i,x)_{\text{OLS}} = a_{0,i} + a_{1,i}\cos\left(\frac{2\pi}{T}x\right) + b_{1,i}\sin\left(\frac{2\pi}{T}x\right) + c_{1,i}x, \quad \tau^*_{k-1} < x \leqslant \tau^*_k \quad （10.1）$$

其中，x 表示年内日期序列；i 表示 Landsat 波段；k 表示波段数量；$a_{0,i}$ 表示 i 波段的拟合效率参数；$a_{1,i}$、$b_{1,i}$、$c_{1,i}$ 表示年内 i 波段变化幅度；τ^*_k 表示第 k 个突变点；$\hat{\rho}(i,x)_{\text{OLS}}$ 表示拟合结果预测值。

若覆被未发生变化，观测值与预测值的偏离应在 RMSE 的 3 倍范围内（Zhu and Woodcock，2014）。当覆被发生变化时，观测值会偏离这一范围。为了避免短暂噪声被识别为覆被变化，该算法将连续 4 次都偏离作为判定覆被变化的条件。上述算法可通过式（10.2）实现：

$$\frac{1}{k}\sum_{i=1}^{k}\frac{\left|\rho(i,x) - \hat{\rho}(i,x)_{\text{OLS}}\right|}{3\times\text{RMSE}_i} > 1 \quad （10.2）$$

其中，i 为 Landsat 波段；x 为年内日期序列；k 为波段数量；$\rho(i,x)$ 为年内日期序列观测值；$\hat{\rho}(i,x)_{\text{OLS}}$ 为拟合结果预测值。

CCDC 的其他几个参数，通过预实验确定（表 10.3）。绿波段和 SWIR2 波段被用于进行云检测。minNumOfYearScaler 使用默认值 1.33，即拟合的分割时长至少是 1.33 年，低于 1.33 年的被忽略，降低短暂扰动的干扰。OLS 拟合效果优于 Lasso 回归，所以采用了 OLS 方法作回归拟合，Lambda 和 maxIteration 值设为 0。

表 10.3　CCDC 拟合参数选择

参数	对象选择	含义与作用
breakpointBands	Landsat 波段	用于检测变化的波段
tmaskBands	绿波段、SWIR2	用于迭代 Tmask 云检测的波段
minObservation	4	最小几次观测以标记变化
chiSquareProbability	0.99	变化监测卡方阈值
minNumOfYearScaler	1.33	拟合最短时段
Lambda	0	回归拟合选择
maxIteration	0	Lasso 回归收敛的最大运行次数

4. 轨迹分类

撂荒后的耕地会发生复杂的植被演替。通过光谱特征识别土地覆被的方法，容易受到不同覆被物候的干扰。使用物候趋势成分可以很好降低物候差异的干扰。在时间分割的基础上，将某一像素划分成不同的阶段，利用每一阶段的物候信息使用 NDVI 的谐波函数来表征。计算公式如式（7.2）和式（10.3）：

$$\hat{\rho}(t) = \text{slope} \times t + y + \sum_{n=1}^{N}\left(a_n\cos\left(\frac{2\pi nt}{T}\right) + b_n\sin\left(\frac{2\pi nt}{T}\right)\right) \qquad (10.3)$$

其中，$\hat{\rho}(t)$ 表示 t 时刻的预测值；slope 表示拟合斜率；y 表示 t 时刻截距；a_n、b_n 分别表示第 n 阶拟合参数；N 表示最高频率。在研究中 N 一般设为 3，本节也不例外，N 从 1 增长到 3，函数逐渐增加更高频率的物候成分，能够拟合更复杂的曲线。

图 10.2 显示了某一发生撂荒的耕地的 NDVI 观测值与拟合的物候函数。横轴表示年份，纵轴表示 NDVI 变化过程。该像元 35 年内观测影像分布疏密不

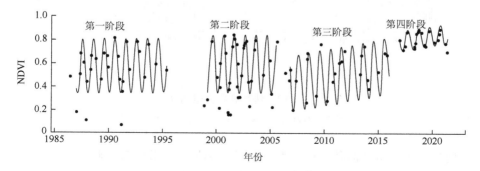

图 10.2　撂荒耕地分段拟合

均，在 1995 年和 1999 年之间没有观测值。根据 NDVI 变化，该像元 2005 年发生了抛荒，变成没有农作物生长的裸地，之后发生了植被演替，到 2017 年变成茂盛的森林。CCDC 算法将其分割成了四个阶段。第一、二阶段均为活跃耕地，物候仅发生了轻微变化，到了第三阶段是植被演替阶段，第四阶段是森林阶段。

　　根据 NDVI 变化，可以将耕地利用分为四种类型，其中两种发生了撂荒（图 10.3）。一块稳定种植的耕地，其物候曲线应该是如情景 I 所示。如果发生撂荒，会出现植被演替，从没有农作物生长的裸地，逐渐被一年生的杂草入侵，随后是多年生的杂草、灌木，到最终的常绿森林。情景 II 揭示了理想情况下所能捕捉到的三个过程，撂荒前的稳定耕地、植被演替过程以及最终的稳定森林。但是观测在时间维度上的分布非常不均匀，导致植被演替的阶段未必能识别。如果在发生植被演替的阶段，观测值太少，将无法拟合出植被演替过程，因此情景 III 仅拟合出了耕地阶段和灌、林地阶段。当耕地发生休耕后立即恢复种植，虽能监测到变化，但因时间短暂，观测次数有限，未能拟合出植被演替阶段，因此情景 IV 仅拟合出撂荒发生前后的稳定耕地阶段。但是不能确定该情景是否发生了撂荒，因为发生灾情影响作物长势等原因也能导致这样的曲线。综上，情景 II 和 III 能较为确定地判定为发生了撂荒，撂荒发生的时间点是上一个分割结束时间。

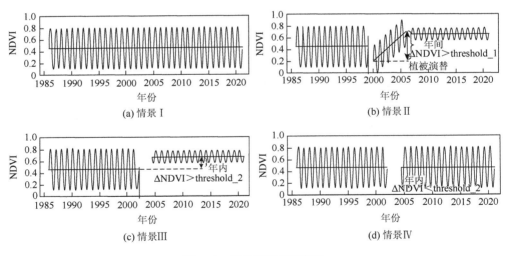

图 10.3　耕地利用类型划分

threshold_1 表示年间 NDVI 均值差阈值；threshold_2 表示年内 NDVI 均值阈值

　　情景 II 中的植被演替过程，可以根据 NDVI 呈现增长趋势来识别，排除了物候原因造成的 NDVI 的季节波动。可以用式（10.4）表达：

$$(\text{time}_{end} - \text{time}_{start}) \times \text{slope} > \text{threshold\_1} \tag{10.4}$$

其中，$time_{start}$ 和 $time_{end}$ 表示时段分割的初始和末尾时间；slope 表示拟合斜率。

情景Ⅲ中发生了耕地到灌林地的转换，由于灌林地的整体 NDVI 比耕地的高，根据两个阶段的 NDVI 整体差值可以识别这一转换。如式（10.5）和式（10.6）：

$$Overall_{s2} - Overall_{s1} > threshold\_2 \tag{10.5}$$

$$Overall_{s1} = \left(\frac{time_{start} + time_{end}}{2} \right) \times slope + y \tag{10.6}$$

其中，y 表示常数项；threshold_1 表示年间 NDVI 均值差阈值；threshold_2 表示年内 NDVI 均值阈值；$Overall_{s1}$ 表示年间 NDVI 均值；$Overall_{s2}$ 表示年内 NDVI 均值。为了选择合适的阈值，通过随机抽样的 500 个样点，对阈值 threshold_1 和 threshold_2 的取值做了敏感性分析，选择能够平衡生产者精度和用户精度的取值。

5. 结果验证

利用 Landsat 数据集，我们能够获取 1986 年以来的耕地撂荒情况。但是，并不存在一套撂荒耕地的地面参照点用于结果验证，目视解译高空间分辨率的商业卫星数据能够判断耕地是否撂荒，Google Earth 上覆盖研究区的高分辨率影像在 2010 年以前基本没有或者覆盖的范围非常小，因此只能通过 Landsat 影像本身来判断解译结果。遥感专家通过合适的波段组合来凸显不同植被类型的差异，辅之以时间序列曲线、研究区的背景知识，实现的解译精度可以与解译高分辨率影像精度媲美。对于近些年发生的撂荒，Google Earth 上较为丰富的高分辨率影像使得验证较为容易。我们使用了一些遥感解译辅助软件，来便利解译工作。Collect Earth 软件整合了许多来源的遥感影像来辅助解译，如 GEE 上的中等分辨率的 Landsat 影像和 Google Earth、必应（Bing）等商业高分辨率影像，并提供了用户友好的解译界面。通过辅助解译的软件 Time Series Viewer 能够查看许多类型的时序曲线，除了 Landsat 的光谱波段和常见的植被指数外，还有光谱解混值、穗帽变换成分等的时间序列。

为了验证点分布的均匀性、代表性，通过对时序类型地区分层随机抽样的方法获得 400 个点，每种类型的序列各 100 个点。借助 Collect Earth、Google Earth、Time Series Viewer 等软件，根据 Landsat、哨兵-2 影像、高分辨率影像和植被指数时间序列来判断是否发生耕地撂荒。将目视解译的参考结果，与由算法识别的结果组成级联表，从中计算生产者精度、用户精度及其整体精度。

10.3.3　研究结果

1. 耕地掩膜

在所有的产品中耕地面积最少的是 Cropland_Potapov 产品，一方面是由于该产品仅包含 2003 年以后的耕地，早期因撂荒而转变为林、灌、草的耕地没有被计入，另一方面该数据集忽略了地区耕地面积小于 0.5 ha。耕地面积最多的是 CLCD 产品，由于该产品的时间序列最长（1990～2019 年），且是逐年的产品，能够包含早期发生了撂荒的耕地。这些产品的耕地的并集包含了 23 441 km^2 的耕地，减去水体、建成区侵占的耕地后，剩下 22 294 km^2 的耕地，进行后续的分析。

2. 时间分割

对耕地应用 CCDC 时相分割算法，得到分割点的分布。在 1986～2021 年，68.3%的耕地没有发生过变化，发生变化的只有 30.45%。此外，有 1.26%的耕地没有出现分割点，是因为观测数量太少、时间序列太稀疏，使得无法拟合出其物候曲线。在发生变化的耕地中，发生一次、两次、三次及以上的变化的耕地分别占所有耕地面积的 24.92%、5.34%、0.19%。大部分只发生了一次变化，小部分发生了两次变化，而发生三次及以上的变化占比最低，将其统归为一种类型。

3. 轨迹分类

在完成了时相分割后，发生变化的耕地被切割成了不同的阶段，每个阶段的物候特征使用 NDVI 的谐波函数来拟合。谐波函数的趋势性成分及其变化，输入到定义好的决策树模型，输出该耕地是否发生了耕地撂荒的结果。

从耕地与林地的样点中提取物候特征变化阈值，阈值变化的敏感性表明，随着阈值的升高，撂荒耕地的用户精度上升，生产者精度下降。为了平衡用户精度和生产者精度，threshold_1 取 0.1，表明分割段植被指数变化趋势如果超过 0.1，则这一分割对应植被演替的过程，该像素序列分类为情景 II。threshold_2 的取值也为 0.1，即在没有检测到植被演替的像素中，如果某一段的整体 NDVI 值比前一段高 0.1，则认定为发生了耕地倒灌、林地的变化，即出现了耕地撂荒。所有的样点统计结果显示，大多数分割段阈值大于 0，即整体 NDVI 的趋势大多数是增加的。在整体变化趋势上，接近正态分布。多数分割点出现在 1999 年左右，其整体变化趋势为正，表明这一年开始出现大规模的绿化趋势。

研究结果表明撂荒耕地在整个研究区分布广泛，整体分散。在研究区内，大部分耕地属于稳定利用类型，以情景 II 类型为主的撂荒耕地主要分布在研究区的中部地区和东北部地区，而以情景III类型为主的撂荒耕地则主要分布在研究区北部、西部以及东南部等地区。

4. 结果验证

从结果中分层随机抽样的 400 个验证样点，根据样点 NDVI 变化规律，结合哨兵数据、Google Earth VHR 影像验证是否发生撂荒。根据样点的验证结果，计算相关精度（表 10.4）。结果表明，基于 CCDC 算法识别的撂荒耕地的用户精度、生产者精度及整体精度分别是 0.795、0.859、0.833。

表 10.4　耕地撂荒精度评价结果

分类结果	验证结果		
	撂荒	未撂荒	用户精度
撂荒	159	41	0.795
未撂荒	26	174	0.870
生产者精度	0.859	0.809	
整体精度	0.833		

10.3.4　研究展望

已有的研究使用 MODIS 数据的土地覆被的时序分析，获取了大范围的农田撂荒情况，但是较低的空间分辨率难以提取细碎耕地的动态变化。通过使用高空间分辨率的商业卫星影像和目视解译，能够获取细碎耕地的撂荒情况，但是难以获取更大范围的耕地撂荒情况，同时繁重的目视解译工作也是一个挑战。通过机器学习，辅之以数据增强算法，在一定程度上减轻了目视解译的工作量，但是高质量训练样本仍然很难收集，且难以迁移运用到其他研究区（Du et al.，2021）。基于土地覆被分类的撂荒识别算法存在的撂荒时间检测不准确的缺陷，可以通过引入时间序列变化检测算法来提高撂荒时间检测的准确性。相比于建立在观测频率为一年一次时间序列的 LandTrendr 算法，CCDC 使用了所有的 Landsat 数据集，提高了时间序列的观测频率，检测的时间信息更准确。

本节的创新一方面体现在将 CCDC 时相分割算法应用于耕地状态的划分，另一方面通过 NDVI 的谐波函数来提取物候的趋势性成分，根据阈值判定耕地利用状态，进而识别撂荒耕地，避免了基于土地覆被分类的算法固有的许多缺陷。

本节提出的方法建立在耕地撂荒后，以及发生植被演替的假设上，这一假设在湿润、半湿润地区能够成立。这些地区耕地被撂荒后，转变为 NDVI 平均值比耕地更高的灌丛、森林（Kopeć and Sławik，2020）。我们已经将该算法应用于长江流域的中、下游地区，获得了满意的结果，证明了该算法的适用性。但是，如果要将其应用于干旱、半干旱地区，需要进行算法的调整，因为撂荒后的植被类型的整体 NDVI 值可能不会与农作物的值有很大的差异。

10.4　基于时序 NDVI 变化的耕地撂荒风险评价与验证

10.4.1　研究背景

　　土地资源是自然资源的重要组成部分，是人类赖以生存和发展的物质基础，不同类型的土地资源在原料供应、大气循环和生物多样性维持上各自发挥着重要的功能（Karger et al.，2021）。人类通过改造土地资源来维持生存，这一行为使地球表面 60%的自然土地形态发生改变，城市扩张与耕地利用是最主要的两种手段（Song et al.，2018）。城市为人类提供栖息地，其扩张通常视为不可恢复的改造。耕地是粮食生产的载体，为社会发展提供物质基础，具有社会保障、经济发展和生态稳定多种功能。

　　耕地利用是驱动地表覆被变化规模最大的人为因素，耕地面积占到了地球陆地无冰表面的约 14%，且依然呈现显著扩张趋势（Foley et al.，2011）。亚洲和美洲是耕地扩张的热点地区，耕地扩张侵占了大面积的自然地表覆被，干扰着地球能量平衡和生物地球化学循环。然而，以经济利益为导向的耕地扩张是不可持续的，随着城市化推进，劳动力价格不断上涨，仅依靠农业生产获得的收益相对较低。农户为了提高家庭总收入，兼职或全职参与到非农部门，生产效率相对较低的地块会被放弃（Li S F and Li X B，2017）。农户通过调整耕地利用行为来适应社会和经济发展，但是由于不同地区的社会、经济和自然背景有显著差异，这种表现特征在空间上并不是一致的。

　　耕地撂荒是指在现有耕地利用方式保持不变的情况下，受社会、经济与自然等因素的综合作用，土地生产经营者在一定时期内对现有耕地停止或减少耕耘，从而导致耕地从有序利用转向未知性荒芜的过程（Li S F and Li X B，2017）。耕地撂荒是社会转型和土地利用转型中普遍存在的现象，在各个国家和地区的各个历史发展阶段都有发生。研究表明 20 世纪以来，全球撂荒耕地面积高达 3.85 亿～4.72 亿 ha（Campbell et al.，2008）。仅在 1990 年至 2000 年间，欧洲部分国家的耕地撂荒面积就超过了 900 万 ha（Prishchepov et al.，2012）。近年来遥感和计算机技术的发展，使撂荒耕地实现了从目视解译到云平台提取，提取精度和效率得到显著提升（Alcantara et al.，2012）。有学者从实地调查入手，从地块、农户以及行政区划等不同尺度上，探究耕地撂荒的驱动机制，揭示地区自然背景条件、社会经济发展以及农村劳动力转移与耕地撂荒之间的内在关系（Gao et al.，2018）。也有学者表明长期有序运作的耕地是一个与自然社会环境相协调的稳定系统，耕地撂荒破坏了这种稳态，产生了多样的影响。耕地撂荒直接减少了粮食播种面积，给粮食安全带来了显著影响（Olsen et al.，2021）。在山地丘陵区，即撂荒耕地的集中分布地，农户缺少非农就业机会，耕地撂荒直接削减了家庭经济收入，削弱了耕地的社会保障功能。耕地撂荒还会产生正面或负面的生态效应，如生态恢复、碳存储增加、水分保持以及土壤侵蚀、生物多样性丧失以及火灾风险增加等（Kolecka，2021）。

以上研究表明现阶段的研究重心往往聚焦在已经出现的撂荒耕地提取和影响因子的内在关系探究上，然而在全球城市化水平持续提高的背景下，农村劳动力将不断从农村迁移到城市，耕地撂荒也将会持续下去（Morell-Monzó et al.，2020），并且在现阶段，高撂荒风险耕地并不会全部撂荒，低撂荒风险的耕地可能存在部分撂荒，这给耕地的可持续利用和管控增加了难度。鉴于耕地撂荒带来的严重后果，无论从土地资源管理还是社会可持续发展视角，都有必要对耕地撂荒风险进行更加全面的评估，以减少耕地撂荒的负面效应，促进耕地资源的可持续利用。

耕地撂荒风险是指在现阶段社会经济发展背景下，不同利用条件的耕地被遗弃的可能性。评价方法主要根据撂荒驱动力、撂荒影响因子或撂荒地的地表覆盖特征作为指示因子，推算不同地区的耕地撂荒发生概率，通常分为空间统计分析与系统动力学预测两种。IRENA（indicator reporting on the integration of environmental concerns into agricultural policy，将环境问题纳入农业政策的指标报告）评价体系是空间统计分析的典型代表（Terres et al.，2015），该体系的第 14 个指标耕地撂荒风险（risk of farmland abandonment）在欧洲国家耕地撂荒风险评价上得到了很好的应用（Corbelle-Rico and Crecente-Maseda，2014）。但该评价体系需要大量可靠数据支撑，同时该体系的评价单元是基于国家尺度的，空间表征能力有限；在缺少国际权威耕地撂荒数据的情况下，该体系没有进行结果验证。为了弥补这方面的不足，一些学者以空间统计分析为参考，基于高分遥感影像或已有分类数据进行结果验证，但这种方式对影像质量要求较高，且受人为主观的影响（Castillo et al.，2021）。也有学者基于 Dyna-CLUE、FORE-SCE 等动力学模型来预测未来耕地撂荒，这种方法的本质是土地利用模拟，具有更多的不确定性（Vacquie et al.，2015）。近年来，植被指数时序变化监测快速发展，该方法在揭示地物动态变化上显示出巨大潜力，且已有学者将其应用在撂荒耕地检测上（Alcantara et al.，2012）。考虑到现有耕地撂荒风险评价体系在结果验证上的不足，将该方法与现有评价体系相结合有助于完善结果验证环节，在一定程度上弥补了研究空白。综上，本节基于广泛应用的指标法，从耕地利用适宜性的视角构建耕地撂荒风险评价体系，应用植被指数变化验证评价结果，这对于提高评价体系的科学性和适用性具有重要意义。

我国出台了《中华人民共和国土地管理法》、《基本农田保护条例》、耕地占补平衡等一系列政策法规，严格保护耕地资源。即便如此，近 20 年来，中国的部分地区仍然出现了显著的耕地撂荒现象，尤其在山地丘陵区。长江经济带经济发达、人口数量多，西高东低的地势条件使得耕地资源在利用水平上存在显著差异。已有研究显示，长江经济带沿岸省份是中国耕地撂荒现象的主要发生地，尤其在中上游山地丘陵区（Tan et al., 2021）。城市化和工业化的快速推进导致越来越多的农村人口迁移到城市，山区农业劳动力显著减少，起伏的地势条件使得山区耕地无法实现与平原地区相同的规模化和机械化生产水平，农业生产收入差距逐渐增大，山区更多的耕地被撂荒。与此同时，长江经济带是重要的生态屏障区、气候敏感区和生态脆弱区，耕地撂荒产生的负面效应将严重影响区域的社会经济发展和生态系统平衡。因此，全面揭示该区域耕地的撂荒风险对于稳定粮食供给，保障自然—社会—经济的可持续发展具有重要现实意义。

10.4.2　技术方法

1. 研究区概况

长江经济带以长江黄金水道为依托，横跨中国东、中、西三大板块，是重大国家战略发展区域之一，也是中国生态文明建设的先行示范带。按照城市群发展，可以划分为成渝城市群、长江中游城市群和长三角城市群，覆盖上海、江苏和浙江等 11 个省市。区域总面积 205.23 万 km²，占全国的 21.4%，2020 年人口 6.06 亿人，占全国的 42.93%。

长江经济带具有极其丰富的耕地资源，第三次全国国土资源调查各省汇总结果显示，长江经济带耕地总面积达 5.73 亿亩，占全国耕地面积的 29.86%。然而长江经济带也存在一些突出的现象。第六和第七次全国人口普查结果显示，长江经济带人口城镇化率从 2010 年的 46.8%增长到 2020 年的 63.22%，农村人口比重从 2010 年的 21.45%下降到 2020 年的 15.79%，大量的人口从农村转移到城市。该区域地势西高东低，除了长江中下游平原和四川盆地外，区域地貌以山地丘陵为主，地势起伏较大，农业生产以小农为主。非农人口迁移和地形条件的限制共同促进了撂荒耕地的产生。为了推动区域农业—社会—生态的协调发展，有必要开展耕地撂荒风险的预测性研究，根据撂荒风险合理安排耕地的利用方式，实现可持续发展。

2. 数据来源与预处理

本章主要使用了土地利用数据、土壤数据、气候数据、DEM 数据、光照数据以及水体、道路等矢量数据（表 10.5）。

表 10.5　数据类型与来源

类型	数据类型	分辨率	来源
土地利用	栅格	1000 m/30 m	http://www.resdc.cn/
DEM	栅格	90 m	http://www.gscloud.cn/
气候	栅格	1000 m	http://www.geodata.cn
光照	统计数据		统计年鉴
NDVI	栅格	1000 m	https://doi.org/10.5067/MODIS/MODBA2.061
土壤	栅格	1000 m	http://www.fao.org/
道路	矢量		
水体	矢量		https://download.geofabrik.de/asia.html
居民点	矢量		
行政中心	矢量		
人口	栅格	1000 m	https://www.worldpop.org/

本节选用中国科学院资源环境科学与数据中心的土地利用数据。该数据以相应年份的 Landsat 影像为数据源，通过目视解译而成，国家尺度上的分类精度达 81%，已被广泛应用于土地利用变化和生态系统监测研究（Tan et al.，2021；Zhou and Lv，2020）。本节通过重分类，将分类结果划分为耕地、林地、草地、水域、建设用地和未利用地。

土壤数据来源于联合国粮食及农业组织，该数据是国际应用系统分析研究所、联合国粮食及农业组织等机构通过收集世界范围内各国的土壤资料信息汇集而成的。该数据包括不同标准下的土壤类别、表层（0～30 cm）和底层（30～100 cm）土壤的各种理化性质，本节以表层数据为参考。

气候数据来源于国家地球系统科学数据中心（National Earth System Science Data Center），该数据是基于东安格利亚大学气候研究中心（CRU，Climate Research Unit）发布的全球 0.5°分辨率气候数据以及 WorlidClim 发布的全球高分辨率气候数据，通过 Delta 空间降尺度方案生成，并通过 496 个独立气象观测点的数据验证，包含 2000～2020 年的月平均气温和平均降水数据（Peng et al.，2019）。

人口数据来源于 WorldPop 网格化数据集，该数据采用自上而下和自下而上的方法，结合国家人口、住房普查或样本调查数据，构建了 2000～2020 年的时序空间数据（Lloyd et al.，2017），已得到研究人员广泛应用。

DEM 数据来源于地理空间数据云，为 SRTM DEM 数据，空间分辨率 90 m。

年日照时数（2000～2020 年）是以县级城市为单位从各地区统计年鉴中收集的，以平均日照时长作为光照指标。道路、水体以及行政中心点数据来源于公开数据集（Open street Map，OSM），NDVI 数据来源于 MOD13A2 数据集。

在获取相关数据后，应用欧氏距离、面转栅格等工具，将数据统一导出为栅格形式，并且为了保持空间一致性，应用重采样工具，将数据重采样为 1 km。

3. 研究技术路线图

应用上述数据构建耕地撂荒风险评价体系（图 10.4）。研究主要包含三个部分，首先，为了避免 2000～2020 年建设用地扩张占用耕地，影响评价结果，研究将 2000 年土地利用与 2020 年土地利用进行叠加分析，排除了 2000～2020 年内由耕地转为建设用地的像元。其次，研究参考前人研究，从地形条件、自然条件、土壤背景和社会背景等多个方面选择影响耕地利用的因子，构建撂荒风险评价指标体系，并应用熵权法对各指标赋权，最大限度减少人为主观性。最后，研究基于评价结果，以区域和省级单元为对象对撂荒风险等级空间分布进行了统计分析，并应用 NDVI 时序变化监测方法，在分层随机采样的基础上，统计各等级样点的撂荒率，以检验评价结果的准确性。在讨论部分，针对不同撂荒风险等级的耕地，研究从耕地利用适宜性角度，提出了要严格保护低撂荒风险等级的耕地，合理安排高撂荒风险等级的耕地主动退出农业生产，以促进耕地资源可持续利用。

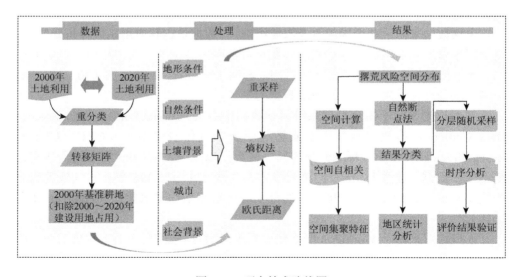

图 10.4　研究技术路线图

4. 风险评价体系

从农业生产关系来看，农民是耕地的直接使用者，是农业生产活动的主体，主客体属性的变化与外部环境都会对耕地利用行为产生影响。因此，耕地撂荒并不是单一因素导致的，而是受社会、经济和自然等因素共同作用的复杂过程。已有研究从地形条件、土壤背景、产权流转、农户特征、耕地利用条件以及气候条件等多个方面对撂荒驱动进行了探究。农村劳动力迁移是驱动耕地撂荒的主要原因，非农就业减少了农村从事农业生产劳动力的数量，剩余劳动力大多为老年人和妇女，他们以有限的农业机械代替劳动力损失，一些劣质耕地逐渐被撂荒，并且随着家庭务工人员数量的增加，撂荒的概率还会逐渐升高（Lu，2020）。当地政府和农户，通过土地整治等工程，优化地区耕地、道路、水池以及居民点布局，改善耕地利用条件，从而缩短耕作和灌溉距离，降低耕地撂荒风险（Corbelle-Rico et al.，2012；Vinogradovs et al.，2018）。除此之外，靠近城市市场的农民可以更容易地购买生产资料，获得信贷和保险等服务，并进行产品交易，这可以提高农业生产力和专业化水平，提高耕地利用的稳定性（Masters et al.，2013）。由于农村土地分配制度和农村土地流转制度不健全，从事农业的农村劳动力人均耕地面积较小，无法产生规模效应和机械化经营，这也是农村土地撂荒的重要因素，为此，一些地区还建立了耕地流转体系，外出务工的农户通过经营权流转，进一步减少了耕地撂荒。

其他因素如地形、土壤、气候等是地球长期演化形成的，不会随时间而发生显著改变，这些因素也通常决定了耕地的本底质量。地形是决定耕地本底质量的关键因素，不仅限制了作物类型，还在一定程度上限制了农业生产的规模化和机械化运作，随着海拔和坡度的增加，土壤有机质含量逐渐减少，水土流失和养分流失风险逐渐增加，更容易引发耕地撂荒（Kolecka，2021）。土壤背景是作物生长的直接环境，直接决定了农作物能否生存，也是土地整治工程中难以改变的因素，良好的土壤背景通常沙土含量较低，黏土含量较高，因而具有较好肥力条件和水分存储能力，耕地撂荒可能性较低（Kolecka，2021）。气候是决定作物种植类型的重要条件，在光照充足、降水丰富和温度适宜的区域，作物种植类型可替代性强，种植户可根据投入产出情况优化种植结构，进而提升农业生产收益，减少耕地撂荒。

综上所述，考虑数据的可获取性和空间表征能力，本节从地形条件（高程、坡度）；自然条件（降水、气温、光照和 NDVI）；土壤环境（土壤容重、土壤有机质含量、沙土含量、黏土含量）；耕地利用条件（距道路距离、距水体距离和距居民点距离）；社会背景［距市场（县域）距离和人口分布］等方面选择相关指标，构建耕地撂荒风险评价体系（表 10.6）。劳动力质量与产权流转等因素空间异质性较大，且目前没有公开可获取的空间分布数据，本节并未考虑。

表 10.6　指标定义及其与撂荒的相关性

指标	定义	作用	指标	定义	作用
高程	耕地高程	+	沙土含量	耕地单位土壤体积沙土含量	+
坡度	耕地坡度	+	黏土含量	耕地单位土壤体积黏土含量	−
降水	耕地年均降水量	−	距道路距离	耕地距道路距离，表示耕地通达度	+
气温	耕地年均气温	−	距水体距离	耕地距水体距离，表示灌溉保证率	+
光照	耕地年均光照时长	−	距居民点距离	耕地距居民点距离，表示耕地的耕作距离	+
NDVI	耕地年均 NDVI	−	距市场（县域）距离	耕地距周边县域的距离，表示距市场距离	+
土壤容重	耕地土壤烘干后质量与烘干前体积比值	+	人口分布	人口数量的空间分布特征	−
土壤有机质含量	耕地单位土壤体积有机质含量	−			

注："+"表示因素对撂荒有促进作用，"−"表示因素对撂荒有抑制作用

5. 指标权重赋值

层次分析法、等值法以及熵权法等是决定指标权重的常用方法。层次分析法结合了定性和定量分析，但具有较强的人为主观性。等值法将各指标赋予同等权重，无法体现指标的重要性和差异性。熵权法根据评价指标本身分布特征来确定权重，指标的信息熵越小，分布越离散，综合影响就越大，应该赋予更高的权重（Shannon，2001）。这种由指标自身特征确定的权重，既能克服主观赋权法的随机性，还可以有效解决指标之间的重叠问题，本节以熵权法计算指标权重，其计算过程包含三个部分。

（1）指标标准化处理。一般来讲，正向指标数值越大，撂荒风险越高；负向指标数值越大，撂荒风险越低。熵权法中的标准化将异质指标同质化，通过采用不同的计算方法，将所有指标均归一化为指标数值越大，风险值越高。

对于 n 个指标，m 个样本，有 $x_{i,j} = \{x_{i1}, x_{i2}, \cdots, x_{im}\}(i = 1, 2, \cdots, n; j = 1, 2, \cdots, m)$。为了避免归一化结果中出现 0 和 1，研究对原有公式进行了优化。

利用式（10.7）对正向指标归一化：

$$y_{i,j} = \frac{x_{i,j} - \min(X_i)}{\max(X_i) - \min(X_i)} \times 0.998 + 0.001 \qquad (10.7)$$

其中，$x_{i,j}$ 表示指标的初始值，$y_{i,j}$ 表示归一化结果。

利用式（10.8）对负向指标归一化：

$$y_{i,j} = \frac{\max(X_i) - x_{i,j}}{\max(X_i) - \min(X_i)} \times 0.998 + 0.001 \tag{10.8}$$

（2）利用式（10.9）和式（10.10）计算指标信息熵：

$$E_i = -\frac{1}{\ln m} \sum_{j=1}^{m} P_{i,j} \ln P_{i,j} \tag{10.9}$$

$$P_{i,j} = \frac{y_{i,j}}{\sum\limits_{j=1}^{m} y_{i,j}} \tag{10.10}$$

其中，$P_{i,j}$ 表示样本 i 在因素 j 中的重要性。

（3）利用式（10.11）确定各指标的权重：

$$W_i = \frac{1 - E_i}{n - \sum E_i} \tag{10.11}$$

6. 局部空间自相关

根据地理学第一定律可知，空间范围内地物距离越近，相关性越大；距离越远，相异性越大，因此，空间上距离越近的耕地，撂荒风险等级应该越相近。局部空间自相关是计算区域内各个空间对象与其邻域对象间某一属性的空间相关程度，分析空间对象分布中所存在的局部特征差异，从而判断对象在局部空间的聚合或分散特性（Ord and Getis，1995）。本节借助该方法来分析各耕地栅格撂荒风险程度在空间上的相关性。计算公式如式（10.12）：

$$I_i = \frac{N(x_i - \overline{x})}{\sum\limits_{i=1}^{N} (x_i - \overline{x})^2} \sum_{j=1}^{N} w_{i,j}(x_j - \overline{x}) \tag{10.12}$$

其中，I_i 表示单元 i 的局部空间自相关值；N 表示山地丘陵区耕地发生边际化的县域数量；x_i 表示研究县域单元的空间属性值；$\overline{x}$ 表示 x_i 的均值；$w_{i,j}$ 表示研究单元 i 与 j 之间的空间交互权重。

7. 时序变化监测

遥感时序变化监测是定量分析地表变化特征与过程的有效方法，随着 Landsat 数据的免费开放以及数据云平台的发展，时序变化监测取得了长足发展，已在耕地、水体等地物提取上得到广泛应用（He et al.，2020；2021）。本节基于 NDVI 时序变化监测耕地利用变化，合理设定阈值是判定撂荒行为的重要前提。

耕地与自然植被的季节性光谱曲线有很大的相似性，NDVI 的差异体现在播种期和收获期，然而不同区域的作物物候有所差异，本节以年际 NDVI 分位值区分耕地与自然植被。根据耕地、林地和灌木等样点的年际 NDVI 分位值，考虑各地物平均值、标准偏差的范围，建立分离度指数，最小值对应的分位值即为作物最佳区分值。计算如式（10.13）：

$$S_i = \left| \frac{(M_{f,i} + S_{f,i}) - \min(M_{n,i} - S_{n,i})}{M_{n,i} - M_{f,i}} \right| \quad （10.13）$$

其中，S_i 表示累计 i 分位下的分离度；$M_{f,i}$ 表示 i 分位下耕地 NDVI 值；$S_{f,i}$ 表示耕地 NDVI 在 i 分位的标准偏差；$M_{n,i}$ 表示 i 分位下自然植被（林地、草地和灌木）NDVI 均值；$S_{n,i}$ 表示自然植被 NDVI 的标准偏差。样本统计结果表明当 S_i 取最小值时，对应的 i 为 10%，对应的 NDVI 值约为 0.4，以此作为判定耕地撂荒的标准（图 10.5）。

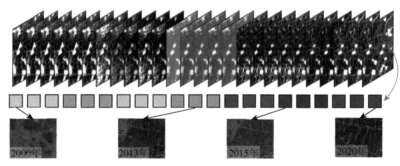

(a) 时序变化监测原理

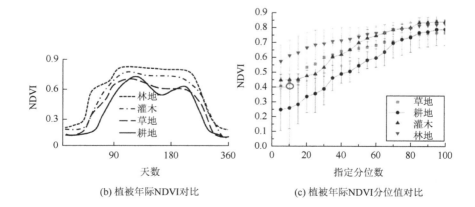

(b) 植被年际NDVI对比   (c) 植被年际NDVI分位值对比

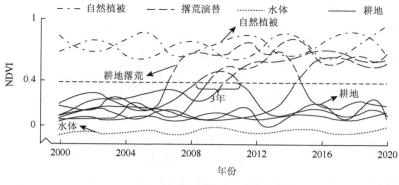

(d) 耕地撂荒NDVI变化原理图

图 10.5　遥感时序变化监测

图（b）中横轴天数指一年中的第几天

在此基础上，借鉴已有研究对耕地撂荒的定义，本节将超过三年持续未耕作的耕地定义为撂荒耕地。若某一像元的 NDVI 值在某时刻发生突变，且持续保持在三年以上，则认为该像元存在撂荒行为。

本节应用分层随机采样法，基于 GEE 平台，提取各样点 2000～2020 年年际 10%分位的 NDVI 时序变化，统计各级别样点中发生撂荒的样点数量，通过式（10.14）计算撂荒率。

$$G_i = \frac{N_i}{100}, \quad i = 1,2,3,4,5 \tag{10.14}$$

其中，G_i 表示撂荒风险等级为 i 的耕地撂荒率；N_i 表示撂荒风险等级 i 的样本中出现撂荒的样本数量。

10.4.3　研究结果

1. 长江经济带耕地撂荒风险评价结果

本节在收集耕地撂荒风险指标相关数据的基础上，借助公式，按照指标的作用效果进行归一化处理，应用熵权法计算得到各个指标的权重（表 10.7）。

表 10.7　权重统计表

指标名称	权重	指标名称	权重	指标名称	权重
高程	0.116	坡度	0.170	降水	0.006
气温	0.007	光照	0.009	NDVI	0.006

指标名称	权重	指标名称	权重	指标名称	权重
土壤容重	0.123	土壤有机质含量	0.005	沙土含量	0.018
黏土含量	0.010	距道路距离	0.146	距水体距离	0.070
距居民点距离	0.285	距市场（县域）距离	0.028	人口分布	0.001

权重计算结果显示，耕地利用条件和地形条件的总权重相对较高，分别为0.501 和 0.286，两者之和甚至达到了 0.787，表明长江经济带地区耕地的地形条件和利用条件存在显著的空间差异。长江经济带地势西高东低，长江中游、下游平原和四川盆地是耕地的集聚区，然而山区丘陵地带依然分布着大量的梯田和坡耕地，因而使得耕地的高程、坡度分布以及通达条件、用水等方面存在显著差异。土壤环境也是决定耕地撂荒风险的重要因素，总权重值达 0.156，它表征耕地土壤水分的承载能力，是提高耕地生产力的重要保障。自然条件和社会背景比重相对较低，分别为 0.028 和 0.029，表明耕地在相关方面上的分布相对均匀，他们并不是该地区限制耕地利用的决定性条件。

基于指标权重，应用公式进行加权求和，得到长江经济带耕地撂荒风险的空间评估结果，并应用公式分析撂荒风险空间分布的集聚效应。

长江经济带耕地撂荒风险均值为 0.0978。四川、贵州与重庆的耕地平均撂荒风险程度较高，且耕地撂荒风险得分分布更加分散。江苏与安徽相对较低，且取值分布范围更加集中。随着耕地由连片到破碎，耕地撂荒风险等级呈现出逐渐升高的趋势。在长江下游平原区、中部平原区以及四川盆地区，撂荒风险相对较低。这些地区地势平坦，耕地连片程度高，耕作配套设施齐全，是重要的粮食生产区。撂荒风险较高的像元主要分布在云南、贵州的以及湖南和湖北的西部、四川和重庆的山区地带，这类地区最大的特点是地势起伏变化显著，地貌破碎化严重，耕地多以梯田和坡耕地的形式存在，空间上分布分散。这种地形条件也决定了这些地区的农业呈现劳动力依赖程度高、小规模经营以及耕地利用条件差的特点。农户为了寻求更高的经济收入，转移到城市进行非农生产，从而导致该类地区的耕地撂荒风险相对更高。另外，撂荒风险局部自相关的计算结果进一步表明了长江下游平原区、中部平原区以及四川盆地区是耕地撂荒低风险的集聚区。撂荒高风险集聚区更多地分布在云贵山区和川渝山区。

2. 不同风险等级的耕地的省域分布特征

基于耕地撂荒风险评价结果，应用自然断点法将撂荒风险分为五级：低风险、中低风险、中风险、中高风险和高风险。从各级面积统计结果中可以看出，耕地面积占比随着撂荒风险等级升高而逐渐降低，低风险占比最高，达 35.18%，中低风险次之，为 31.49%，高风险面积占比最低，仅为 2.83%。从各级结果空间分布式上来看，低风险和中低风险的耕地主要分布在四川盆地和长江经济带的东部省份，主要包括江苏、浙江、安徽、江西、湖北、湖南等省份，而中风险等级以上的耕地主要分布在云贵山区和川渝山区，即云南、贵州以及重庆是高撂荒风险耕地的主要分布地区。

　　耕地是粮食生产的载体，在中国，"米袋子"省长负责制要求省级人民政府切实承担起保障本地区粮食安全的主体责任，严格把控区域粮食生产，因而我们在省级尺度上统计了各撂荒风险等级耕地的面积占比（图 10.6）。统计结果显示低风险耕地的面积占比随各省份由东向西逐渐下降，江苏省内低风险耕地面积占比最高，达 64.29%，安徽次之为 59.42%，云南最低，仅占该省份耕地的 0.54%。中低风险的耕地在中部省份占比相对均衡约为 30%，在上海、重庆、四川和贵州占比较高，达到了 40% 左右，云南最低，为 13.55%。中风险、中高风险和高风险耕地面积占比随省份由东向西逐渐增加，贵州中风险占比最高，为 40.28%，云南中高风险和高风险占比最高，分别达 37.50% 和 10.38%。除此之外，云南中风险、中高风险和高风险耕地面积占比之和高达 85.91%，贵州次之，达 57.20%，而在其他省份，低风险和中低风险的耕地总面积占比均超过了本省域的 60%，撂荒风险相对较低。我们还分析了不同撂荒风险等级的耕地在各省份的分布情况（表 10.8）。统计结果表明低风险耕地主要分布在江苏和安徽，占比分别为该级别总面积的 17.42%

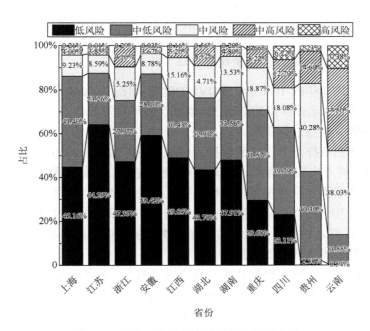

图 10.6　省级尺度各撂荒风险耕地面积占比

和 20.26%；中低风险耕地主要分布在湖北和四川，占比分别为 11.57% 和 25.36%；中风险和中高风险耕地主要分布在四川、贵州和云南，四川、贵州和云南的中风险和中高风险耕地面积占比总和分别为 59.26% 和 70.07%；高风险耕地主要分布在四川和云南，面积占比分别为 44.18% 和 41.73%。

表 10.8 风险等级尺度各省份耕地面积占比

省份	等级				
	低风险	中低风险	中风险	中高风险	高风险
上海	0.54%	0.55%	0.20%	0.15%	0.03%
江苏	17.42%	7.04%	4.31%	3.20%	0.04%
浙江	4.96%	3.27%	2.95%	2.92%	0.38%
安徽	20.26%	10.70%	5.53%	3.83%	0.13%
江西	10.11%	7.00%	5.78%	3.28%	0.41%
湖北	13.75%	11.57%	8.56%	7.83%	2.18%
湖南	13.69%	10.71%	7.15%	4.20%	0.71%
重庆	5.33%	8.33%	6.26%	4.52%	3.71%
四川	13.18%	25.36%	19.07%	22.36%	44.18%
贵州	0.59%	10.57%	17.47%	10.57%	6.50%
云南	0.17%	4.90%	22.72%	37.14%	41.73%

3. 基于时序变化监测的评价结果验证

本节基于像元年内 10% 分位 NDVI 的时序变化，以 0.4 作为耕地发生撂荒的阈值，在分层随机选择样点的基础上，绘制了各风险等级样点 NDVI 的变化趋势，并计算了各等级样点的撂荒率。

低风险级别的样点 NDVI 变化程度相对较小，2000～2020 年基本处于 0.4 以下，只有少数样点出现了撂荒，可以被视为稳定耕地。较低风险级别样点的 NDVI 波动幅度逐渐增强，且出现撂荒的样点数量开始增多，但这种行为更多地出现在 2010 年之后。中风险、中高风险和高风险级别的样点 NDVI 时序值的集聚程度逐渐降低，2010 年之后有更多数量的样点 NDVI 值连续超过 0.4，出现撂荒现象，且波动幅度随着等级升高而增强。

基于上述结果，我们根据公式对各级样点的撂荒行为进行了统计分析，并与风险等级作拟合（图 10.7）。验证结果表明低级撂荒风险样点的撂荒率最低，仅为 10%；高撂荒风险级别样点的撂荒率最高，达 32%。拟合结果表明撂荒率随着撂荒风险等级的增加呈现逐渐上升的趋势，充分证明了本节建立的撂荒风险体系具有一定的有效性和科学性。另外，从不同等级撂荒率之间的差异还可以看出，尽管低撂荒级别的撂荒率相对较低，但它们之间的差异相对较大，随着撂荒等级的提高，撂荒率的差异变化不再明显。

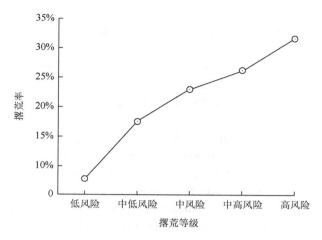

图 10.7　样点撂荒率统计

10.4.4　研究展望

本节从地形条件、气候条件以及耕地利用条件等多个方面选择相关指标，构建耕地撂荒风险评价指标体系，并应用植被指数时序变化监测验证评价结果，这在一定程度上体现了研究的科学性和评价体系的适用性，然而本节研究还存在一定不足。首先，耕地撂荒是社会、经济和环境综合作用的结果，本节研究从易于空间量化的视角选择相关指标，未能考虑国家政策和农户家庭特征等因素对耕地撂荒的影响。其次，本节以 2000 年的耕地范围为研究对象，虽然排除了 2000～2020 年建设用地占用的像元，但是也没有考虑该期间内新增耕地的撂荒风险。为了弥补该不足，我们打算在未来研究中通过合并各时期的耕地，扩大评价对象范围，并且探究遥感数据与家庭大数据结合的可能，建立更加全面的耕地撂荒风险评价体系。

本章参考文献

陈航，谭永忠，邓欣雨，等. 2020. 撂荒耕地信息获取方法研究进展与展望. 农业工程学报，36（23）：258-268.

郭贝贝，方叶林，周寅康. 2020. 农户尺度的耕地撂荒影响因素及空间分异. 资源科学，42（4）：696-709.

金芳芳，辛良杰. 2018. 中国闲置耕地的区域分布及影响因素研究. 资源科学，40（4）：719-728.

李升发，李秀彬. 2016. 耕地撂荒研究进展与展望. 地理学报，71（3）：370-389.

李升发，李秀彬，辛良杰，等. 2017. 中国山区耕地撂荒程度及空间分布：基于全国山区抽样调查结果. 资源科学，39（10）：1801-1811.

刘成武，李秀彬. 2006. 1980 年以来中国农地利用变化的区域差异. 地理学报，61（2）：139-145.

邵景安，张仕超，李秀彬. 2015. 山区土地流转对缓解耕地撂荒的作用. 地理学报，70（4）：636-649.

谢丽. 2013. 民国时期和田河流域洛浦垦区垦荒、撂荒地的空间分布格局：基于历史资料的信息可视化重建. 地理学报，68（2）：232-244.

张学珍，赵彩杉，董金玮，等. 2019. 1992-2017 年基于荟萃分析的中国耕地撂荒时空特征. 地理学报，74（3）：411-420.

Alcantara C，Kuemmerle T，Prishchepov A V，et al. 2012. Mapping abandoned agriculture with multi-temporal MODIS satellite data. Remote Sensing of Environment，124：334-347.

Campbell J E，Lobell D B，Genova R C，et al. 2008. The global potential of bioenergy on abandoned agriculture lands. Environmental Science & Technology，42（15）：5791-5794.

Cao B W，Yu L，Naipal V，et al. 2021. A 30m terrace mapping in China using Landsat 8 imagery and digital elevation model based on the Google Earth Engine. Earth System Science Data，13（5）：2437-2456.

Castillo C P，Jacobs-Crisioni C，Diogo V，et al. 2021. Modelling agricultural land abandonment in a fine spatial resolution multi-level land-use model：an application for the EU. Environmental Modelling & Software，136：104946.

Chen J，Chen J，Liao A P，et al. 2015. Global land cover mapping at 30m resolution：a POK-based operational approach. ISPRS Journal of Photogrammetry and Remote Sensing，103：7-27.

Corbelle-Rico E，Crecente-Maseda R. 2014. Evaluating IRENA indicator "Risk of Farmland Abandonment" on a low spatial scale level：the case of Galicia（Spain）. Land Use Policy，38：9-15.

Corbelle-Rico E，Crecente-Maseda R，Santé-Riveira I. 2012. Multi-scale assessment and spatial modelling of agricultural land abandonment in a European peripheral region：Galicia（Spain），1956-2004. Land Use Policy，29（3）：493-501.

d'Amour C B，Reitsma F，Baiocchi G，et al. 2017. Future urban land expansion and implications for global croplands. Proceedings of the National Academy of Sciences，114（34）：8939-8944.

Deng C B，Zhu Z. 2020. Continuous subpixel monitoring of urban impervious surface using Landsat time series. Remote Sensing of Environment，238：110929.

Du Z R，Yang J Y，Ou C，et al. 2021. Agricultural land abandonment and retirement mapping in the northern China crop-pasture band using temporal consistency check and trajectory-based change detection approach. IEEE Transactions on Geoscience and Remote Sensing，60：4406712.

Feng Y，Zeng Z Z，Searchinger T D，et al. 2022. Doubling of annual forest carbon loss over the tropics during the early twenty-first century. Nature Sustainability，5：444-451.

Foley J A，Ramankutty N，Brauman K A，et al. 2011. Solutions for a cultivated planet. Nature，478：337-342.

Gao J，Strijker D，Song G，et al. 2018. Drivers behind farmers' willingness to terminate arable land use contracts. Tijdschrift Voor Economische En Sociale Geografie，109（1）：73-86.

Gong P，Liu H，Zhang M N，et al. 2019. Stable classification with limited sample：transferring a 30-m resolution sample set collected in 2015 to mapping 10-m resolution global land cover in 2017. Science Bulletin，64（6）：370-373.

He T T，Xiao W，Zhao Y L，et al. 2020. Identification of waterlogging in Eastern China induced by mining subsidence：a case study of Google Earth Engine time-series analysis applied to the Huainan coal field. Remote Sensing of Environment，242：111742.

He T T，Xiao W，Zhao Y L，et al. 2021. Continues monitoring of subsidence water in mining area from the eastern plain in China from 1986 to 2018 using Landsat imagery and Google Earth Engine. Journal of Cleaner Production，279：123610.

Huang C Q，Goward S N，Masek J G，et al. 2010. An automated approach for reconstructing recent forest disturbance history using dense Landsat time series stacks. Remote Sensing of Environment，114（1）：183-198.

Izquierdo A E，Grau H R. 2009. Agriculture adjustment，land-use transition and protected areas in northwestern Argentina. Journal of Environmental Management，90（2）：858-865.

Karger D N，Kessler M，Lehnert M，et al. 2021. Limited protection and ongoing loss of tropical cloud forest biodiversity and ecosystems worldwide. Nature Ecology & Evolution，5（6）：854-862.

Kennedy R E，Yang Z Q，Cohen W B. 2010. Detecting trends in forest disturbance and recovery using yearly Landsat time series：1. LandTrendr：temporal segmentation algorithms. Remote Sensing of Environment，114（12）：2897-2910.

Kolecka N. 2021. Greening trends and their relationship with agricultural land abandonment across Poland. Remote Sensing of Environment，257：112340.

Kopeć D，Sławik Ł. 2020. How to effectively use long-term remotely sensed data to analyze the process of tree and shrub encroachment into open protected wetlands. Applied Geography，125：102345.

Li S F，Li X B. 2017. Global understanding of farmland abandonment：a review and prospects. Journal of Geographical Sciences，27（9）：1123-1150.

Lloyd C T，Sorichetta A，Tatem A J. 2017. High resolution global gridded data for use in population studies. Scientific Data，4：170001.

Lu C. 2020. Does household laborer migration promote farmland abandonment in China?. Growth and Change，51（4）：1804-1836.

Masters W A，Djurfeldt A A，de Haan C，et al. 2013. Urbanization and farm size in Asia and Africa：implications for food security and agricultural research. Global Food Security，2（3）：156-165.

Morell-Monzó S，Estornell J，Sebastiá-Frasquet M T. 2020. Comparison of Sentinel-2 and high-resolution imagery for mapping land abandonment in fragmented areas. Remote Sensing，12（12）：2062.

Novara A，Gristina L，Sala G，et al. 2017. Agricultural land abandonment in Mediterranean environment provides ecosystem services via soil carbon sequestration. Science of the Total Environment，576：420-429.

Olsen V M, Fensholt R, Olofsson P, et al. 2021. The impact of conflict-driven cropland abandonment on food insecurity in South Sudan revealed using satellite remote sensing. Nature Food, 2 (12): 990-996.

Ord J K, Getis A. 1995. Local spatial autocorrelation statistics: distributional issues and an application. Geographical Analysis, 27 (4): 286-306.

Peng S Z, Ding Y X, Liu W Z, et al. 2019. 1 km monthly temperature and precipitation dataset for China from 1901 to 2017. Earth System Science Data, 11 (4): 1931-1946.

Potapov P, Turubanova S, Hansen M C, et al. 2022. Global maps of cropland extent and change show accelerated cropland expansion in the twenty-first century. Nature Food, 3: 19-28.

Prishchepov A V, Radeloff V C, Baumann M, et al. 2012. Effects of institutional changes on land use: agricultural land abandonment during the transition from state-command to market-driven economies in post-Soviet Eastern Europe. Environmental Research Letters, 7 (2): 024021.

Shannon C E. 2001. A mathematical theory of communication. ACM SIGMOBLE Mobile Computing and Communications Review, 5 (1): 3-55.

Song X P, Hansen M C, Stehman S V, et al. 2018. Global land change from 1982 to 2016. Nature, 560: 639-643.

Tan Y Z, Chen H, Xiao W, et al. 2021. Influence of farmland marginalization in mountainous and hilly areas on land use changes at the county level. Science of the Total Environment, 794: 149576.

Terres J M, Scacchiafichi L N, Wania A, et al. 2015. Farmland abandonment in Europe: identification of drivers and indicators, and development of a composite indicator of risk. Land Use Policy, 49: 20-34.

Vacquie L A, Houet T, Sohl T L, et al. 2015. Modelling regional land change scenarios to assess land abandonment and reforestation dynamics in the Pyrenees (France). Journal of Mountain Science, 12 (4): 905-920.

Vinogradovs I, Nikodemus O, Elferts D, et al. 2018. Assessment of site-specific drivers of farmland abandonment in mosaic-type landscapes: a case study in Vidzeme, Latvia. Agriculture, Ecosystems & Environment, 253: 113-121.

Yang J, Huang X. 2021. 30m annual land cover dataset and its dynamics in China from 1990 to 2019. Earth System Science Data, 13: 3907-3925.

Yin H, Butsic V, Buchner J, et al. 2019. Agricultural abandonment and re-cultivation during and after the Chechen Wars in the northern Caucasus. Global Environmental Change, 55: 149-159.

Yin H, Pflugmacher D, Li A, et al. 2018b. Land use and land cover change in Inner Mongolia-understanding the effects of China's re-vegetation programs. Remote Sensing of Environment, 204: 918-930.

Yin H, Prishchepov A V, Kuemmerle T, et al. 2018a. Mapping agricultural land abandonment from spatial and temporal segmentation of Landsat time series. Remote Sensing of Environment, 210: 12-24.

Yoon H, Kim S. 2020. Detecting abandoned farmland using harmonic analysis and machine learning. ISPRS Journal of Photogrammetry and Remote Sensing, 166: 201-212.

Zhang X，Liu L Y，Chen X D，et al. 2020. GLC_FCS30：global land-cover product with fine classification system at 30m using time-series Landsat imagery. Earth System Science Data，13（6）：2753-2776.

Zhou B B，Lv L G. 2020. Understanding the dynamics of farmland loss in a rapidly urbanizing region：a problem-driven，diagnostic approach to landscape sustainability. Landscape Ecology，35（11）：2471-2486.

Zhu X F，Xiao G F，Zhang D J，et al. 2021. Mapping abandoned farmland in China using time series MODIS NDVI. Science of the Total Environment，755（2）：142651.

Zhu Z，Woodcock C E. 2014. Continuous change detection and classification of land cover using all available Landsat data. Remote Sensing of Environment，144：152-171.

第 11 章　高潜水位煤矿区开采扰动监测

煤炭作为世界上主要的能源资源，对电力、工业活动起着重要的支撑作用，但是煤矿开采对地区经济—社会—生态的发展有着两面性。中国东部地区不仅拥有丰富的煤炭资源，同时也是主要的粮食产区。煤炭开采导致地表沉陷积水，是东部高潜水位平原煤矿区的主要特征，对矿区开采造成的土地利用变化的长时序检测，有助于定量评估煤炭开采对土地、生态与社会的综合影响效应。但是，已有的研究一直受限于公共数据集及计算能力，无法开展大区域的生态损伤评价与监测。在没有地下采矿信息为先导的情况下，如何识别与区分自然水体、人类地面活动导致的挖掘水体，以及识别开采扰动沉陷的时序变化，同时量化开采沉陷影响的程度是目前单纯采用遥感手段进行监测的难题。因而本章运用遥感大数据以及 GEE 平台，定量测度矿区长时序的沉陷积水变化过程，并基于高潜水位矿区土壤水分的遥感反演识别开采扰动的生态影响范围，为类似矿区开采沉陷水体的监测识别与影响评估提供了新的思路。

11.1　背景与需求

11.1.1　高潜水位煤矿区开采沉陷造成积水

中国是全球最大的煤炭生产与消费国（Chen et al.，2019）。自 1985 年以来，中国已经是全球主要的煤炭生产国，到 2019 年，原煤产量为 45.6 亿 t。根据预测，到 2050 年，我国的能源构成中煤炭占比仍将高于 50%。煤炭的持续高产，满足了中国社会与经济高速发展的需求。然而，煤炭开采造成了一定的环境问题，如地表沉陷、景观变化等，导致一些矿区土地废弃，破坏了矿区生态环境，矿区生产和生活环境的安全受到威胁。因此，矿区环境问题已经成为我国乃至全球的关注热点和焦点。

我国 85% 以上的煤炭产量来自井工开采，且多采用走向长壁垮落法开采，土地不可避免地产生下沉，造成大量土地的沉陷损毁，改变了矿区的地表形态以及水文地质条件（Cheng et al.，2017）。据统计，地下开采 1 万吨煤引起的地表沉陷面积为 0.20～0.33 ha（Xiao et al.，2014）。截至 2017 年，中国的采煤沉陷区约为 2.0×10^6 ha，年均增长面积约 7×10^4 ha（Li et al.，2019）。特别是在地下水埋深较浅的地区，沉陷区大概率被水体淹没，形成大面积的积水区域。中国东部平原地区的高潜水位煤矿区，煤炭产量约占中国煤炭总产量的 18%，煤矿开采过程中地基沉降导致地表沉陷积水，是该地区开采扰动的主要特征之一（Liu et al.，2021）。随着采煤工作面的推进，积水区不断扩张，进而发展成湿地生态系统，甚至成为"人工湖泊"，这对陆地生态系统造成严重的破坏。以淮南矿区为例，截至 2016 年底，采煤沉陷区总面积约为 2.78 万 ha，其中积水面积约为 1.9 万 ha，约占 70%（He et al.，2020）。

11.1.2　高潜水位矿区开采扰动缺乏时序监测

实地调查是监测地面变化与沉陷积水并进行影响评估最准确的方法，但是受到沉陷积水空间分布大和沉陷积水过程时间长的限制，无法回溯历史不同开采阶段煤炭开采对土地利用的定量变化与影响。由于遥感影像更新频率高、影像容易获取以及能大面积监控等特征，遥感技术已广泛应用于森林退化、城市扩展、水体变化、耕地抛荒等大面积资源变化监测。对于矿区来说，矿区土地变化检测可以分为露天开采和地下开采，露天矿区主要集中在利用植被指数检测采矿活动对地表的扰动。比如，李晶等（2016）利用时序 NDVI 实现了对草原矿区植被扰动的监测，贾铎等（2016）与李恒凯等（2018）分别基于奇异谱分析与曼肯德尔检验（SSA-Mann Kendall）和多源时序 NDVI 对草原露天矿区与稀土矿区的土地损毁及恢复过程进行了分析。

对地下开采的矿区，多是对不同时期的影像进行人工解译，然后比较解译结果来检测采矿活动对地表的扰动与影响，如郝成元和杨志茹（2011）分别利用 MODIS 数据与 CA_Markov 模型对潞安矿区净初级生产力与徐州矿区地表热环境进行了分析，此外，雷达数据也被广泛地应用于井工开采矿区的地表形变观测。然而，这种多期影像人工解译分类的方法工作量大且分类误差极易累积，选择特定年份的某一时间节点的数据，往往只能代表在这一瞬时状态地表的植被与土地利用状态，无法表征某一时间阶段内的特征，这给非线性且高时空异质性的事件监测带来困难，在研究过程中，由于受到天气条件如云量与卫星过境时间等多因素影响，各年之间的数据也往往无法选择在每一年的同一时间进行，这也给监测结果的可信度与可比较性带来挑战。对于高潜水位矿区地面扰动遥感监测来说，如何准确快速地获取地面积水的时空规律是关键，李晶等（2017）在比较改进归一化差异水体指数法、单波段阈值法、谱间关系法、穗帽变换 4 种水体提取方法的精度及优缺点基础上，采用基于阈值分割的改进的归一化差异水体指数法提取了兖州煤田 1990～2014 年的水体信息并分析了其时空变化特征。但是地面水体变化受到多种因素的影响（人工挖掘鱼塘、降水量等），在缺乏地下采矿信息的情况下，如何根据单一的遥感影像数据，分辨采煤沉陷导致的地面积水与人为活动导致的池塘，以及消除水文年际变化（丰水年与枯水年）导致的噪声，成为遥感提取采煤沉陷水体的重大阻碍与难题。受气候条件以及采煤引起的地表沉陷程度的影响，沉陷区域的积水面积在年内和年间是变化的。因此，用单景影像代表年内的积水面积是不合理的，仅通过比较多景影像检测矿区年间积水面积变化，存在一定的局限性，亟须长时序影像数据进行监测。

11.1.3　高潜水位矿区开采对生态环境造成严重影响

中国东部高潜水位区是重要的煤炭基地，同时也是重要的粮食主产区。众多煤炭赋存丰富，同样也是重要的粮食产区的地区，广泛出现在澳大利亚昆士兰州、美国伊利诺伊州、中国山东省等煤炭开采地区。据统计，中国众多煤矿位于粮煤复合区，占中国耕地总面积的 42.7%（Xiao et al.，2018）。煤炭开采导致大量土地沉陷积水，严重破坏原有生态系统，并对土地利用、植被生长、土壤质量等造成影响（Brom et al.，2012；de Quadros et al.，2016）。开采扰动导致了大量耕地直接受到水淹损害（He et al.，2021），与此同时也影响了土壤理化性质和地下水水文，导致土壤水分变化和养分流失加剧，对更加广泛的区域的农业作物生长造成影响（Xiao et al.，2021）。开采沉陷积水加上矿区排灌条件不足的话，农田可能出现内涝现象，导致作物受到渍害影响，从而导致开采沉陷区土地生产力下降，这一现象在地形平坦地区更为显著（Lechner et al.，2016）。有研究表明作物减产与煤炭开采直接相关，在地面沉降严重的地区，玉米产量平均下降 95%（Darmody et al.，1989）。

除了煤矿导致的沉陷积水，该地区面临的另一个难题是煤矿给周围生态环境带来的负面作用，尤其对区域内拥有优质耕地的农业生态系统造成严重的损害。当前已有学者通过测度植被信息、植被碳储量等方式评估矿区开采对农作物的影响。煤炭开采对生态环境的影响具有空间传递或空间扩散性。大多数研究以对建筑物的影响程度为评价标准，将地表下沉 10 mm 作为采煤对地表的扰动边界（Liu et al.，2021）。由于煤炭开采的累计生态效应等因素，地表下沉 10 mm 边界作为土地生态的影响边界并不适宜（Xu et al.，2014）。特别是开采沉陷对农业耕作活动的影响，往往无法通过一个特定的下沉值来确定。已有研究认为开采沉陷损毁边界要远远超过 10 mm 所圈定的范围（Wu et al.，2009）。其实，这主要取决于区域地形、土地利用类型、地下水埋深等多种因素。已有的研究表明：煤炭开采对土壤水分、植被叶绿素、植被生物量（Pallavicini et al.，2015）等的影响，从沉陷区域中心至非沉陷区有明显的空间变化规律。对高潜水位矿区而言，地形改变与潜水位的相对变化，直接导致开采沉陷区的表层土壤含水量上升。土壤水分在矿区高强度开采过程中也会受到极大影响，进而导致生态环境恶化。土壤水分作为作物生长的基础条件，与土壤的理化性质等共同形成适宜作物生长的土壤环境。土壤长时间处于水分过饱和状态，会导致其肥力下降，作物受渍害胁迫，直接影响作物生长甚至危及作物存活。农田大量减产甚至绝产，耕作系统遭到破坏，对当地居民的生产生活产生极大影响。采煤沉陷对生态环境的影响程度在一定程度上可以通过典型土壤指标、植被指标等因素的变化来表征。

11.2 技术与方法

11.2.1 研究区概述

黄淮海平原又称华北平原，是我国人口最多的平原区，行政区域横跨 7 省区市。我国的高潜水位矿区主要分布在该平原中部及北部地区。结合煤炭资源分布图和 Google Earth 影像，选取中国高潜水位矿区分布最集中的地区作为研究区，区域面积 7 万 km^2，涉及 9 大矿区，包括兖州矿区、巨野矿区、济宁矿区、枣滕矿区、丰沛矿区、永夏矿区、徐州矿区、淮北矿区、淮南矿区。横跨山东、安徽、江苏、河南，包括山东的菏泽、济宁、枣庄，安徽的亳州、阜阳、蚌埠、宿州、淮北、淮南，江苏的徐州，河南的商丘，共 11 个地市，总面积 6.84×10^6 ha，其中耕地 5.22×10^6 ha，占总面积 76.31%。我国煤炭资源和耕地复合面积占全国耕地面积的 10.8%。该区域含煤面积 4.25×10^6 ha，与耕地复合的面积 3.31×10^6 ha，煤粮复合区占该区域耕地面积的 63.41%。研究区是我国主要粮食产区和煤炭生产基地。

11.2.2 基于轨迹数据和先验知识的变化水体识别

沉陷水体提取的技术难点是，在缺乏地下煤炭开采信息的情况下，如何利用遥感区分自然水体、采煤沉陷水体以及人工挖损水体。由于 3 类水体在遥感影像上均表现为水体光谱信息，仅依靠单相影像难以区分 3 类水体。但是 3 类水体年际间的土地利用类型存在差异，自然水体长期处于积水状况，土地利用类型未发生变化，属于稳定水体，如湖泊、河流；采煤沉陷水体及人工挖损水体由陆地生态系统转变而来，土地利用类型发生改变，属于变化水体。因此，可以利用土地利用类型是否改变的情况，通过变化检测技术，识别研究区的变化水体，为后续进一步提取沉陷水体提供本底信息。变化水体在年际间发生了陆地和水体之间的转换，是识别变化水体的关键。以采煤沉陷区积水过程分析为例，随着地表下沉幅度增大，沉陷区的土地类型经历"陆地—水体"的积水事件；如果对积水区进行复垦，则出现"水体—陆地"的复垦事件（注意：本节中的复垦是指对沉陷水体区域进行覆土回填，沉陷水体从水生生态系统改变为陆地生态系统）。两种事件对应的时间是积水开始年份和复垦完成年份（简称积水年份和复垦年份）。这在像素的年际水频率轨迹数据中可定义为两类扰动事件。因此，可以将扰动事件作为变量特征，制定相应的规则，检测研究区的变化水体及其扰动信息（积水年份和复垦年份），由此构建基于轨迹数据和先验知识的变化水体识别方法。

本节基于年度水频率指数（annual water frequency index，AWFI）数据集，构建像素的年际 AWFI 轨迹数据；分析水体的轨迹数据，制定扰动事件识别规则，利用移动窗口和阈值法识别水体的扰动事件；然后利用扰动事件规律，制定变化水体识别规则，从而实现变化水体及其扰动信息的提取。

1. 构建 AWFI 轨迹

采煤沉陷积水是黄淮海平原矿区土地损毁的主要特征之一，水体变化在一定程度上能够表征该区域土地损毁与复垦情况。计算研究区的年度水频率值，需要识别每一张影像上的水体。基于植被指数和水体指数在水体中的差异，利用两种指数的关系式提取水体是一种高效的水体识别方法。这种方法第一次使用是在美国俄克拉何马地区，算法有效降低了植被对水体的干扰，对水体信号敏感，目前已广泛用于水体提取（Zou et al.，2018；Wang et al.，2018b；Wang et al.，2019）。这一算法首先将水体信号强于植被信号的像素作为实际水体像素（MNDWI＞NDVI 或者 MNDWI＞EVI）。其次，为了进一步消除植被引起的噪声，用 EVI 排除混有植被的湿地像素（EVI＜0），从而实现了水体的识别。

通过上述水体识别算法提取研究区所有影像上的水体像素。对于每个像素，以年为单位，计算像素上所有影像中出现水体的频率，以量化像素的年内水体变化情况，称 AWFI：

$$\text{Water} = \begin{cases} 1, & \text{EVI} < 0.1 \text{ and } (m\text{NDWI} > \text{EVI} \text{ or } m\text{NDWI} > \text{NDVI}) \\ 0, & \text{其他值} \end{cases}$$

$$\text{AWFI} = \frac{\sum N_{\text{Water}}}{\sum N_{\text{Total}} - \sum N_{\text{Bad}}}$$

其中，AWFI 表示年度水频率指数，范围是 $0 \leqslant \text{AWFI} \leqslant 1$；Water 表示水体；$\sum N_{\text{Water}}$ 表示年度识别为水体的观测数据数量；$\sum N_{\text{Total}}$ 表示年度所有观测数据的总数；$\sum N_{\text{Bad}}$ 表示年度高云量低质量的观测数据总数；$\sum N_{\text{Total}} - \sum N_{\text{Bad}}$ 表示年度所有良好观测数据的总数。

基于 1986～2018 年的年度 AWFI 数据集，构建每个像素的年际 AWFI 轨迹数据。变化水体在年际间发生陆地和水体的转换，对应的 AWFI 值在轨迹上表现出突变特征，因此应尽量保留轨迹曲线中 AWFI 突变的时相和幅度。但是极端天气导致的事件（如洪灾）或遥感仪器异常等可能在轨迹数据上产生明显异常值，因此本节利用 BISE 算法对轨迹数据进行异常值处理（Yang et al.，2018；Hermosilla et al.，2015；Tomé and Miranda，2004）。BISE 是一种基于移动窗口和阈值的降噪的方法，需要确定移动窗口和数据的变化幅度百分比。以长度为 3 的移动窗口为例，计算窗口中第一个 $AWFI_{i-1}$ 到第二个 $AWFI_i$，第三个 $AWFI_{i+1}$ 到第二个 $AWFI_i$ 值的变化幅度：

$$D_{i-1,i} = \left| \frac{AWFI_{i-1} - AWFI_i}{AWFI_{i-1}} \right|$$

$$D_{i+1,i} = \left| \frac{AWFI_{i+1} - AWFI_i}{AWFI_{i+1}} \right|$$

$$\frac{AWFI_{i+1} - AWFI_i}{AWFI_{i-1} - AWFI_i} > 0 \tag{11.1}$$

其中，i 表示窗口移动的次数；$D_{i-1,i}$ 表示前一个窗口的变化幅度；$D_{i+1,i}$ 表示后一个窗口的变化幅度。只有当 $D_{i-1,i}$ 和 $D_{i+1,i}$ 均大于阈值，且满足式（11.1），$AWFI_i$ 将被重新赋值为

$$AWFI_i = \frac{AWFI_{i-1} + AWFI_{i+1}}{2}$$

为了尽量保留轨迹的原有信息，本节执行较宽松的降噪方法，仅对轨迹数据上明显异常值进行降噪。阈值的确定方法是，以长度为 3 的移动窗口，选择 100 个样点以步长 0.05 在[0.2，0.6]取值计算，最终选定 0.4 作为降噪阈值。图 11.1 和图 11.2 是某样点 1 和样点 2 的轨迹数据降噪结果，可以看出样点 1 在 2001 年、样点 2 在 1993 年的两个明显异常值被 BISE 平滑处理。根据上述参数，对所有像素的 AWFI 轨迹数据进行降噪处理，处理后的 AWFI 轨迹数据用于后续分析。

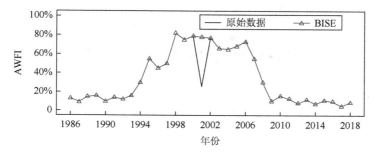

图 11.1　样点 1 的轨迹数据降噪结果

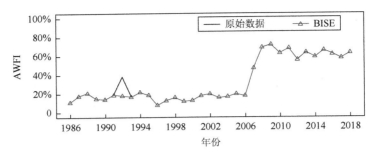

图 11.2　样点 2 的轨迹数据降噪结果

2. 三类水体轨迹概念模型

研究区水体包含自然水体、沉陷水体和人工池塘。在研究区选择 3 种典型水体样点，对应的年际 AWFI 轨迹曲线如图 11.3 与图 11.4 所示。自然水体属于稳定水体，包括常年季节性水体或常年永久性水体的湖泊、河流（图 11.3），也存在季节性水体和常年永久性水体交替存在的情况，自然水体的年际 AWFI 轨迹数据值均高于 25%。变化水体包括沉陷水体和人工池塘，图 11.4 是两种变化水体的轨迹数据。完整的沉陷区水体变化过程包括地表下沉汇集水体和土地复垦使得水体消失两个过程，同时也存在积水后未进行土地复垦的情况，导致沉陷区长期处于积水状态。人工池塘通过人工挖掘工程形成积水，但也存在回填池塘以致水体消失的情况。显然，人工池塘和沉陷积水的年际 AWFI 轨迹曲线相似。在像素尺度上，变化水体的年际 AWFI 轨迹数据不能区分人工池塘和沉陷积水。

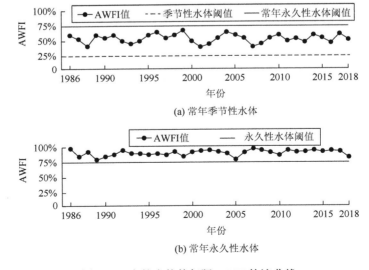

(a) 常年季节性水体

(b) 常年永久性水体

图 11.3　自然水体的年际 AWFI 轨迹曲线

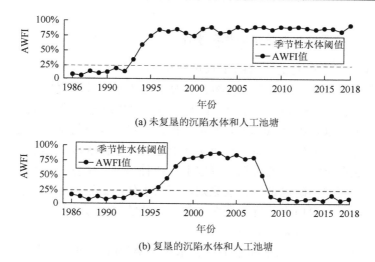

(a) 未复垦的沉陷水体和人工池塘

(b) 复垦的沉陷水体和人工池塘

图 11.4　变化水体的年际 AWFI 轨迹曲线

　　沉陷水体和人工池塘的轨迹类似，以沉陷水体的轨迹数据为例，简述变化水体的轨迹过程。图 11.5 是沉陷水体的年际 AWFI 轨迹数据典型曲线。高潜水位矿区地表沉陷引起沉陷区积水包括三个阶段。第一阶段，开采前 AWFI 值较低且稳定。第二阶段，开采引起地表下沉，随着沉陷程度和时间推移，地表积水过程包括：沉陷深度不足无积水；沉陷超过一定深度引起积水（积水类型分为季节性积水和常年永久性积水），AWFI 值随之上升。第三阶段，复垦工程中回填水域导致 AWFI 值降低。如果地表沉陷积水后不进行复垦，第三阶段将不会发生，AWFI 维持在高位值。如果已复垦区域再次沉陷可能导致 AWFI 值回升。另外，沉陷区积水轨迹也会受降水、遥感影像质量等影响，但是煤炭开采沉陷和土地复垦工作是矿区地表沉陷水体变化轨迹的主导因素。人工池塘通过挖深地表使得水体汇集，同时也存在回填的可能。两类变化水体的年际 AWFI 轨迹特征类似。因此，可以利用变化水体轨迹特征信息，制定对应规则，实现变化水体的识别。

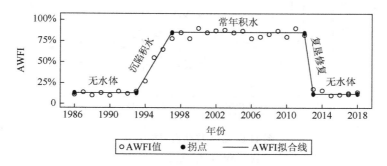

图 11.5　沉陷水体的年际 AWFI 轨迹数据典型曲线

3. 基于移动窗口和阈值识别扰动事件

分析沉陷水体和人工池塘的积水过程可知，变化水体轨迹曲线上包含"陆地—水体"和"水体—陆地"两种事件，分别为积水事件和复垦事件，对应事件的发生时间为积水年份和复垦年份，两种事件在 AWFI 轨迹数据上表现出突变特征。因此，可以以轨迹上 AWFI 为变量，根据变量的变化特征，制定相应规则，以此作为事件识别的先验知识，从而实现上述两种事件提取。本节尝试利用移动窗口和阈值法在 AWFI 轨迹数据上提取上述两种事件。依据像素在移动窗口内是否存在积水的现象，确定事件识别原则，积水事件的识别原则是：前半窗口持续无积水现象，后半窗口水体持续存在。复垦事件的识别原则是：前半窗口水体持续存在，后半窗口水体完全消失。

根据上述事件识别原则和季节性积水满足 AWFI 超过 25% 的阈值要求，积水事件的判断条件是：前半窗口 AWFI 最大值小于 25%，后半窗口 AWFI 最小值大于 25%。复垦事件的判断条件是：前半窗口 AWFI 最小值大于 25%，后半窗口 AWFI 最大值小于 25%。为了评价窗口大小对检测结果的影响，以 2 年、4 年、8 年为例分析窗口大小对轨迹数据的检测能力。结果表明：小窗口抗干扰能力差，2 年移动窗口中 1992 年属于未完全剔除的异常值（图 11.6）；但是窗口过大会导致研究期首末端事件的丢失，8 年移动窗口对 2016 年的积水事件无检测能力，而且 8 年移动窗口不能识别 4 年以下持续积水的事件（图 11.8）；4 年移动窗口抗干扰性能强且兼顾了短时间扰动事件检测能力（图 11.7）。因此，本节选择 4 年移动窗口进行扰动事件识别，并在下文以分层随机抽样法对其进行精度验证。

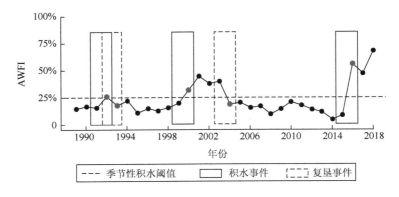

图 11.6　2 年移动窗口检测结果

黑点—AWFI 值；灰点—扰动年份

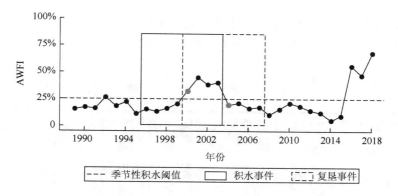

图 11.7　8 年移动窗口检测结果

黑点—AWFI 值；灰点—扰动年份

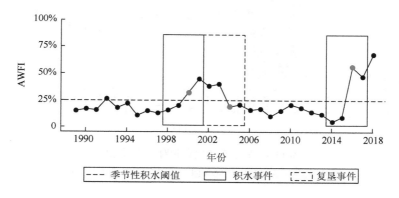

图 11.8　4 年移动窗口检测结果

黑点—AWFI 值；灰点—扰动年份

　　基于不同大小移动窗口识别扰动事件的能力分析，本节以 4 年移动窗口在轨迹数据上识别积水事件和复垦事件。积水事件识别规则为：前两年 AWFI 的最大值小于 25%，后两年的 AWFI 最小值大于 25%，第三年为积水年份（图 11.9）。复垦事件的规则：前两年 AWFI 的最小值大于 25%，后两年的 AWFI 最大值小于 25%，第三年为复垦年份（图 11.9）。根据事件识别规则，研究期首末端（1989 年、2018 年）不能定为扰动年份。积水年份和复垦年份的判定公式如下：

$$F_1(i) = \begin{cases} i, \max(\text{AWFI}_{i-2}, \text{AWFI}_{i-1}) < 0.25, \min(\text{AWFI}_i, \text{AWFI}_{i+1}) > 0.25 \\ 0, \text{其他情况} \end{cases}$$

$$F_2(i) = \begin{cases} i, \min(\text{AWFI}_{i-2}, \text{AWFI}_{i-1}) > 0.25, \max(\text{AWFI}_i, \text{AWFI}_{i+1}) < 0.25 \\ 0, \text{其他情况} \end{cases}$$

其中，$F_1(i)$ 和 $F_2(i)$ 分别表示积水事件和复垦事件对应的积水年份和复垦年份；AWFI_i 表示第 i 年水频率值，$i = 1990, 1991, \cdots, 2018$。

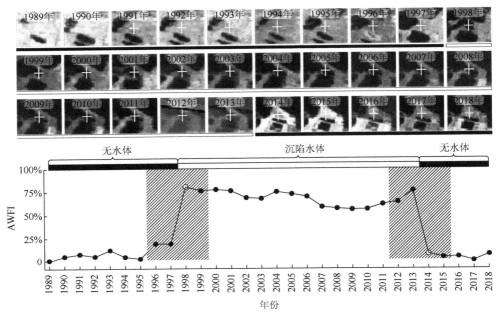

图 11.9　典型轨迹数据和对应的影像集

实心圆圈—AWFI 值；空心圆圈—代表积水年份或复垦年份

综上所述，利用移动窗口和阈值法，提取潜在变化水体的扰动事件及其扰动信息，为进一步识别变化水体提供数据支撑。

4. 数据验证与分析

为了评估变化水体积水年份和复垦年份的时间精度，本节基于分层随机抽样的方法，每年选择 50 个样点，积水年份和复垦年份的比例为 5∶3，共 1400 个样点。利用 Google Earth 历史影像交互目视定标变化水体的积水年份和复垦年份。采样方法如下：在 1990～2017 年每年采集 50 个样点（1986 年、1987 年、1988 年用于自然水体掩膜，不参与变化水体识别；1989 年、2018 年作为时序数据的首末端，不作为扰动年份），共 1400 个包含积水年份的样点；另外，每年的采样点中有 30 个样点包含积水年份和复垦年份，共 840 个包含积水年份和复垦年份的样点。通过比较样点标签与本节的结果，计算积水年份和复垦年份的总体精度、生产者精度、用户精度和 kappa 系数。

11.2.3　基于景观指数和随机森林算法的沉陷水体提取

沉陷水体和人工池塘在空间形态和积水时间信息上具有一定的差异。沉陷水体受地下采煤影响，随着采煤工作面的扩张以及采煤深度的递增，沉陷水体在空间上呈现逐年扩张的特点，且空间形态不受人为影响，呈现多种形态组合的不规整状（Xu et al.，2019；Lechner et al.，2016）。然而，人工池塘需要兼顾工程效率以及经济效益等条件，水体形成的时间较短、空间形态较规整。因此，可以利用变化水体中的积水年份信息，以积水年份图斑为分类对象，根据图斑的积水时间特征及空间形态差异（即图斑的时序形态差异），实现沉陷水体和人工池塘的区分。基于图斑的空间信息进行土地利用类型分类是一种有效的面向对象分类方法（Srivastava et al.，2019；Tao et al.，2019）。虽然，空间信息差异有助于区分不同类型土地，但是解译人员需要同时考虑图斑的时间和空间信息（Koyama et al.，2016）。尤其是在区域尺度上，人类的能力难以解译所有地类的变化特征。因此，需要一种自动化的方法。随机森林算法可以利用积水年份图斑的景观指数作为训练数据集建立规则，具有从变化水体中提取沉陷水体的潜力。沉陷水体和人工池塘在对地表扰动过程中形成特定的景观差异，是实现两类变化水体区分的关键。针对黄淮海平原中部地区，本节在图斑尺度上提出一种基于景观指数和随机森林的沉陷水体自动提取算法，并对其空间精度进行了验证。

本节基于识别的变化水体区域及其扰动信息，分析采煤沉陷水体和人工池塘的地表扰动过程，利用变化水体的时序形态特征及其扰动信息（积水年份和复垦年份），构建积水年份图斑的景观指数，利用随机森林算法对沉陷积水和人工池塘的积水图斑进行面向对象分类，从而得到采煤沉陷水体。最后将采煤沉陷水体图斑与复垦年份图斑叠加，得到采煤沉陷水体复垦年份图斑。

1. 沉陷水体空间概念模型

地下煤炭开采分为横向单煤层多工作面开采和纵向多煤层工作面开采。横向单煤层多工作面开采，随着工作面推进，地表沉陷主要沿着开采走向依次推进，积水年份图斑呈现"条带"状（图 11.10）；纵向多煤层开采，随着开采深度加大，地表沉陷沿着工作面垂直的地表向四周扩展，积水年份图斑呈现"圆环"状。在煤炭开采中，两种开采方式往往同时存在；因此，地表沉陷的空间形态表现为"倒锥状""椭圆形盆状"等多种组合的"不规整"地表形态（Xu et al.，2014）。另外，煤炭开采周期长，即使当年开采完成，地表完成 90% 总沉陷量的时间约为 3 年（李树志，2019），在积水年份图斑中年份信息表现出多样且连续的特征。人工池塘地表形态多为规整的矩形，且积水面积相对较小，在 1～2 年能挖掘完成，积水的年份数量一般在 2 年之内。

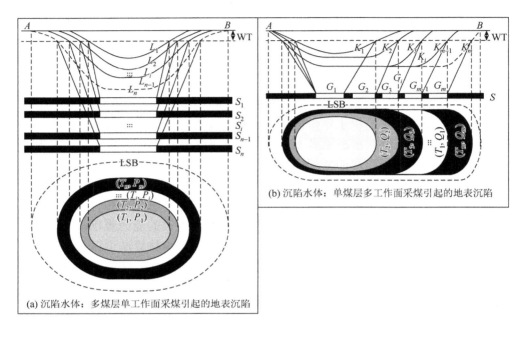

(a) 沉陷水体：多煤层单工作面采煤引起的地表沉陷

(b) 沉陷水体：单煤层多工作面采煤引起的地表沉陷

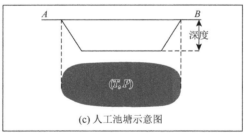

(c) 人工池塘示意图

图 11.10　采煤沉陷水体和人工池塘的平面图、坡面图

图（a）中，S_i 表示开采煤层 i（$i = 1, 2, \cdots, n$）；曲线 L_i 表示煤层 i 开采结束引起地表下沉盆地的范围；P_i 表示煤层 i 开采结束后地表积水范围；T_i 表示积水开始时间。图（b）中，S 表示煤层，G_i 表示第 i（$i = 1, 2, \cdots, m$）个工作面，曲线 K_i 表示第 i 个工作面开采结束后隐藏地表下沉盆地范围，区域 Q_i 表示工作面 i 开采结束后地表积水范围，T_i 表示积水开始时间。图（c）中，P 表示人工池塘的积水范围，T 表示积水开始时间。AB 表示原始平面；WT 表示地下水的潜水深度；LSB 表示最终的积水区域边界

2. 沉陷水体时序形态特征

1）两种典型变化水体的时序形态特征

为了比较沉陷水体和人工池塘两种变化水体的时序形态特征，选取两个典型

的沉陷水体和人工池塘，统计两种变化水体积水年份图斑的时间、空间形态特点（表 11.1）。沉陷水体的面积明显大于人工池塘，且水体持续增长的时间更长，年均积水面积更大，而人工池塘较沉陷水体规整，在较短的时间内形成固定的地表形态。因此，可以利用两种变化水体在积水年份图斑上的时间信息和形态差异，达到区分沉陷水体和人工池塘的目的。

表 11.1　沉陷水体和人工池塘积水年份图斑的时序形态特征

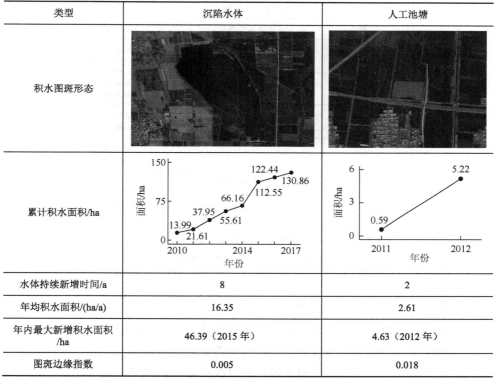

类型	沉陷水体	人工池塘
积水图斑形态		
累计积水面积/ha		
水体持续新增时间/a	8	2
年均积水面积/(ha/a)	16.35	2.61
年内最大新增积水面积/ha	46.39（2015 年）	4.63（2012 年）
图斑边缘指数	0.005	0.018

注：年均积水面积 = 图斑总面积/持续积水时间；图斑边缘指数 = 周长/面积

2）构建积水年份图斑的景观指数

结合表 11.1 中沉陷水体和人工池塘的时序形态特征统计值的差异，构建变化水体积水年份图斑的景观指数（表 11.2）。在时间尺度上，计算积水年份的时间统计特征值，并利用积水周期和时间的变异系数，衡量积水时间的持久性和连续性。在空间尺度上，统计积水图斑在不同年份的新增面积，并计算图斑总面积及其年均增长速率。然后，分析沉陷水体和人工池塘的地表形态，利用边缘指数和破碎度指数分别度量图斑的外形规整情况和内部结构的规整程度。

表 11.2　积水年份图斑的景观指数和相关的 GEE 算法

指数	名称	描述	GEE 中主要函数
时间指数	最大值	最大年份值	ee.Reducer.max（）
	最小值	最小年份值	ee.Reducer.min（）
	积水周期	最大年份与最小年份之差	Max−Min
	均值	时序年份的均值	ee.Reducer.mean（）
	标准差	时序年份值的标准差	ee.Reducer.StdDev（）
	变异系数	时序年份值的变异系数	Mean/StdDev
空间指数	总数	图斑像素总数量	ee.Reducer.count（）
	最大值	不同年份像素数量的最大值	ee.Reducer.fixedHostogram（） ee.Reducer.max（）
	最小值	不同年份像素数量的最小值	ee.Reducer.fixedHostogram（） ee.Reducer.min（）
	均值	不同年份像素数量的均值	ee.Reducer.fixedHostogram（） ee.Reducer.mean（）
	标准差	不同年份像素数量的标准差	ee.Reducer.fixedHostogram（） ee.Reducer.StdDev（）
	变异系数	不同年份像素数量的变异值	Mean/StdDev
形状指数	边缘指数	图斑的周长与面积之比	ee.Image.pixelArea（） ee.Image.pixelLonLat（）
	破碎度指数	斑块数量与图斑面积之比	ee.Image.connectedComponents（） ee.Reducer.count（）

3. 随机森林算法提取沉陷水体

机器学习算法可以从大量训练数据中学习非线性和高阶交互，提高区域维度上预测的精度（Camera et al.，2017）。随机森林是基于决策树发展出来的算法，算法通过集成众多相互独立的决策树，可以实现非线性数据的处理，同时也能减少过度学习和过度拟合，处理缺失和异常的数据类型，从而提高模型预测能力（de Santana et al.，2018）。在随机森林建模中，用户指定以下三个重要的参数：森林中的树木数量和每个节点可选择的预测变量数量以及终端节点的最小值（Camera et al.，2017）。在随机森林算法中，从原始训练集中使用 Bootstrap 方法选择一定数量样本生成决策树用于训练模型，每棵树都是随机生成且相互独立的，在决策树的分裂过程中不需要剪枝。最终的预测结果是各集合预测值的加权平均值。训练集余下的样本用于与训练步骤同时进行交叉验证，这些样本用于估计模型性能，被称为袋外样本（OOB 样本），能够取得模型真实误差的无偏估计，且不损失训练数据量。减少预测变量的数量会削弱每棵单独的树，但是，变量的减少会降低树之间的相关性，从而提高了准确性，并减少了模型的方差。

沉陷积水年份图斑中相邻像素的积水年份多是连续的，但是变化检测结果中存在噪声。因此为了降低图斑中噪声干扰，本节首先利用 3×3 窗口和众数函数对积水年份图斑进行空间平滑。其次以积水年份图斑为对象，根据沉陷水体和人工池塘的积水年份图斑在空间形态和年份结构上的差异，计算每个图斑的 14个景观指数，并通过目视法选择 100 个采样图斑，沉陷积水图斑和非沉陷积水图斑的比例为 1∶1，设定沉陷积水图斑为 1，非沉陷积水图斑为 0，训练和测试样本比例为 7∶3，其中测试样本用于分类后精度评价。利用随机森林算法提取沉陷积水年份图斑，从而得到研究区的沉陷积水区。最后，利用沉陷积水区叠加复垦年份图斑，得到沉陷积水的复垦年份图斑。由此，完成沉陷水体提取及其积水年份和复垦年份制图。

随机森林算法对结果具有可解释性，重点在于测算变量的重要程度（Gislason et al.，2006；Fang et al.，2020）。为了评估 14 个景观指数变量在随机森林算法提取沉陷水体过程中的贡献，本节通过计算所有回归树节点的残差总和及平均值，量化变量在每个节点分类中的不纯度减少值，即节点的纯度（de Castro Filho et al.，2020；Srinet et al.，2020），以此来确定每个变量的贡献，对变量在算法中的重要性进行排序。因此，本节以积水图斑的 14 个景观指数为输入变量，结合随机森林算法对变化水体中沉陷水体和人工池塘进行分类，并对算法的分类精度和各输入变量的重要性进行评价。

4. 沉陷水体空间精度验证

沉陷积水区形成的直接原因是采煤引起地表沉陷导致沉陷区汇集水体，沉陷积水区必然位于采煤沉陷区。因此，可以通过计算沉陷积水区与沉陷区的空间重叠度，来评估沉陷水体的空间精度。

目前，实地调查沉陷区和沉陷预测软件估算沉陷区是两种获取采煤沉陷区的传统方法。沉陷预测是一种常用且成熟的评估煤炭开采对地表损毁程度的方法。参考相关文献，在平原地区，沉陷预测结果的精度高于 90%（Diao et al.，2016；Sepehri et al.，2017；Li et al.，2019）。地下煤炭开采沉陷预计的理论方法包括剖面函数、影响函数和概率积分法等（Unlu et al.，2013；Salmi et al.，2017）。在中国，概率积分法是应用最成熟的预计模型（Hu and Xiao，2013）。为了评估沉陷水体区域的空间准确性，本节采用实地调查和煤炭开采沉陷预计的方法。根据以上方法得到沉陷区实地数据和沉陷预测结果，并与本节的沉陷水体空间分布图进行比较，来验证本节算法的空间准确性。本节实地调查了巨野矿区的龙固煤矿和兖州矿区的东滩煤矿的沉陷区域，并利用开采沉陷预测系统（mining subsidence prediction system，MSPS）计算了淮南潘谢矿区和淮北童亭煤矿的沉陷区域，将实地调查和沉陷预测结果与本节提取的沉陷水体区域进行叠加,计算沉陷水体区域的重叠度。应当注意的是,实地调查沉陷区域和软件预计沉陷区域都不是沉陷积水的实际位置,只能作为评估的辅助数据。

11.2.4　测度高潜水位矿区煤矿开采对土壤水分的扰动

高潜水位矿区地下水位高,井工开采条件下,开采强度大,煤矿采空区直接造成了地表变形和塌陷形成沉陷盆地。地表径流的汇集作用以及地下水渗透机制的变化导致的土壤水分运输作用,使沉陷盆地内逐渐出现积水。在开采前后该区域内耕地直接受到破坏,作物无法正常种植生长。与此同时,沉陷盆地同样影响了周边的自然生态和地质水文条件,导致了沉陷地不同坡度位置上的养分空间分布不同。沉陷区附近耕地虽然未受沉陷积水直接影响,但是作物生长由于地形和土壤环境变化仍受到一定扰动,土壤水分长时间处于过饱和的状态,引起土壤理化性质和养分等重要作物生长要素失调,对周边生态环境造成潜在扰动。

本节将哨兵-2A 和 OPTRAM(Optical Trapezoid Model,光学梯度模型)用于中国东部高潜水位矿区土壤水分反演,基于矿区沉陷区域向外进行缓冲识别土壤水分不同的空间分异程度,利用数学模拟的方法分析距离沉陷区不同距离土壤水分的变化趋势。由此,开展采煤影响边界识别研究,探究高潜水位地区煤炭开采的生态影响。

1. 典型高潜水位煤矿开采沉陷机理

高潜水位矿区采煤沉陷必然会影响周边环境中土壤的理化特性及其发育状况。地下采煤引起地表沉陷,采空区上方形成下沉盆地。地表下沉使得地下潜水位太高,地下水埋深降低,从而使得沉陷区形成季节性水体或常年永久性水体;地面由原来的陆地生态系统转变为水域生态系统(Li et al.,2022)。沉陷区的地下水位相对上升,必然会影响周边环境的土壤理化环境及其发育状况。尤其是耕地塌陷,土壤有机质、土壤微生物和速效养分变化与沉陷积水及坡地上的土壤侵蚀密切相关(Ishaq et al.,2001)。沉陷盆地具有明显的分区差异,受下沉影响,土壤性质必然存在变化,将其划分为上坡、中坡、下坡(图 11.11)。土壤性质在沉陷积水区一般表现为,上坡土壤养分流失,土壤贫瘠化;中坡土壤养分流失最大,且存在积盐现象,土壤盐渍化;下坡直接受水体影响土壤沼泽化。土壤水分是土壤生成力的重要指标之一,土壤物理特性从上坡至沉陷中心通透性变差、土壤生成力下降,导致土壤水分从上坡到沉陷中心呈现逐渐增大的趋势。土壤水分含量随离水体边缘距离的增加呈现递减的规律,当土壤水分含量与周边环境相近时，可以认为土壤水分含量达到稳定，离水体边缘距离即为采煤沉陷的影响边界。

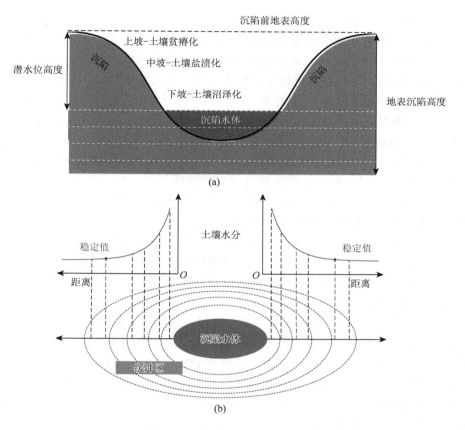

(a)

(b)

图 11.11　典型沉陷盆地示意图

2. 基于 OPTRAM 的土壤水分反演

我们从研究区域的纬度分布结合矿区分布选择 50 个沉陷积水区域分析煤炭开采的影响边界。结合哨兵-2A 影像和 Google Earth 影像，通过获取的矿区边界与目视解译方法得到的 2018 年研究区的沉陷积水区域。沉陷积水区域周边土壤水分受沉陷积水影响，同时也受人类建设活动、土地利用类型等其他因素影响。为了降低其他因素影响，沉陷积水区域遵循以下要求。①避免周边存在大量自然水体和稀疏植被（建设用地、裸地、未利用地等）。同时，为了剔除自然水体和稀疏植被，利用 NDVI 的年度变化对遥感影像进行掩膜，条件为 $NDVI_{max}-NDVI_{min}<$ 0.4。②避免相邻积水区对周边环境的叠加影响，相距 300 m 以内的沉陷积水区被

当作整体处理。③沉陷积水面积小的区域受季节性气候影响大，单个积水区的水体像素数量要求大于100。④选取的沉陷水体对象与研究区沉陷水体面积在空间分布上成正比。

1）OPTRAM 算法

反演土壤水分的遥感影像类别可分为光学、热和微波遥感技术。其中，热-光学梯度模型（thermal-optical trapezoid model，TOTRAM）是广泛应用的传统土壤水分反演模型。传统的梯度模型中地表温度受大气环境影响，在给定区域不同时间的影像中的地表温度-植被指数（LST-VI）空间分布是不固定的，模型参数在不同时间的影像之间不能通用。OPTRAM 是一种可选的土壤水分反演模型，克服了上述限制。Sadeghi 等（2017）提出基于 OPTRAM 的土壤水分反演模型。OPTRAM 仅涉及表面反射值，是由地表属性决定的，不受大气环境变化影响，因此，STR-NDVI 的空间分布在给定区域几乎不受时间影响，模型参数可以跨时间通用。OPTRAM 模型仅使用光学遥感数据估计土壤湿度，该模型基于土壤水分含量与短波红外转换反射率（shortwave infrared transformed refletance，STR）之间的物理线性关系，需要利用像素在 STR-NDVI 梯度空间中的分布估算 OPTRAM 模型参数。与传统的 TOTRAM 模型相比，OPTRAM 模型只需进行一次校正参数，参数不随影像的日期改变，实现了反演模型参数统一。

2）数据预处理

本节使用多光谱哨兵-2A 遥感数据，通过 GEE 平台可以方便调用 2015 年之后哨兵-2A 产品的整个存档。哨兵-2A 具备 10 天的时间分辨率和 10～60 m 的空间分辨率，包含 13 种光谱波段，覆盖了整个 VIS—NIR—SWIR[①]光谱范围，3 个窄可见光波段和 4 个适用于植被调查的位于 NIR 区间的波段。我们使用了 2018 年期间研究区域的所有影像。同时，利用哨兵-2A 产品的像素质量波段，将影像中存在云及卷云的像素删除。

3）OPTRAM 参数计算

研究区沉陷水体空间分布广泛，为提高运算效率，研究选择沉陷水体周边 10 km 的范围进行水分反演。通过空间约束，获得沉陷水体及周边区域在 2017 年的所有影像，并利用获取的所有影像计算 OPTRAM 模型参数。

由于 STR 与土壤水分的梯度关系只适用于特定条件及水饱和状态，对于水体过度饱和的情况不适用（Sadeghi et al.，2017），因此，需要对遥感影像进行水体掩膜，包括季节性或常年永久性水体，如池塘、河流等。本节利用水体指数 NDWI>0 掩膜影像中的水体区域。

$$NDWI = (\rho_{green} - \rho_{NIR})/(\rho_{green} + \rho_{NIR})$$

---

① VIS 为 visable 的缩写，表示可见光；SWIR 是 short wave infrared region 的缩写，表示短波红外区。

其中，ρ_{green}、ρ_{NIR} 表示绿波段、红外波段的表面反射值。

OPTRAM 基于在 STR-NDVI 像素的空间分布，替代传统模型中的地表温度。土壤水分饱和度 W 和 STR 存在如下线性关系：

$$W = (\text{STR} - \text{STR}_d)/(\text{STR}_w - \text{STR}_d)$$
$$\text{STR} = (1 - \rho_{\text{SWIR}})/(2\rho_{\text{SWIR}})$$

其中，W 表示土壤水分归一化指数，$W = 0$ 表示土壤完全干燥，$W = 1$ 表示土壤水分饱和；STR_d、STR_w 表示 STR 在干燥和湿润土壤状况下的值；ρ_{SWIR} 表示短红外波段的表面反射值。

OPTRAM 认为土壤水分和植被水分存在一种线性关系。这种关系已出现在大量文献中（Santos et al.，2014；Sadeghi et al.，2015）。因此，光学梯度的干边和湿边定义如下：

$$\text{STR}_d = i_d + s_d \text{NDVI}$$
$$\text{STR}_w = i_w + s_w \text{NDVI}$$
$$\text{NDVI} = (\rho_{\text{NIR}} - \rho_{\text{red}})/(\rho_{\text{NIR}} + \rho_{\text{red}})$$

其中，i_d、s_d 表示干边截距和斜率；i_w、s_w 表示湿边截距和斜率；ρ_{NIR}、ρ_{red} 表示 NIR 波段、红波段的表面反射值（图 11.12）。

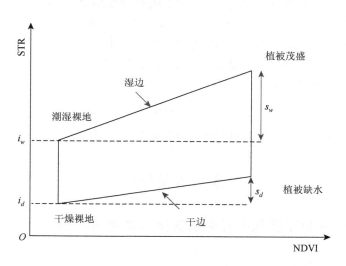

图 11.12　STR-NDVI 空间分布模型

每个像素的土壤水分饱和度计算公式如下：

$$W = (i_d + s_d \text{NDVI} - \text{STR})/[i_d - i_w + (i_d - s_w)\text{NDVI}]$$

OPTRAM 模型中干边（i_d、s_d）和湿边（i_w、s_w）参数，在 STR-NDVI 空间中，通过可视交互的方法线性拟合计算得到。由于 NDWI>0 并不能完全掩膜水体，STR-NDVI 空间中依然存在水体过度饱和像素，这种情况在高分辨率影像中尤为明显。经验表明：将影像重采样到 120 m 的空间分辨率，能很好地抑制水体过饱和像素（Sadeghi et al.，2017）。因此，计算湿边参数时，所有影像重采样到 120 m；计算干边参数及土壤水体饱和度时，用原始影像即可；所有位于湿边上方的像素，土壤水体饱和度 $W=1$。

3. 识别煤炭开采影响边界

选择生长期无云的原始影像，反演沉陷水体周边的土壤水分。利用 GEE 里面 ee.Feature.buffer（）函数，从沉陷水体边缘向外，以 30 m 为间隔距离，由近及远构建 24 个不同空间距离的缓冲区，最大距离为 720 m。计算不同距离缓冲区土壤水分的中位数，随着距沉陷水体边缘的距离递增，分析土壤水分中位数的变化规律。有学者利用指数函数成功测算了兖州煤矿采煤沉陷的影响边界（Li et al.，2018）。因此，本节通过指数函数拟合缓冲区土壤水分中位数，求趋于稳定的值。

$$y = (a-b)e^{-f x} + b$$

其中，x 表示距积水边缘的距离；y 表示土壤水分预测值；a 表示初始值，代表距离积水边缘最近的第一个缓冲区的土壤水分中位数；b 表示渐近线，代表土壤水分趋于稳定；f' 表示土壤水分随距离增加的变化速率。

在指数函数拟合模型中引入误差项，取 0.01 倍的稳定值 b 作为误差项。利用式（11.2）估算稳定距离 x_s：

$$y - b \leqslant 0.01b \tag{11.2}$$

式（11.2）成立时，x_s 作为采煤对生态环境的影响边界。

11.3　结果与讨论

11.3.1　高潜水位矿区煤矿开采的变化水体时间识别

1. 扰动事件精度验证

变化水体的积水年份和复垦年份识别的总体精度分别为 88%、85%，kappa 系数分别为 82%、80%（图 11.13）。虽然，大多数年份的精度较高，生产者精度和用户精度分布在 82%～95%。但是在某些特定年份，也存在时间错分的情况。例如，在 1992 年，生产者和用户精度均不高于 50%。此时间段，观测数据质量不高，是导致精度降低的主要原因。积水年份精度高于复垦年份精度，是因为积水事件远多于复垦事件。以变化水体中的采煤沉陷水体为例，地表沉陷积水后，覆土回填成本太高，导致大量沉陷水体未进行复垦，或者只在小范围内开展复垦工作，这增加了复垦年份的识别难度。而且，30 m 分辨率的 Landsat 遥感影像对小范围的复垦敏感性低于大范围积水的复垦敏感性。

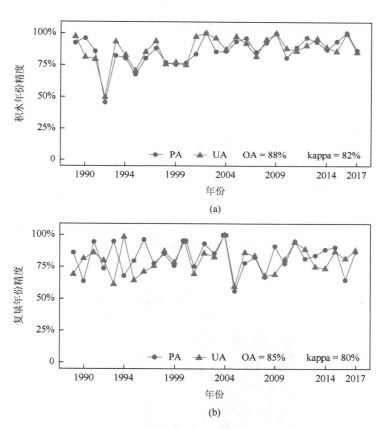

图 11.13　1990~2017 年积水年份和复垦年份的精度分析

PA 代表生成者精度；UA 代表用户精度；OA 代表总体精度

2. 扰动时间连续性分析

积水年份的总体精度为 88%，不同年份的精度差异较大。利用采样点和本节结果进行积水年份连续性分析，结果显示积水年份容易被误判为相邻年份（图 11.14）。将目标年份定为 ±1 年，各年中最低精度达到 93%。这种现象表明，基于轨迹数据的变化时间检测，相邻年份容易产生混淆。在植被扰动、城市扩展的变化时间检测研究中存在类似现象。某个像素的积水年份误判为其他年份，导致该像素与周围像素的积水年份不一致。这使原本同一年份出现积水的地块被划分在不同年份，原本均一的地块被破坏（图 11.15）。这是基于像素处理遥感影像难以避免的椒盐现象。

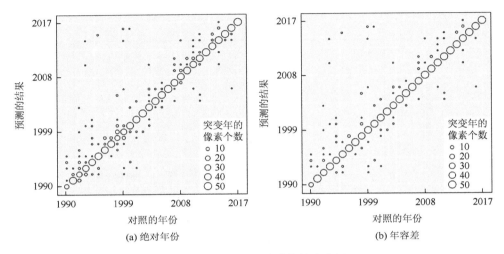

图 11.14　积水年份连续性精度分析

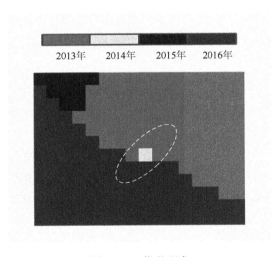

图 11.15　椒盐现象

3. 典型矿区的变化水体

根据上述变化水体识别方法，实现了沉陷水体和人工池塘的提取。依据变化水体的积水年份和复垦年份，可以得到研究期内任意时间段的变化水体。矿区内分布着大量的人工池塘等人工挖损水体。另外矿区边界之外还存在大面积的沉陷水体，说明不及时更新矿区边界很可能丢失这类采煤沉陷水体信息。因此，需要一种无地下采煤边界约束的沉陷水体提取方法。但是在无矿区边界条件下，矿区外大量的人工挖损水体会对沉陷水体提取带来更严重的干扰。因此，在区域尺度如何从变化水体中提取沉陷水体，为后续的重点研究工作。

11.3.2　高潜水位矿区煤矿开采的沉陷水体提取

1. 景观指数重要性评价

随机森林算法可以对输入变量进行重要性和贡献评估，不仅提高了算法精度，而且减少了数据的冗余量和处理工作。图 11.16 是相对重要性得分排名前10 的输入变量，得分越高，说明该变量对沉陷水体提取的贡献越大。可以看出空间指数、形态学指数的重要性整体较高。描述积水年份图斑形态的边缘指数位于重要性排序第一位，原因是人工池塘较沉陷水体规整。时间积水周期描述沉陷水体持续扩张的时间，大量沉陷积水区的持续扩张时间大于 5 年，远高于人工池塘的挖掘时间。空间均值指数描述沉陷积水区的年均新增面积，与破碎度指数在算法中贡献程度相近。显然地表沉陷积水面积扩张速度远快于人工池塘，即采煤对地表的扰动程度高于人工池塘，且积水年份图斑中的时间斑块呈现片状分布。时间变异系数突出沉陷水体积水时间的离散程度。其他空间指数，如空间总数、空间最大值和空间最小值是从水体规模、水体扩张速度极值等方面区分沉陷水体和人工池塘。

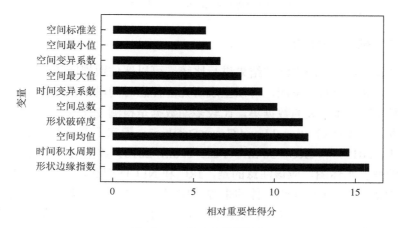

图 11.16　变量重要性排序

2. 沉陷水体空间精度验证

随机森林算法的分类精度为 92%，kappa 系数为 88%。将本节的沉陷水体图与实地调查结果、采煤沉陷预测结果进行叠加分析，重叠度分别 97%、94%、100% 和 94%。结果表明，随机森林算法提取的沉陷水体与实地调查结果、沉陷预测结果具有良好的一致性。

综上所述，本节在缺乏地下煤矿开采信息的情况下，以积水年份图斑为分类对象，利用积水年份图斑的时序形态特征，实现了区域尺度沉陷水体的自动提取。基于图斑景观指数进行土地利用类型分类，是一种面向对象的方法，已被广泛用于土地利用类型的分类中（Thiriet et al.，2020；Wang et al.，2018a）。但是，研究区存在沉陷过程中未形成积水，而通过人工挖深形成大范围积水的情况，导致某年积水像素数量剧增，算法将这类图斑识别为非沉陷积水，如淮北矿区卧龙湖煤矿通过挖掘沉陷区形成的积水区域（图 11.17），图斑面积为 131.07 ha，其中 2014 年积水像素数量突增，占图斑总面积的 72.67%。出现这类情况的缘由仍是采煤沉陷，这也是本节方法的缺陷。

图 11.17　沉陷区人工挖损水体

图为卧龙湖煤矿沉陷区域 3 期历史影像集合

3. 与常规方法的比较

将本节结果与常规方法的结果进行比较，可以评估数据间的协同性。利用积水年份和复垦年份的动态图，可以生成研究区任意时间段的沉陷水体图。目前，没有采煤沉陷水体相关的数据集，比较多期数据是检测变化水体的常规方法。因此本节利用 NLCD（National Land Cover Database，国家土地覆被数据库）（30 m）（Pan et al.，2019）和 JRC（30 m）（Pekel et al.，2016）数据集生成研究区 2000～2015 年的变化水体图。应该注意的是，JRC 和 NLCD 产品均不能作为事实依据。而且，比较法不能区分变化水体的来源，如沉陷水体、人工池塘。但是，不同产品的对比可以了解本节产品与其他产品之间协同水平。图 11.18 是沉陷水体和变化水体面积的统计信息，不同数据集生成的新增水体面积差异较大，本节研究的沉陷水体面积最小，JRC 产品得到的变化水体面积最大。

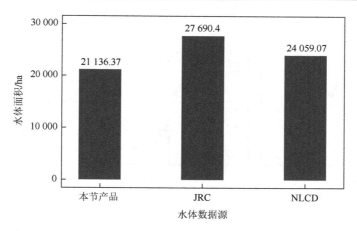

图 11.18　研究区的沉陷水体（本节产品）和变化水体面积（JRC 和 NLCD）

　　为了直观比较，在研究区选取一个 25 km×25 km 的区域进行产品对比（图 11.19）。JRC 产品检测到的变化水体面积大于本节产品，原因是 JRC 产品中包含大量在 2000～2015 年新挖掘的人工池塘，图 11.19 中 a 椭圆区域是新增的人工池塘。另外，受降水量影响（如丰水年、干旱年），自然水体在年际间存在差异，比较法容易将此类自然水体误判为变化水体，图 11.19 中 b 椭圆区域是河流边缘。NLCD 产品检测到的变化水体与 JRC 产品类似，但是水体面积较低，原因是 NLCD 产品基于单期遥感数据解译，导致部分季节性积水区域丢失，如水域边缘的季节性水体容易在单相影像上丢失；NLCD 产品的人工池塘数量也明显少于 JRC 产品。图 11.19 中 c 椭圆是沉陷水体，可以看出 NLCD 产品检测到的沉陷水体面积最小，这是季节性水体信息丢失的结果。然而，NLCD 是人工解译的产品，水体图斑更集中；本节是基于像素进行的水体识别，产品中存在细小图斑的椒盐现象。JRC 产品检测到的沉陷水体和本节产品空间分布类似，但是 JRC 中存在大量的人工池塘干扰。NLCD 产品不仅存在人工池塘干扰，而且检测季节性水体性能弱，导致部分沉陷水体信息的丢失。总的来说，本节的算法实现了采煤沉陷水体的提取。

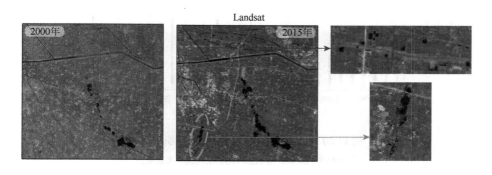

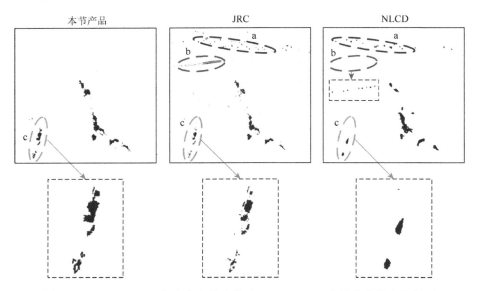

图 11.19　2000~2015 年本节产品和基于 JRC、NLCD 产品的变化水体制图

11.3.3　高潜水位煤矿的生态扰动和复垦策略

1. 采煤沉陷积水时空特征

区域尺度采煤沉陷积水面积的年际变化能在一定程度上反映煤炭行业的发展趋势。1990~2017 年积水总面积 32 703.50 ha。按照积水年份统计，积水面积呈"梯度"形式（图 11.20）。2002 年为积水面积变化明显的拐点，1990~2001 年，年均积水面积 676.97 ha，且变化趋势缓和，阶段积水总面积 8123.67 ha，占总面积的 24.84%。在 2002~2017 年，年均积水面积为 1536.23 ha，年间变化幅度较大，2003 年、2017 年出现局部最大值。研究区的沉陷积水面积变化趋势和中国煤炭开采

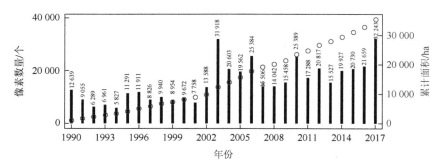

图 11.20　1990~2017 年沉陷积水面积统计图

图中圆圈代表累计面积值，柱状图代表像素数量值

的时间周期基本吻合。2002~2012 年是中国煤矿的"黄金 10 年",伴随中国经济发展,煤炭产量逐年增大,沉陷积水面积随之增加。沉陷水体和研究区水体面积上升的时间拐点都是 2002 年,说明沉陷水体是影响研究区水体变化的主要因素之一。

　　黄淮海平原中部地区存在大量煤粮复合区,采煤沉陷对耕地损毁严重。采煤沉陷区形成积水后,受平原区取土成本高等因素影响,沉陷水体进行复垦的概率较低。然而该区域存在大量的耕地,耕地受损势必加剧人地矛盾。因此,有必要对耕地的损毁情况进行分析。本节以 1990 年耕地数据作为基准,耕地数据来源于 NLCD,研究区耕地面积为 5.21×10^6 ha,占研究区土地总面积的76.16%。将沉陷积水年份数据与耕地数据进行空间叠加分析可知,截至 2017 年,有 29 610.88 ha 耕地被沉陷水体覆盖,其中 79.76%的沉陷积水发生在耕地上。按年份统计沉陷水体对耕地的损毁情况(图 11.21)。1990~1995 年,年均 34.39%的沉陷水体位于耕地上。1996~2000 年,年均 73.21%的沉陷水体位于耕地上。2001 年之后,年均 87.69%的沉陷水体位于耕地上。以地级市为单位统计各市的耕地损毁情况。淮南耕地损毁面积为 8960.04 ha,占该市沉陷水体总面积的79.95%。济宁和淮北的耕地同样损毁严重,耕地损毁面积分别为 7308.79 ha、4047.56 ha。综上所述,研究区的沉陷水体对耕地损毁严重,耕地损毁面积占沉陷水体面积的 79.76%,研究区的 11 个地级市中,淮南、济宁和淮北的耕地损毁面积占研究区耕地损毁总面积的 68.8%(图 11.22),土地管理者应重点监测这些区域的沉陷水体和耕地变化情况,对于复垦难度低的受损耕地应及时开展土地复垦工作,保住耕地。

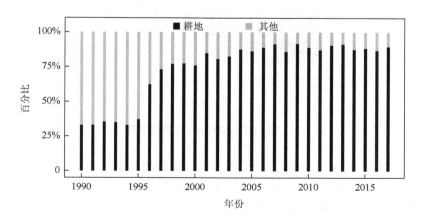

图 11.21　沉陷水体位于耕地的比例

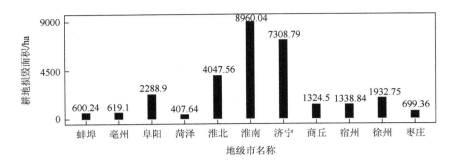

图 11.22 地级市的耕地损毁面积

2. 采煤沉陷积水的生态影响

由可视交互拟合得到模型参数：干边（$i_d = 0.034$，$s_d = 3.871$），湿边（$i_w = 0.241$，$s_w = 12.705$）。从图 11.23 可以发现过饱和像素很少，说明对影像进行 120 m 重采样具有良好的作用。

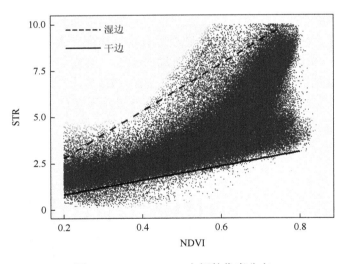

图 11.23 STR-NDVI 空间的像素分布

图 11.24 显示 3 条采样线上预测值和实测值的趋势分析，L1 和 L3 采样线上预测值和实测值均随距离增加呈明显下降趋势，L2 采样线上预测值呈现下降趋势，但是实测值变化趋势不明显，这主要是 L2 采样线上可用实测数据量不够造成的。因此，可以认为 OPTRAM 模型的反演结果与实测值具有较强的相关性，L1 和 L3 采样线上预测值和实测值的变化趋势一致，表明 OPTRAM 模型的预测结果适用于土壤水分空间变化趋势的分析。考虑到线状采样进行趋势分析

的抗干扰能力较弱，缓冲区分析法具有更强的鲁棒性，能有效提高趋势模拟的精度。

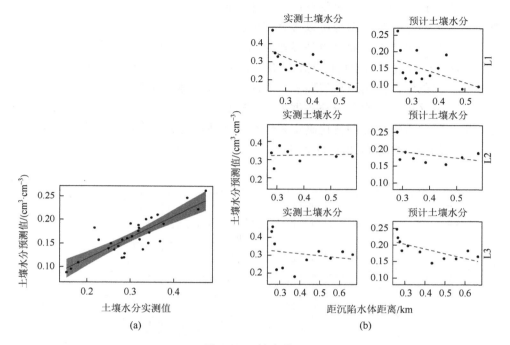

图 11.24　精度验证

OPTRAM 反演土壤水分值与采样点实测值的回归参数为 $R = 0.83$，RMSE = 0.054，证实了该模型在矿区土壤水分预测的适用性。STR-NDVI 空间的梯度像素分布说明在植被覆盖的土壤中，土壤水分和 STR 存在线性关系。本节应用哨兵-2A 影像构建了 STR-NDVI 空间，进一步证实了 OPTRAM 模型在各种土壤类型、不同植被覆盖程度下都能广泛应用（Babaeian et al.，2018）。OPTRAM 模型的输入数据包括哨兵-2、Landsat、MODIS 等光学遥感影像，光学遥感影像具有足够的空间分辨率和时间分辨率，而且具有长期一致的数据（如 Landsat 近 40 年）（Kennedy et al.，2014）。OPTRAM 模型参数在给定区域不同时间内实现同一值，节省了大量计算量。因此，OPTRAM 利用光学遥感影像进行土壤水分反演，有利于在农业、生态等方面进行长期大范围的研究，是一个巨大的进步。

针对 50 个沉陷水体缓冲区反演的土壤水分中位数进行曲线拟合，结果发现 36 个积水区的拟合曲线结果 $r > 0.71$，从积水区边缘向外土壤水分逐渐降低；其他 14 个积水区的拟合曲线结果 $r < 0.5$，这些积水区周边的土壤水分随距离增加无

明显特征，有 4 个积水区随着距离的增加表现出递增趋势。14 个积水区拟合曲线较差，主要受人为活动影响，这些区域普遍存在复垦工程活动，沉陷区附近出现大量裸露土地。因此，针对每个沉陷水体对象，动态地选取离地表沉陷稳定时间邻近的遥感数据作为数据源可以最大程度避免人为活动影响，这将在下一步研究中开展。另外人类农田灌溉也是导致数据异常的一种原因。4 个积水区出现递增趋势，这可能与周边新出现的沉陷区有关，新的地表下沉中土壤水分会相对增加，导致远距离的缓冲区出现高值现象。因此，14 个积水区不做下一步分析，72%沉陷水体缓冲区的土壤水分反演数据表现出较好的拟合结果，具有统计意义。根据缓冲区土壤水分中位数的变化确定采煤对生态环境的影响边界，36 个积水区向外趋于稳定的稳定值分布如图 11.25 所示。

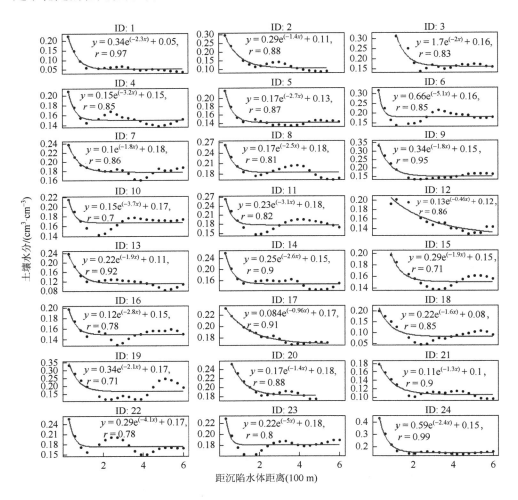

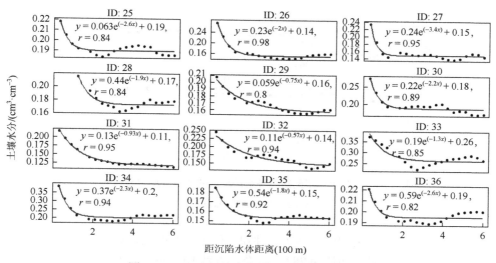

图 11.25　36 个沉陷水体的土壤水分拟合曲线

图中 ID 是沉陷水体图斑的编号

为了验证 OPTRAM 模型识别矿区开采影响边界的准确性，我们也对东滩煤矿区进一步运用土壤湿度检测指数（soil moisture monitoring index，SMMI）、LSWI、可见光-短波红外干旱指数（visible and shortwave infrared drought index，VSDI）三个遥感指数表征区域内土壤水分的空间分布格局，分析沉陷水体周围土壤水分随距离的空间变化规律（图 11.26）。以开采沉陷积水为中心，向外进行缓冲区分析，统计不同缓冲区内土壤水分指数的空间变化特征，虽然 SMMI 与土壤水分呈现出反比关系，但是不同土壤水分反演方法所统计的空间梯度变化均呈现出一致的趋势，均呈现出靠近积水区显著变化，在 300 m 距离之外趋于平稳的特征。从图 11.26 中可以看出，VSDI 和 SMMI 的土壤指数变化幅度较小，较难反映出土壤水分的实际变化。LSWI 随着距离的增加逐渐增加，可能是受植被水分的影响大，因而可以看出运用 OPTRAM 模型反演土壤水分具有普适性，本节运用 OPTRAM 模型反演土壤水分指数能够适用于高潜水位矿区开采影响边界识别。

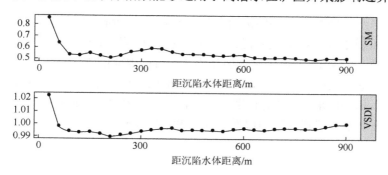

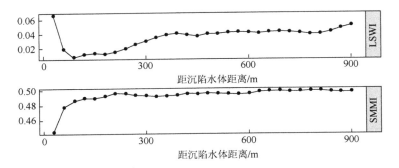

图 11.26　沉陷水体不同距离外缓冲环内的 4 个土壤水分指标对比

SM 表示本节预测土壤指数值

受煤层深度、开采规模、地质条件和气候条件的影响，煤炭开采的影响边界差异较大，影响边界的均值为 282 m，最大边界 1011 m，最小边界 96 m，80%的影响距离集中在[128, 436]m（图 11.27）。

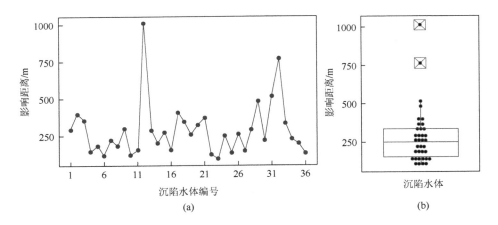

图 11.27　沉陷水体边界及其箱体图

对沉陷水体面积与影响距离进行回归分析，两者存在相关性（图 11.28），沉陷水体面积越大，影响边界随之变大，如最小沉陷水体面积，对应最小边界 96 m。但是，ID = 12 的沉陷水体面积为 38.4 ha，影响边界达到最大值 1011 m，通过遥感影像发现该沉陷水体正北方向 20 m 处新出现了一个约 14 ha 的沉陷水体，显然新出现的沉陷水体对识别方法存在干扰，因此，将影响边界 1011 m 作为异常值处理，本节识别的影响边界区间为[96, 762]m。

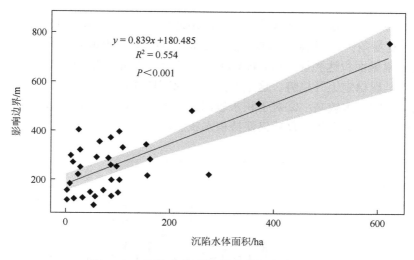

图 11.28　沉陷水体面积和影响边界回归分析

　　该区域内存在高潜水位特征，采矿活动伴随相对潜水位高度变化，从而导致了区域内沉陷盆地形成积水。周边土壤水分含量也因此受到影响，随着影响距离的增加出现空间异质性。土壤水分一定程度上可以反映生态环境的破坏程度，直接与作物的生长相关。地表沉陷导致土壤孔隙度降低，土壤渗透能力也受到影响。土壤水分的运动与土壤的渗透能力相关，因而由积水引起的土壤水分变化随着距离的增加呈现衰减趋势。同时，煤矿开采扰动的距离衰减规律在其他研究中也有发现，如露天开采导致植被破坏程度呈现随距离增加逐渐减少的规律。

　　但是在本节可以发现，人类活动会对土壤水分造成直接影响。区域内沉陷水体周围部分地区已经开始复垦，因而形成裸土的土地覆被，虽然这是对矿区土壤的有效恢复，降低了矿区原本对生态环境的影响，但是却对本节基于土壤水分衡量采矿扰动范围带来显著干扰。因而，在人类活动多的情况下，积水区域对周边生态环境的影响受到人类活动的干预，本节的方法不适应于此类情况。

3. 采煤沉陷水体复垦策略

　　区域尺度分析沉陷水体复垦面积的时序变化在一定程度上反映了国家层面土地复垦政策的实施效果。因此，本节通过统计复垦区域的年际变化情况，来解读我国的土地复垦政策。按年份统计复垦面积，沉陷水体复垦总面积为 4637.71 ha，2005 年为复垦工作的明显拐点（图 11.29）。1990～2004 年，年均复垦面积 48.73 ha；2005～2017 年，年均复垦面积 300.30 ha。这符合中国煤炭开采基本情况，2006 年之前中国煤炭属于"粗放型"开采，地表沉陷之后，土地复垦率较低。2006 年，中国政府将土地复垦方案纳入矿山开采和用地许可（胡振琪，2009），2011 年实施《土地复垦条例》，土地复垦事业进入法治化的阶段，土地复垦率显著提高。在 2013 年，复垦面积达到最大值 449.06 ha。随着土地复垦政策的实施，年均复垦面积并没有呈现稳定上升趋势。这主要是以下原因造成：①研究区地势平坦，取土回填沉陷区的成本较高；②对于积水较深的区域，可以将沉陷水体发展为水产养殖业，这部分沉陷水体修复后仍保持积水状态。

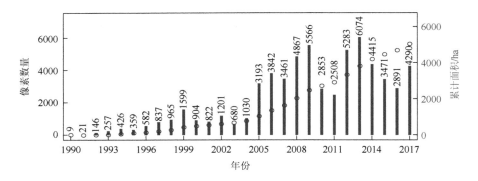

图 11.29　1990～2017 年沉陷水体复垦统计图

　　沉陷水体规模大小影响复垦方式的选择。对于大规模的沉陷水体，复垦成本大，可以直接发展成养殖业、人工湖泊等湿地生态系统；考虑到人地矛盾以及我国的耕地红线，小规模的沉陷水体应尽量复垦成陆地生态系统。因此，从区域尺度统计沉陷水体规模大小，可为大范围的土地复垦方案制订提供数据支撑。将沉陷水体图转换为矢量数据，统计沉陷水体图斑面积的频率分布（图 11.30）。截至 2017 年，研究区存在 1599 个沉陷水体，水体面积大小从 0.8 ha 到 992.5 ha。沉陷水体以小图斑为主，50%的沉陷水体小于 3.3 ha，75%的沉陷水体小于 11.1 ha，5%的沉陷水体高于 89.7 ha。本节提取的沉陷水体数量及面积与一些地方部门统计数据存在差异。原因有两方面，一方面是统计口径不一致，本节的研究目的是提取已形成积水的沉陷区域，对于未积水的干旱沉陷土地或者积水不明显的沼泽沉陷土地，沉陷水体提取算法不够敏感。另一方面，统计的沉陷水体区域是从 1990 年到 2017 年的空间累计图，如大于 500 ha 的沉陷水体很可能是由多个沉陷盆地积水后，随着时间推移汇集而成。综上所述，研究区中以小规模沉陷水体为主，因此可以依据此数据集在区域尺度进行有选择性的调研，对复垦可行性高的沉陷积水区优先复垦；对于大规模沉陷水体区域优先考虑发展成湿地生态系统。

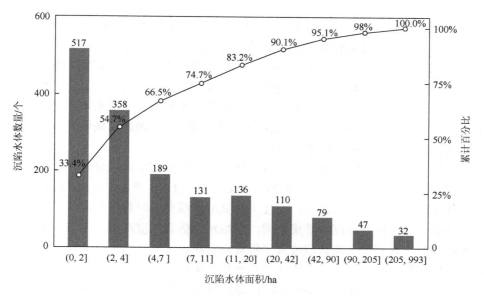

图 11.30　沉陷水体面积和数量的统计图

11.4　小结与展望

高潜水位矿区环境监测和治理是一项长期且艰巨的任务，精准地提取沉陷水体及其扰动信息可为矿区环境治理提供有力的数据支撑。本章基于 GEE 云平台和 Landsat 遥感数据，提出一种沉陷水体提取的技术方法，以黄淮海平原中部地区为例，得到了较好的结果。在此基础上，从沉陷水体扰动角度分析高潜水位矿区开采的影响范围，我们进行了自下而上的分析，量化煤矿开采对土壤水分和粮食产量的影响，可以进一步为矿区损毁复垦以及农业生态修复提供支撑。

（1）本章针对沉陷水体提取的技术难点，详细论述了识别变化水体对进一步提取沉陷水体的必要性。然而先前关于变化检测的研究多集中在关于植被覆盖变化、城市扩展等方面，很少关注水体变化检测。针对黄淮海平原中部地区水体变化情况，在像素尺度上提出一种基于轨迹数据和先验知识法的变化水体识别方法。先分析水体年际变化过程，利用轨迹数据上的积水事件和复垦事件，制定相应规则，从而实现变化水体及其积水年份和复垦年份的快速识别。该方法对于变化水体的积水年份和复垦年份的识别总体精度分别为 88%、85%，kappa 系数分别为 82%、80%；识别精度主要受相邻年份干扰，与植被变化、城市扩张的研究类似。

（2）本章针对黄淮海平原中部地区众多的高潜水位矿区，提出一种区域尺度采煤沉陷水体自动提取方法，实现了变化水体来源识别。在识别的变化水体区域及其扰动信息的基础上，分析变化水体中采煤沉陷水体和人工挖损水体的积水过程，利用积水年份图斑的时序形态差异，构建积水年份图斑的景观指数，然后通过随机森林算法实现沉陷水体自动提取。该方法沉陷水体的分类精度达到92%，kappa系数为88%；本章得到的沉陷水体94%以上位于实地调查沉陷区和软件预计沉陷区。与常规方法比较，本章实现了沉陷水体和人工挖损水体区分。获得黄淮海平原中部地区1990～2017年采煤沉陷水体数据集，为后续采煤沉陷水体的时空特征及复垦策略分析提供本底信息。

（3）本章利用GEE平台，结合OPTRAM模型反演土壤水分，通过缓冲区分析识别煤炭开采影响边界。本章遥感影像处理均在GEE平台上完成，避免了在桌面软件处理大量的地理数据集；而且OPTRAM模型多时相使用同一参数，降低了土壤水分估算的复杂度。结果表明，土壤水分估算精度准确，采煤影响边界符合实际情况，为制定土地管理政策提供有力支撑。本章方法基于开源应用程序，可以方便地推广到世界上其他地区。这种数据免费和应用程序开源的模式，可以以较低的成本为公众提供更多的环境信息，这将是环境遥感的未来发展趋势。

本章参考文献

郝成元，杨志茹. 2011. 基于MODIS数据的潞安矿区NPP时空格局. 煤炭学报，36（11）：1840-1844.

胡振琪. 2009. 中国土地复垦与生态重建20年：回顾与展望. 科技导报，27：25-29.

贾铎，牟守国，赵华. 2016. 基于SSA-Mann Kendall的草原露天矿区NDVI时间序列分析. 地球信息科学学报，18（8）：1110-1122.

李恒凯，雷军，吴娇. 2018. 基于多源时序NDVI的稀土矿区土地毁损与恢复过程分析. 农业工程学报，34（1）：232-240.

李晶，焦利鹏，申莹莹，等. 2016. 基于IFZ与NDVI的矿区土地利用/覆盖变化研究. 煤炭学报，41（11）：2822-2829.

李晶，申莹莹，焦利鹏，等. 2017. 基于Landsat TM/OLI影像的兖州煤田水域面积动态监测. 农业工程学报，33（18）：243-250.

李树志. 2019. 我国采煤沉陷区治理实践与对策分析. 煤炭科学技术，47：36-43.

Babaeian E，Sadeghi M，Franz T E，et al. 2018. Mapping soil moisture with the OPtical TRApezoid Model（OPTRAM）based on long-term MODIS observations. Remote Sensing of Environment，211：425-440.

Brom J，Nedbal V，Procházka J，et al. 2012. Changes in vegetation cover，moisture properties and surface temperature of a brown coal dump from 1984 to 2009 using satellite data analysis. Ecological Engineering，43：45-52.

Camera C，Zomeni Z，Noller J S，et al. 2017. A high resolution map of soil types and physical properties for Cyprus：a digital soil mapping optimization. Geoderma，285：35-49.

Chen G Z，Wang X M，Wang R，et al. 2019. Health risk assessment of potentially harmful elements in subsidence water bodies using a Monte Carlo approach: an example from the Huainan coal mining area, China. Ecotoxicology and Environmental Safety, 171: 737-745.

Cheng L, Zhao Y, Chen L. 2017. Evaluation of land damage degree of miningsubsidence area with high groundwater level. Transactions of the Chinese Society of Agricultural Engineering, 33 (21): 253-260.

Darmody R G, Jansen I J, Carmer S G, et al. 1989. Agricultural impacts of coal mine subsidence: effects on corn yields. Journal of Environmental Quality, 18: 265-267.

de Castro Filho H C, de Carvalho Júnior O, de Carvalho O L F, et al. 2020. Rice Crop Detection Using LSTM, Bi-LSTM, and Machine Learning Models from Sentinel-1 Time Series. Remote Sensing, 12: 2655.

de Quadros P D, Zhalnina K, Davis-Richardson A G, et al. 2016. Coal mining practices reduce the microbial biomass, richness and diversity of soil. Applied Soil Ecology, 98: 195-203.

de Santana F B, de Souza A M, Poppi R J. 2018. Visible and near infrared spectroscopy coupled to random forest to quantify some soil quality parameters. Spectrochimica Acta Part A: Molecular and Biomolecular Spectroscopy, 191: 454-462.

Diao X P, Wu K, Zhou D W, et al. 2016. Integrating the probability integral method for subsidence prediction and differential synthetic aperture radar interferometry for monitoring mining subsidence in Fengfeng, China. Journal of Applied Remote Sensing, 10: 016028.

Fang P, Zhang X W, Wei P P, et al. 2020. The classification performance and mechanism of machine learning algorithms in winter wheat mapping using Sentinel-2 10 m resolution imagery. Applied Sciences, 10: 5075.

Gislason P O, Benediktsson J A, Sveinsson J R. 2006. Random Forests for land cover classification. Pattern Recognition Letters, 27: 294-300.

He T T, Xiao W, Zhao Y L, et al. 2020. Identification of waterlogging in Eastern China induced by mining subsidence: a case study of Google Earth Engine time-series analysis applied to the Huainan coal field. Remote Sensing of Environment, 242: 111742.

He T T, Xiao W, Zhao Y L, et al. 2021. Continues monitoring of subsidence water in mining area from the eastern plain in China from 1986 to 2018 using Landsat imagery and Google Earth Engine. Journal of Cleaner Production, 279: 123610.

Hermosilla T, Wulder M A, White J C, et al. 2015. An integrated Landsat time series protocol for change detection and generation of annual gap-free surface reflectance composites. Remote Sensing of Environment, 158: 220-234.

Hu Z Q, Xiao W. 2013. Optimization of concurrent mining and reclamation plans for single coal seam: a case study in northern Anhui, China. Environmental Earth Sciences, 68: 1247-1254.

Ishaq M, Ibrahim M, Hassan A, et al. 2001. Subsoil compaction effects on crops in Punjab, Pakistan: II. Root growth and nutrient uptake of wheat and sorghum. Soil and Tillage Research, 60: 153-161.

Kennedy R E, Andréfouët S, Cohen W B, et al. 2014. Bringing an ecological view of change to Landsat-based remote sensing. Frontiers in Ecology and the Environment, 12: 339-346.

Koyama C N, Gokon H, Jimbo M, et al. 2016. Disaster debris estimation using high-resolution polarimetric stereo-SAR. ISPRS Journal of Photogrammetry and Remote Sensing, 120: 84-98.

Lechner A M, Baumgartl T, Matthew P, et al. 2016. The impact of underground longwall mining on prime agricultural land: a review and research agenda. Land Degradation & Development, 27: 1650-1663.

Li H Z, Zha J F, Guo G L. 2019. A new dynamic prediction method for surface subsidence based on numerical model parameter sensitivity. Journal of Cleaner Production, 233: 1418-1424.

Li J, Han Y, Yang Z, et al. 2018. Identification of boundary about coal-mining influence on ecology by remote sensing in Yanzhou coalfield based on temperature vegetation drought index. Transactions of the Chinese Society of Agricultural Engineering, 34: 258-265.

Li S C, Zhao Y L, Xiao W, et al. 2022. Identifying ecosystem service bundles and the spatiotemporal characteristics of trade-offs and synergies in coal mining areas with a high groundwater table. The Science of the Total Environment, 807: 151036.

Li S Z. 2019. Control practices and countermeasure analysis on coal mining subsidence area in China. Coal Science and Technology, 47: 36-43.

Liu H, Zhang M, Su L J, et al. 2021. A boundary model of terrain reconstruction in a coal-mining subsidence waterlogged area. Environmental Earth Sciences, 80: 187.

Pallavicini Y, Alday J G, Martínez - Ruiz C. 2015. Factors affecting herbaceous richness and biomass accumulation patterns of reclaimed coal mines. Land Degradation & Development, 26: 211-217.

Pan T, Du G M, Dong J W, et al. 2019. Divergent changes in cropping patterns and their effects on grain production under different agro-ecosystems over high latitudes in China. Science of the Total Environment, 659: 314-325.

Pekel J, Cottam A, Gorelick N, et al. 2016. High-resolution mapping of global surface water and its long-term changes. Nature, 540: 418-422.

Sadeghi M, Babaeian E, Tuller M, et al. 2017. The optical trapezoid model: a novel approach to remote sensing of soil moisture applied to Sentinel-2 and Landsat-8 observations. Remote Sensing of Environment, 198: 52-68.

Sadeghi M, Jones S B, Philpot W D. 2015. A linear physically-based model for remote sensing of soil moisture using short wave infrared bands. Remote Sensing of Environment, 164: 66-76.

Salmi E F, Nazem M, Karakus M. 2017. Numerical analysis of a large landslide induced by coal mining subsidence. Engineering Geology, 217: 141-152.

Santos W J R, Silva B M, Oliveira G C, et al. 2014. Soil moisture in the root zone and its relation to plant vigor assessed by remote sensing at management scale. Geoderma, 221/222: 91-95.

Sepehri M, Apel D B, Hall R A. 2017. Prediction of mining-induced surface subsidence and ground movements at a Canadian diamond mine using an elastoplastic finite element model. International Journal of Rock Mechanics and Mining Sciences, 100: 73-82.

Srinet R, Nandy S, Padalia H, et al. 2020. Mapping plant functional types in northwest Himalayan foothills of India using random forest algorithm in Google Earth Engine. International Journal of Remote Sensing, 41: 7296-7309.

Srivastava S, Vargas-Muñoz J E, Tuia D. 2019. Understanding urban landuse from the above and ground perspectives: a deep learning, multimodal solution. Remote Sensing of Environment,

228：129-143.

Tao C，Qi J，Li Y S，et al. 2019. Spatial information inference net: road extraction using road-specific contextual information. ISPRS Journal of Photogrammetry and Remote Sensing，158：155-166.

Thiriet P，Bioteau T，Tremier A. 2020. Optimization method to construct micro-anaerobic digesters networks for decentralized biowaste treatment in urban and peri-urban areas. Journal of Cleaner Production，243：118478.

Tomé A R，Miranda P M A. 2004. Piecewise linear fitting and trend changing points of climate parameters. Geophysical Research Letters，31（2）：20，101.

Unlu T，Akcin H，Yilmaz O. 2013. An integrated approach for the prediction of subsidence for coal mining basins. Engineering Geology，166：186-203.

Wang J，Zhou W Q，Qian Y G，et al. 2018a. Quantifying and characterizing the dynamics of urban greenspace at the patch level: a new approach using object-based image analysis. Remote Sensing of Environment，204：94-108.

Wang X X，Xiao X M，Zou Z H，et al. 2018b. Tracking annual changes of coastal tidal flats in China during 1986-2016 through analyses of Landsat images with Google Earth Engine. Remote Sensing of Environment，238：110987.

Wang Y B，Ma J，Xiao X M，et al. 2019. Long-term dynamic of Poyang Lake surface water: a mapping work based on the Google Earth Engine cloud platform. Remote Sensing，11：313.

Wu Q Y，Pang J W，Qi S Z，et al. 2009. Impacts of coal mining subsidence on the surface landscape in Longkou city，Shandong Province of China. Environmental Earth Sciences，59：783-791.

Xiao W，Fu Y H，Wang T，et al. 2018. Effects of land use transitions due to underground coal mining on ecosystem services in high groundwater table areas: a case study in the Yanzhou coalfield. Land Use Policy，71：213-221.

Xiao W，Hu Z Q，Fu Y H. 2014. Zoning of land reclamation in coal mining area and new progresses for the past 10 years. International Journal of Coal Science & Technology，1：177-183.

Xiao W，Zheng W X，Zhao Y L，et al. 2021. Examining the relationship between coal mining subsidence and crop failure in plains with a high underground water table. Journal of Soils and Sediments，21：2908-2921.

Xu J X，Zhao H，Yin P C，et al. 2019. Impact of underground coal mining on regional landscape pattern change based on life cycle: a case study in Peixian，China. Polish Journal of Environmental Studies，28：4455-4465.

Xu X L，Zhao Y L，Hu Z Q，et al. 2014. Boundary demarcation of the damaged cultivated land caused by coal mining subsidence. Bulletin of Engineering Geology and the Environment，73：621-633.

Yang Z，Li J，Shen Y Y，et al. 2018. A denoising method for inter-annual NDVI time series derived from Landsat images. International Journal of Remote Sensing，39：3816-3827.

Zou Z H，Xiao X M，Dong J W，et al. 2018. Divergent trends of open-surface water body area in the contiguous United States from 1984 to 2016. Proceedings of the National Academy of Sciences of the United States of America，115：3810-3815.

第 12 章　露天煤矿山开采损毁监测

煤炭开采支撑了全球经济的蓬勃发展，也支撑了中国经济的高速发展。并且随着开采技术的进步，露天开采生产的煤炭日益增多，逐渐成为煤炭行业的首要选择。露天开采对土地的扰动也是人类活动中相对强烈的，一直是可持续发展不可忽视的议题。但是目前关于露天采场的研究受制于采矿信息的获取而难以推进。如何大尺度和高精度地生产中国露天煤矿开采对土地扰动的地理空间数据集，并系统评估中国露天煤矿开采导致的生态系统服务价值变化，这对于未来开展中国境域内露天煤矿相关工作和了解土地扰动背后的自然生态状况具有重要意义。

12.1　背景与需求

12.1.1　研究背景

1. 中国煤炭资源的生产和消费

煤炭在全球经济发展中起着至关重要的作用。它不仅是许多市场上负担得起的能源选择，而且仍然是钢铁、水泥等许多关键行业的唯一可行选择。它仍然是世界上最普遍、分布最广的化石燃料，2020 年，煤炭占全球可开采化石资源的 64%，且煤炭产量供应了全球一次能源消费的 29%。目前全球已探明煤炭储量超过 1.06 万亿 t，按照目前的开采速度，煤炭仍将是下一个世纪能源的主要来源，这些煤炭足够人类使用 132 年左右。但同时，随着世界人口的增加和人类生活水平的提高，人类对煤炭的需求量也在逐年增加。世界呼吁加速改变全球生产和消费能源的方式，以及号召整个行业改进和优化生产运作流程，切实维护与采矿相关的 17 个可持续发展目标。煤炭作为世界能源中关键的碳密集型资产，一直是可持续发展议题重要的研究对象。中国是全球第一大煤炭资源生产和消费国，生产和消费总量均占到全球煤炭产量的 1/2，且煤炭在中国一次能源消费结构中的占比（60.7%）远远高于世界平均比例（26.1%）（谢和平等，2019）。中国在煤炭资源上大规模的生产和消费是具有全球代表性的，这极大地改变了人与社会以及人与自然的关系，给全球可持续发展带来挑战。因此，中国有义务和责任掌控自身发展中与煤炭相关的事务，在煤炭生产方面，推进煤炭资源清洁生产并保障全过程生命周期由先采后复垦向"边开采，边复垦"（边采边复）转变。

2. 露天开采对生态环境的扰动

煤炭开采一般分为井工开采和露天开采，与井工开采相比，露天开采对矿区生态环境的影响更严重。虽然露天煤矿仅占中国现有煤炭勘采总量的约 16%，但由于目前每年对煤炭高达约 30 亿 t 的需求，中国境内诸多小型散装的煤田也被纳入开采序列，更方便开采的露天煤矿早已提上日程（宋子岭等，2016）。事实上，随着煤炭开采的重心逐步西移至干旱半干旱的生态脆弱区，露天开采的比例从 2003 年的 4.7%上升至 2021 年的 16.50%，且这一趋势还在不断扩大（刘磊等，2021）。露天采煤通过清除植被和表土以及剥离上覆岩层，形成露天采场和内外排土场等损毁单元，不可避免地会对土地资源造成高强度的扰动，包括发生在周围地区的侵蚀造成了进一步的混乱（Worlanyo and Li，2021）。采矿产生的化学物质和重金属会影响空气和水，并影响当地的农业（Ashraf et al.，2019）。因此，由于采矿对环境的影响，被开采的土地必须以某种方式得到恢复，植被才能继续健康生长，减轻对周围环境造成的负面影响。并且，土地复垦不应只是采矿结束后才会开始，开采后，必须以安全、高效的方式恢复土地，使土地继续保持健康。如果没有这样做，那么已经开采的土地将以灾难性的方式影响到土地的其余部分和周围地区。青海木里矿区与祁连山等露天采场的生态问题出现就是实证（杨金中等，2016）。因此，煤炭行业不仅要关注如何产煤，更要重视环境容量，在人与自然之间建起生态平衡机制。

3. 中国矿场土地复垦的重要性

平衡人类扰动和生态韧性之间矛盾，需要摒弃原有的末端治理的理念，采用"边开采、边复垦"的新思路，适时采用新的技术和适当的管理，妥善处理当地的供水，恢复当地的生态。研究证明，这有助于重建环境，甚至超越开采之前的环境状况（Marston and Kolivras，2022）。因此，土地复垦与生态修复成为统筹矿产资源开发与土地资源利用保护、推动生态文明建设的重要途径，也成为国家重点研发计划、国家科技支撑计划、公益性行业科研专项支持的优先主题和国家自然科学基金"人类活动对环境影响的机理"领域重点资助的方向之一（丁慧，2021；陈子峰，2020）。《"十三五"国家科技创新规划》中也明确："煤炭资源绿色开发……矿区全物质循环规划与碳排放控制等理论与技术攻关，推动生态矿山、智慧矿山……重大科技示范工程建设"，在 2016 年率先启动的国家重点研发计划"典型脆弱生态系统保护与修复"中也专门针对煤炭开采的生态修复问题设立了"东部草原区大型煤电基地生态修复与综合整治技术及示范""西北干旱荒漠区煤炭基地生态安全保障技术"等项目（魏辅文等，2016）。可见，在新时代生态文明建设背景下，矿产资源开发带来的土地、生态、环境问题影响评估及生态修复已经成为研究重点与热点。未来，有必要开展相关研究并将研究成果投入矿业相关活动，促进复垦技术对生态环境的维护和重建，减轻自然生态承受的压力。

12.1.2　相关进展

1. 地表扰动的相关研究

由于生态系统服务受到人类和自然界的影响，地表扰动一直是科学研究的重点对象。关注和识别不同土地覆被受到的影响是进行保护修复实践的重要前提（谢苗苗等，2011），如森林干扰可能来自森林火灾、干旱、洪水、虫害和冰冻等自然事件，也可能源于毁林、选择性采伐和采矿等人为因素。森林干扰可能具有破坏性，导致森林结构的严重破坏和生态功能的退化。相反，森林恢复可以是自然植被演替的过程，也可以是通过森林管理（如改变低效森林）进行的人工逐步恢复（Zhu et al.，2020），如在中国北方的黄土高原沟壑区，人类为了减缓水土流失加剧，施行了"坡改梯"工程（赵鹏祥等，2003）。获取梯田时空分布信息，识别当地生态环境和耕地的扰动和复垦情况，对于未来实践具有重要意义（李万源等，2021），如全球永久冻土受到扰动并且退化速度加剧（Song et al.，2022）。永久冻土的状态和范围高度依赖于地表热状态，及时弄清冻土扰动情况，对于了解气候变暖具有重要意义。矿区土地扰动和复垦更是扰动识别研究的重要组成部分，尤其是露天矿区。露天采煤通过清除植被和表土、改变地形地貌、扰乱地表和地下水文系统等途径，破坏了矿区的生态环境（刘硕等，2021；曲彦明，2021）。事实上，露天采矿在整个生态系统中对陆地生态系统的破坏是最直接的（Xu et al.，2019）。正是由于人类对生态环境的众多高强度扰动，识别并持续监测扰动变化成为学界关注的重点。

2. 遥感监测的广泛应用性

正是在不断探索的过程中，人类开始借助设备仪器，结合项目条件采用丰富的识别和监测方法，这在一定程度上解决了信息从无到有的问题。同时也随着对信息质量要求的提高，通过技术改进不断弥补了一些不足。但是和更先进的遥感技术相比，传统的识别监测仍然具有相同的劣势，它们通常效率低下并且结果可信度较差。以矿区监测为例，在早期的研究中，通常使用土壤样品的现场采集、植物生长状况调查、表征微生物群落和居民满意度调查等方法，检查和验证矿山地区生态恢复的发生和影响（Freitas et al.，2019）。然而，上述方法不仅难以摆脱主观因素的影响，也往往耗费大量的时间和资源。更重要的是，它们既无法兼顾研究区的规模，更难以量化植被生长的动态过程。露天矿对地表造成的变化更为直观，最为显著的变化就是形成了露天采场和排土场。传统的露天煤矿监测主要是通过收集土壤和观察植物和生物多样性。然而，由于预算和人员的限制，它在大尺度上缺乏有效性和可行性。随着卫星对地观测技术的成熟，遥感成为一种有效的监测工具。高时空分辨率的遥感数据可以为精细刻画大区域、长时序的地表扰动过程，提供有效、客观和高精度的数据支撑。因此，使用遥感技术监测和研究露天矿开采扰动已成为必然趋势。

3. 露天采场的遥感监测

已有研究大多尝试运用多种遥感数据和多种方法，通过监测矿区植被的变化判断矿区的土地损毁程度和复垦情况。识别露天矿开采影响的方法包括分类、聚类（韩煜等，2019）、时序分析（Xiao et al.，2020）、建立指数（Pandey et al.，2019）等。利用遥感手段针对矿区的地表变化的研究开始得很早且应用广泛，主要的方法包括地表覆盖监测中的常用的地表分类图比较（Buczyńska，2020），不同的分类算法对于监测露天开采后的植被动态的效果不同（Yu et al.，2018），还有基于影像分类提出的方法，如多端元光谱混合物分析（multiple endmember spectral mixture analysis，MESMA）（Fernández-García et al.，2021）。近年来，随着数据可获取性加强，时间序列分析因其准确、快速，兼具高时空分辨率的特点，近来也在矿区变化监测上得到越来越广泛的运用（李晶等，2015）。时间序列分析的核心在于遥感指数时间序列的获取和时序分析算法，指数包括植被指数和生态指数等，算法有时空动态加权和 BISE 算法（Yang et al.，2018）、移动窗口法（Zhu et al.，2020）等。时间序列分割的算法中的 LandTrendr 算法（Pasquarella et al.，2022），能有效识别出突变和趋势，广泛用于水体监测（He et al.，2020）、土地利用变化（Dara et al.，2018）、森林扰动监测等各个方面，并且被证明对于露天煤矿的扰动和植被恢复情况的监测很有效。随着遥感云计算平台的出现，针对海量数据的计算和分析能力大大加强，平台提供的大量数据源大大简化了遥感实验的流程，同时云平台技术的算力缩短了大量遥感影像计算的时间，并且因其使用免费和数据库及算法丰富，广为研究者青睐。基于云平台，关于矿山监测的研究也不少，包括提取扰动和复垦时空特征，监测采后的恢复的研究。

12.1.3　存在的问题

1. 矿区边界获取困难

根据现有的研究背景和进展可以看出，多源遥感数据在土地利用分类、变化检测、云计算的支持下，已经在露天矿山开采监测中得到了很好的应用。基于矿业活动背景条件，我们能够获取发生扰动和复垦的时空信息，指导部分区域采取可持续的矿业开采和复垦方式。但是，现有的露天煤矿开采扰动研究往往针对某一特定矿山或者已知采煤范围的矿山，采矿引起的扰动与城市人类活动容易区分，而在未知矿区边界的情况下，实现大范围露天开采损毁的监测，兼顾大区域与高精度成为难题。同时正是由于难以获取采矿信息，对矿区扰动边界不明，对于扰动过程的监测仍然是缺乏可靠性的。特别是大区域情况下，如何消除其他人为建设活动与城镇化建设等造成的植被破坏损毁，提取出露天开采损毁的范围、程度、过程，成为难点。不同地理和气候条件也对这一问题的解决造成严重干扰，而且大范围的遥感时序数据的处理也是对算法和存储能力的考验。因此，有必要快速准确获取矿区采矿信息以研究扰动和恢复情况，获取更准确和有价值的数据集，消除现有困难。这对于支撑矿业活动相关研究极其重要，当矿区边界信息容易获取时，毫无疑问将产生更多相关成果以弥补人类在矿业扰动的知识鸿沟，激发更具创新和活力的矿业实践活动。

2. 获取矿区扰动信息困难

露天采矿对土地和植被造成的干扰是研究人员和土地管理机构的主要关注点。采矿引起的微观变化包括土地物理和化学性质的变化、植被扰动和地面沉降。在遥感技术出现之前，实地调查一直是在复垦前获取有关地面损坏和地表监测信息的有效手段。然而，过去采矿的历史遗留问题，实地调查和研究无法确定采矿规模的数量变化，并且相当缓慢和昂贵，使其难以广泛推广，也限制了监测地表信息的发展。另外，特定年份的特定时间节点的年度图像通常只能代表瞬态的地表植被和土地利用，它无法识别可能在一段时间内发生变化的特征。这使得监测具有非线性或高度时空异质性的事件变得困难，并且在技术上，由于卫星传输时间和天气条件等因素，每年只能获得不同时间点的年度数据。在许多选择了植被生长期卫星图像的研究中，这些数据通常是针对 5 月至 9 月之间的特定时间段。然而，这对监测结果的可信度和可比性提出了挑战。为此，准确、及时地监测受损和开垦的土地面积就显得尤为重要。应构建适宜的方法以实现对露天煤矿开采和复垦的时空过程的快速高效提取，从而为安全、可持续的采矿生产和土地复垦提供基础数据，在监测和评估土地复垦实施方面发挥关键作用，实现矿区可持续发展。

3. 复垦及恢复效果监测困难

随着大量传感器平台投入运行，全球已积累了不同时空分辨率下的海量影像。遥感技术为监测植被复垦效果提供了一种实用的解决方案，已广泛应用于采矿扰动检测和环境影响评估。然而，对于复垦效果的识别仍然存在进步空间，包括利用多时相遥感数据评估复垦效果、提取矿区扰动和复垦的时空区域、监督不同植被之间的复垦差异、识别复垦植被的恢复阶段等，仍然存在思虑不足和方法受限的情况。这需要更多监测矿区恢复效果的研究，描述更多的细节，以谋求更高的可靠性和有效性。例如，近来一项研究支持了在像素尺度刻画矿区复垦后耕地的动态变化，通过对 NDVI 时间轨迹的分析，揭示了复垦后植被恢复和开采前水平的差异。也有研究利用时序影像和矿区数据库，确定了几种不同复垦植被的恢复周期和关键阶段。但现有研究依旧普遍依赖矿区提供的采矿信息现状，决定了研究成果难以复制或推广到其他露天矿区。此外，缺乏对常见植被类型复垦稳定阶段的认识，以及尚未从植被生长动态的角度评价最终的复垦效果，都限制了获取更准确和有价值的复垦监测信息。因此，不仅需要解决获取采矿信息的难题，包括对矿区边界和不同区域的工程时间的获取，更需要从不同类型的、常见的植被动态变化的角度监测露天矿区复垦后的效果。

12.1.4　研究内容

1. 构建 FIEC

本节以"裸煤"区域的识别为目的设计了利用 FIEC 和 Landsat 长时序影像进行提取的方案。首先，通过处理案例区内全部可获取的 Landsat 影像，可以获得"裸煤"指数的时间序列数据。在每张"裸煤"指数影像中，既存在被剥离覆土层裸露的煤炭，也存在煤炭的临时堆场和被误分的地表裸土。其次，通过对全部有效的"裸煤"指数影像进行叠加，获取整个时间范围内最大的累积"裸煤"区域。在这个步骤中，实际上仍然无法剔除堆场和被误分的裸土的影响。但是，能够获得每个像元在整个时间范围内出现的频率，我们将它定义为 FIEC。最后，依据 FIEC 展现出的数值跨度，通过设置阈值的方法识别出具有概括性和区分度的"裸煤"区域。此时，采矿中用于临时堆煤的地点和难以区分的裸土便可以被剔除。因此最重要的是，本节研究基于"裸煤"的光谱特征，针对单个像素构建了 FIEC。同样重要的是使用形态学分析的方式聚合相同特征像素。正是基于这两项分析，任何区域过去发生开采导致的"裸煤"显露均可以被识别出来。此外，这一过程必须依靠现有云平台中的开源的遥感数据和背后强大的计算能力才能实现，为此，我们采取 GEE 实现这一过程。

2. 识别露天煤矿"裸煤"区域

本节具体的研究内容主要是中国露天煤矿"裸煤"区域的识别。利用国家能源局发布的生产和在建产能数据，通过 Python 语言在网络上爬取全部文本所记录的 POI 数据，并结合矿区形状和尺寸缩小研究范围，找到潜在的露天煤矿开采扰动区域。找到的区域将可能将发生矿业活动的范围全部涵盖在内，是后续监测的基础。然后，基于上述提出的 FIEC，结合形态学分析的方式，识别了全部潜在区域内的"裸煤"斑块。识别露天煤矿"裸煤"是本节研究的核心内容，也是精细化"裸煤"范围的最后一步。为此，针对所有研究区均采用了 2000～2020 年能够获得的全部 Landsat 遥感影像，基于 GEE 在像素尺度上实现了全部过程，并评估了基于该指数所构建的"裸煤"数据集在识别矿区"裸煤"区域和开采复垦扰动信息的准确性。通过在 Google Earth 上随机选取样点的方式评价方法的提取精度，主要是要选取尽可能多的"裸煤"像素样点和非"裸煤"像素样点，建立混淆矩阵以计算总体精度。同时将所监测的"裸煤"区域与其他土地覆被遥感数据产品进行对比。利用从全球随机抽取的案例区，比较各项产品在某一时间范围内的概括情况和细节保留程度。如果提取的监测效果超越了其他数据集，那么基于 FIEC 和 Landsat 时序数据提取"裸煤"区域的方法将是效果显著的。

3. 监测露天煤矿扰动

为了更高效、准确地识别露天开采和土地复垦的时空过程，尝试利用遥感云计算平台和 LandTrendr 算法合成研究期间和研究区域的全年图像。该过程可以概括为数据预处理、NDVI 提取、年际轨迹的 LandTrendr 处理以及扰动和复垦年份的映射。Landsat 系列遥感数据用于生成年际 NDVI 指数，该指数通过构建长期年度像素轨迹来表征像素的年度变化。更关键的是，基于上述提出并识别的"裸煤"区域，本节能制作出中国露天煤矿开采扰动对土地扰动的地理空间数据集。根据所识别的中国露天煤矿"裸煤"区域，结合其煤矿规模需要的施工面积，找到可能发生开采扰动和复垦的最大边界。然后利用 LandTrendr 时序变化检测算法，在 GEE 云平台中重构中国露天煤矿开采对土地扰动的地理空间数据集。这一数据集包含了过去发生开采扰动和复垦活动的边界和年份信息。为了确保研究结果的可信性，同样地，这里评估了基于所构建的"裸煤"数据集识别开采复垦扰动信息的准确性。通过在 Google Earth 上随机选取扰动区和复垦区的样点，然后，利用 Google Earth 上的高分辨率图像数据进行交互式视觉标定，确定每个样点的扰动和恢复年份。通过将样本标签与算法识别结果进行比较并建立混淆矩阵，计算了采矿扰动和复垦监测的用户、生产者、整体准确度和 kappa 系数，以确保识别扰动和复垦区域的准确性。

12.2　技术与方法

12.2.1　数据获取和预处理

1. 数据和预处理

本节主要使用了 GEE 云平台上存储的 3 种影像集：Landsat-5 TM、Landsat-7 ETM+、Landsat-8 OLI、SR 数据集。调取了 1986~2020 年的中国的所有影像。本节使用了 GEE 云平台来收集和处理由美国地质调查局提供的 Landsat-TM/OLI/TIRS 影像。Landsat-5、Landsat-8 的地表反射率数据产品可以在 GEE 平台上面直接收集和处理而无须下载。分别使用了 LEDAPS 和地表反射校正（land surface reflectance code）来校准 Landsat-5 和 Landsat-8 图像的地表反射率的传感器辐射。此外，指示云、阴影、水和雪的有用像素数据质量标志信息由 CFMask[①]来确定。选择 Landsat-5 TM，Landsat-7 ETM + 和 Landsat-8 OLI 地表反射率传感器图像（Landsat/LT05/C01/T1_SR，Landsat/LT07/C01/T1_SR 和 Landsat/LC08/C01/T1_SR）来计算 NDVI、NDWI 和 FIEC。

2. 数据整体统计

为了说明整个研究过程使用的数据，这一部分通过对整个中国使用的 Landsat 影像数据进行了空间和数量统计，清楚地展现了本节方法在"裸煤"区域识别过程中对长时序遥感影像的使用。本节涵盖的任何位置都使用了 1986~2020 年可获得的全部影像。但由于 Landsat 传感器在每个地点的重返时间和周期不同，以及影像间存在重叠部分，实际上任何地点可供分析的影像数量都不是相同的。总体而言，一般区域都能被 1200~1800 张影像覆盖，重叠区域则能够获取 2000~3100 张不等数量的影像。但像素表现良好且实际可供使用的数量大幅少于可获取的影像，这是由一些影像在观测时传感器被外部环境影响，产生图像噪声导致的。因此，就像素上良好观测的影像数量而言，整个中国所覆盖到的区域中大部分像素都能被 600~1000 张影像覆盖，重叠像素更能有效获取到 1000~2000 张影像，能够保证所构建方法对"裸煤"区域的有效识别，这为后续分析矿业开采和复垦活动的时序过程打下坚实基础。这一统计重点强调的是，基于全部的遥感影像进行分析，不仅可以消除个别像素受到环境条件等产生的影响，而且能够保证合格像素在长期监测过程中对于某一指标的稳定性。

---

① 这是一种掩膜方法。

鉴于此，使用遥感大数据和云计算结合的方式完成了过去难以想象的任务，做到了长时序和大范围的监测。

3. 技术路线

为了清楚地展示主要的数据处理过程和本节的方法，构建了技术路线，技术路线有四个主要组成部分。①利用 Python 爬取 POI 数据。②提取年际"裸煤"区域。③提取"裸煤"区域。④构建中国露天开采扰动和复垦数据集，即基于像素的时序轨迹的扰动和复垦识别及精度验证。首先，利用 Python 在网络上爬取 POI 数据，并结合矿区形状和尺寸缩小研究范围，找到潜在的露天煤矿开采扰动区域。其次，针对潜在区域，通过掩蔽积雪和云层预处理，并利用 NDVI 和 NDWI 数据识别由"裸煤"、裸地和建成区组建的区域。基于 FIEC 提取了年际"裸煤"斑块区域。再次，在年际间重复上述方法，得到年际间"裸煤"区域。整个时段的 Landsat 影像的选取避免了人工选取和阴影累积误差。在下一步工作中，我们先设定了潜在的采煤扰动区域，然后将所提取的年际"裸煤"区域进行叠加，并利用形态学的规则进行分析，进一步精确获取了矿区的"裸煤"区域。最后，由于以排土为主的矿业活动往往对"裸煤"外的土地覆被产生巨大影响，因此对所识别的"裸煤"区域缓冲 10 km 作为潜在的采煤扰动区域。然后利用时序遥感数据构建年际第 95 分位的 NDVI 轨迹数据，并利用 LandTrendr 算法精确识别了扰动区域。将得到 NDVI 时间序列突变的时空信息，通过设置的时间分割算法，识别扰动年份和复垦年份。在精度验证中，我们从检测到变化的区域中选取样点，并用从 Google Earth 中获得的图像验证了扰动和复垦年份的精度。

12.2.2 构建 FIEC

1. FIEC 的原理

本节借鉴了 FIEC 和 Landsat 长时序影像识别"裸煤"区域的方案，对中国潜在的"裸煤"区域进行识别。整个方案的识别原理主要是利用"裸煤"像素在长时序中出现的频率来识别"裸煤"区域。首先，为了降低工作难度，同时避免地物光谱特征和遥感识别方法等的影响，本节合理地缩减研究尺度，利用煤炭产能 POI 数据和缓冲区分析提取了潜在的开采扰动范围。其次，通过处理研究区内全部可获取的 Landsat 影像，获得"裸煤"指数的时间序列数据。在这个阶段获取的每张"裸煤"指数影像中，既存在被剥离覆土层，裸露的煤炭，也存在煤炭的临时堆场和被误分的地表裸土。为了确保提取的像素尽可能是"裸煤"像素，后续通过对全部有效的"裸煤"指数影像进行叠加，获取了整个时间范围内最大的累积"裸煤"区域。在这个步骤中，实际上仍然无法剔除堆场和被误分的裸土的影响。但是，能够获得每个像元在整个时间范围内出现为"裸煤"像素的频率，本节将它定义为FIEC。最后，依据FIEC展现出的数值跨度，通过设置阈值的方法识别出具有概括性和区分度的"裸煤"区域。此时，采矿中用于临时堆煤的地点和难以区分的裸土便可以被剔除，"裸煤"区域也便能提取出来了。

2. FIEC 的应用

由于本节覆盖了相当广阔的中国陆地面积，实际上，在整个"裸煤"区域的提取过程中存在多种类型的变化。这些变化过程需要更系统的探讨，它们关系到方法的可行性和可靠性，对于能否正确并高效地提取出历史上发生开采扰动导致的"裸煤"区域至关重要。通过探索性分析，"裸煤"区域的变化主要可以划分为5 种类型，这些类型以概化图的形式展示出来，并用字母标注了具体的斑块，数字标注了变化过程导致的形态变化（图 12.1）。①D_1-D_2-D_1。露天采场复垦是矿场重要的人类活动，它会导致遥感影像在某时点监测的"裸煤"斑块减小，但是利用遥感技术可以提取整个过程中存在过最大的斑块。②A_1-A_2-A_2。露天采煤的连续扩张是矿产开采生命周期的重要过程，这一过程不可避免地会导致"裸煤"斑块变大，因此，最终的斑块是识别终点时间提取的斑块。③C 的消失。在提取"裸煤"斑块的过程中，大量细碎的斑块会对整个过程造成扰动，这些斑块可能是裸地误分带来的影响，因此选用连续"裸煤"像素小于 150 作为筛选阈值。④E 的消失。露天矿场往往存在大量的临时堆煤场，这些煤炭会随时转运出去，和矿场中的"裸煤"并不相同，这里选用了 FIEC 小于 0.2 作为阈值，筛除了干扰的斑块。⑤B_1-B_2-B_3。露天采场采煤和复垦同时导致"裸煤"斑块变化，这里是对两个时点的斑块取并集确定历史上存在过的最大斑块。

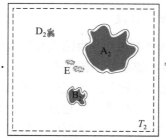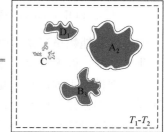

图 12.1　FIEC 识别原理

T_1、T_2 的影像为连续 N 年中任意 2 年的年际"裸煤"时间序列，T_1-T_2 为取并集和形态学规则合成的"裸煤"区域。D_1-D_2-D_1：露天采场复垦导致"裸煤"斑块减小；A_1-A_2-A_2：露天采煤的连续扩张导致"裸煤"斑块变大；C 的消失：连续"裸煤"像素小于 150；E 的消失：FIEC 小于 0.2；B_1-B_2-B_3：露天采场采煤和复垦同时导致"裸煤"斑块变化

3. FIEC 的构建

FIEC 识别"裸煤"斑块主要是利用"裸煤"像素的光谱特征来构建频率指数，即"裸煤"像素的 SWIR2 的反射率（ρ_{SWIR2}）大于 SWIR1 的反射率（ρ_{SWIR1}），ρ_{SWIR2} 大于 NIR 波段的反射率（ρ_{NIR}），并且"裸煤"像素在 SWIR2 的反射率始终小于 0.15。"裸煤"光谱特征的发现，使得从大尺度上快速准确地识别露天开采区边界成为可能。该光谱特征通过了单张影像的验证，但是露天采煤往往伴随着装载和倾倒原煤等活动，可能导致裸地或建设用地误分等情况。因此，基于"裸煤"的光谱特征，针对单个像素构建了 FIEC。通过多次试验和验证，该指数将一年内所有影像中"裸煤"频率大于 0.2 的像素判定为"裸煤"，频率在 0～0.2 的像素被判定为裸地和建设用地。FIEC 如式（12.1）：

$$OpenCoal = \begin{cases} 1, & (\rho_{SWIR1} > \rho_{NIR})\,and\,(\rho_{SWIR2} > \rho_{SWIR1})\,and\,(\rho_{SWIR2} < 0.15) \\ 0, & 其他值 \end{cases} \quad (12.1)$$

$$FIEC = \frac{\sum N_{OpenCoal}}{\sum N_{Total} - \sum N_{Bad}} \quad (12.2)$$

其中，FIEC 表示"裸煤"频率指数，范围是 $0 \le FIEC \le 1$；OpenCoal 为 1 代表具有"裸煤"特征的像素，为 0 代表不具有"裸煤"像素特征；$\sum N_{OpenCoal}$ 表示式（12.2）年度识别为"裸煤"的观测数据数量；$\sum N_{Total}$ 表示年度所有观测数据的总数；$\sum N_{Bad}$ 表示年度高云量低质量的观测数据总数；$\sum N_{Total} - \sum N_{Bad}$ 表示年度所有良好观测数据的总数。利用该指数可以对研究区间内覆盖的 Landsat 遥感影像的裸地和建设用地掩膜，提取出"裸煤"区域。

12.2.3 提取采场裸煤区域

1. 利用 POI 数据缩小研究尺度

中国陆地幅员辽阔且物产丰富，但中国煤炭资源地理分布不平衡，主要表现为北多南少、西多东少。露天煤矿在中国现有煤炭勘采总量的占比仅为约 16%，其开采规模和占地面积更是无法和井工开采的煤田相比。此外，受地物光谱特征和遥感识别方法等的影响，遥感技术并不总是能保证完全区分不同地物。因此，合理地缩减研究尺度，不仅能够减少不必要的工作量，更是尽可能减少了犯错误的可能。但同样地，如何缩减研究尺度来降低露天开采扰动区域的识别难度，便成了要解决的一个难题。幸运的是，国家能源局在 2018 年公布了中国煤炭资源在建和生产的产能文本数据，其中公开了所有煤矿开采公司的名称和生产能力，并且我国煤炭行业的大规模开采基本是从 1986 年开始，多年来少有煤田枯竭事件发生,因此这份文件所列举的公司足以等同看作历史上存在过的全部煤炭开采公司。POI 数据提供了缩减研究尺度的又一个工具,它是指地图上任何具有空间地理位置且有意义的点,如政府、商店、公司等,通常是由地图测绘人员利用 GPS(global positioning system,全球定位系统)采集或者自然人申请认领,从而在地图上标识。因此,本节结合前述产能文本数据,利用 Python 语言在高德地图的 API 上爬取了全部煤炭开采公司的 POI 数据,在参考了数百个煤矿开采公司及其辖属矿山的实际距离之后,以 100 km 为半径,将 POI 数据缓冲并融合成一个潜在的煤矿开采区域(图 12.2)。

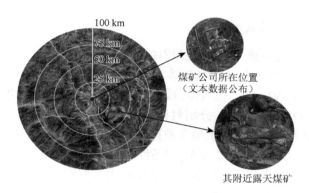

图 12.2　缓冲区分梯度寻找识别露天煤矿的阈值

2. 提取裸煤区域的技术过程

基于融合时间的时间序列分析技术和形态学的露天煤矿采场的遥感识别方法,其特征在于,该方法利用"裸煤"斑块的光谱特征所构造的 FIEC,基于 FIEC、NDVI、NDWI 的 Landsat 时间序列数据识别的"裸煤"斑块,以及利用斑块叠加和形态学规则提取露天煤矿"裸煤"区域。具体包括以下步骤。

步骤一:对 Landsat 时间序列数据进行去云和去雪,依据 NDVI、NDWI 公式获得两个指标的时间序列数据,并依次选择 NDVI 第 95 分位数和大于 0.42 的条件对指标进行掩膜,选择 NDWI 中位数大于 0 的条件公式对水体进行掩膜,从而剔除影响"裸煤"斑块提取的大量土地覆被,得到含有"裸煤"斑块、裸地和建设用地的区域。

步骤二:依据其他研究得到的"裸煤"斑块在 Landsat 影像的光谱特征,构造出能够挑选出具有"裸煤"光谱特征像素的且值域为[0, 1]的分段函数,依据该函数并结合计数方法可以估计出"裸煤"像素的数量以及剔除了糟糕像素的可用像素总数,并得出 Landsat 每年时间序列数据中所构造得出的 FIEC 值,且该值的值域为[0, 1]。对去云和去雪后的 Landsat 时间序列数据，依据构造的 FIEC 公式获得该指标的时间序列数据，并选择 FIEC 小于 0.2 的条件对裸地和建设用地进行掩膜，从而得到年际"裸煤"斑块的区域。

步骤三：将步骤二中得到的连续 N 年的年际"裸煤"斑块的区域进行叠加，获得一个包含多个图层的"裸煤"斑块数据集，并选择所有图层的并集进行后续分析。

步骤四：对步骤三得到的累积年际"裸煤"斑块数据，利用形态学的规则筛选出具有相邻像素位置和相同光谱特征的像素，将大于 150 个像素的斑块选择出来得到露天煤矿真实的"裸煤"区域。

3. 提取裸煤区域的技术细节

进一步地，所述步骤一的具体过程如下。

对起始年 A1 到终止年 A2（A1 至 A2 期间）的研究区的 Landsat 遥感影像经过云掩模，依据 NDVI、归一化水体指数（NDWI）获得两个指标的时间序列数据，计算遥感指数 NDVI、NDWI，分别对植被、水体掩膜。

随后利用如下原则对各项土地覆被掩膜，减少 Landsat 影像噪声影响。依次选择 NDVI 第 95 分位数和大于 0.42 的条件对指标进行掩膜，选择 NDWI 中位数大于 0 的条件公式对水体进行掩膜，从而剔除大量影响"裸煤"斑块提取的土地覆被。计算如式（12.3）：

$$NDVI95 > 0.42；NDWI50 > 0 \tag{12.3}$$

进一步地，所述步骤二的具体过程如下。

通过识别"裸煤"斑块在 Landsat 遥感影像的光谱特征，即"裸煤"斑块在 SWIR1 波段的反射率大于 NIR 波段的反射率；SWIR2 波段的反射率大于 SWIR1 波段的反射率；SWIR2 波段的反射率始终小于 0.15。参照公式如下：

$$\rho_{SWIR1} - \rho_{NIR} > 0 \tag{12.4}$$
$$\rho_{SWIR2} - \rho_{SWIR1} > 0 \tag{12.5}$$
$$\rho_{SWIR2} < 0.15 \tag{12.6}$$

其中，ρ_{SWIR1} 表示 SWIR1 的反射率；ρ_{NIR} 表示 NIR 的反射率；ρ_{SWIR2} 表示 SWIR2 的反射率。

基于上述公式判别 Landsat 单幅影像的"裸煤"像素，计算公式如下：

$$OpenCoal = \begin{cases} 1, (\rho_{SWIR1} > \rho_{NIR})and(\rho_{SWIR2} > \rho_{SWIR1})and(\rho_{SWIR2} < 0.15) \\ 0, 其他值 \end{cases} \tag{12.7}$$

其中，OpenCoal 为 1 代表具有"裸煤"特征的像素，为 0 代表不具有"裸煤"像素特征。

　　然后通过判别"裸煤"像素总数占可使用像素总数的比例，构建 FIEC，计算公式如式（12.2）所示。

　　对起始年 A1 到终止年 A2（A1 至 A2 期间）的研究区的 Landsat 遥感影像经过云掩模，依据构造的 FIEC 公式获得该指标的时间序列数据，计算遥感指数 FIEC，对裸地和建设用地掩膜。

　　随后利用如下原则对裸地和少量建设用地掩膜，减少 Landsat 影像噪声影响。选择 FIEC 小于 0.2 的条件对裸地和建设用地进行掩膜，从而得到年际"裸煤"斑块的区域。计算公式如下：

$$FIEC < 0.2 \tag{12.8}$$

　　基于"裸煤"斑块在不同的时间和空间上的形态不同，对连续 N 年的年际"裸煤"斑块的区域进行叠加，获得一个包含多个图层的"裸煤"斑块数据集，并选择所有图层的并集进行后续分析。

　　将具有相邻像素位置和相同光谱特征的像素进行聚类，剔除比较零散的"裸煤"斑块，筛选出数量大于 15 个像素的斑块作为"裸煤"区域的识别结果。

12.2.4　识别扰动时空过程

1. LandTrendr 算法概述

　　LandTrendr 算法是一组以实现捕获变化趋势和扰动事件为目标的处理和分析算法（图 12.3）。此算法是在对 Landsat 数据多时空变化检测方法研究中发展而来的，前期算法要么关注于偏差，检测细微差距从而捕获突变事件，要么研究趋势，利用长时间序列拟合将背景噪声去除的进程。LandTrendr 算法则结合两者优点，灵活捕捉突变干扰事件以及人为或自然过程引起的长期生态变化过程。先前的研究根据土地覆盖变化情况建立了一个随时间变化的理想模型，将其与光谱轨迹对比，从而实现研究目标。LandTrendr 算法已被广泛应用到水体和城市等领域的扰动和恢复过程监测。LandTrendr 算法用于寻找断点，这一部分用概念图展示了算法的识别过程。这个线段分割的过程是由曲线本身引导的，然后根据参数设置决定潜在断点中的实际断点。整个对露天矿区植被的干扰和复垦检测的过程是这样的。首先，通过掩膜雪和云覆盖对 Landsat 表面反射数据进行预处理。其次，对全部年序列图像集进行处理，形成年度第 95 分位数 NDVI。整个时期 Landsat 图像的选择避免了人工选择和阴影积累错误。再次，利用第 95 分位数的 NDVI 来减少因特定时间节点的选择而导致的植被指数提取误差，并有助于以更高效、更省时的方式分析这种植被扰动和复垦过程。最后，使用 LandTrendr 算法获得了有关 NDVI 时间序列突然变化的时空信息。

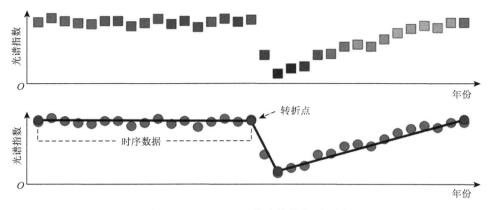

图 12.3　LandTrendr 算法的基本原理图

2. 确定识别矿区扰动类型

由于露天采场区域主要受开采扰动造成的剧烈影响，土地覆被类型结构较为简单。少部分建设厂房会影响监测效果，但这些厂房可以利用哨兵卫星数据进行掩膜处理。其他土地利用变化主要受开采和复垦扰动的影像，以植被和裸地转换为主，而这种变化往往可以利用植被的光谱信息来表征，NDVI已被证明是监测矿区植被变化的合格指标。露天采场扰动区域像素的变化主要涵盖了三种形式：①未经受开采扰动；②开采扰动后及时复垦；③开采扰动后未复垦。所识别的像素变化形式本质上源于开采扰动和复垦事件所导致的光谱值的突变。露天开采会将覆盖在矿床上的土壤和岩石移除，大量植被受到剥离或者受排土倾倒影响，导致 NDVI 的急剧降低。自然恢复和人工复垦过程会将裸土或排土场表面的植被逐步恢复，从而导致 NDVI 在几年内快速升高。LandTrendr 时间序列分析方法可以通过变化幅度找到单个像素 NDVI 轨迹的突变信息，不会因为设置参数的不同而导致结果的差异。更重要的是，它避免了传统设置阈值方法忽视研究背景的局限性，更适合全球尺度的研究。通过分割 NDVI 的时序数据，每个像素点都可以用一个矩阵来显示是否发生了突变以及发生突变的时间（年份），这样便成功监测了露天矿场开采损毁扰动和复垦的区域范围及过程信息。

3. 确定识别矿区扰动范围

露天开采对土地利用的影响巨大，仅仅识别"裸煤"区域而不划定明确的干扰空间范围，便不能准确识别开采扰动的确切影响，进而无法对土地的再利用和优化分配做出重要决策。已有研究表明，露天开采边界外 9 km 区域的土地利用结构和功能仍然会受到影响，距矿址 3～6 km 的区域更是主要的影响范围。

在像素级别上利用时间序列算法监测土地覆被变化的技术近些年取得了长足的进步。LandTrendr 算法在扰动和恢复趋势的研究上效果较好，直接根据数据本身来得到变化趋势，减少了人为参与的繁重工作，不需要逐年解译，极大地减少了研究周期。基于上述优点，LandTrendr 算法在土地覆盖类型变化趋势、植被增益损失等方面有相关应用研究。由露天采煤所导致的土地覆被变化也可以通过光谱信息来刻画，最近也有研究将该算法引入到露天煤矿的扰动和恢复监测中。因此，基于所识别的"裸煤"区域，本节划定了一个半径为 10 km 的缓冲区作为潜在的采煤活动区。在这个空间框架下，本节利用 LandTrendr 算法对 1986～2020 年的年际 NDVI 时间序列进行拟合，识别了采煤导致的地表扰动过程。但是不同区域受到背景因素影响的程度不同，使用该算法仍然需要重新设置参数，为了保证最后的识别效果，本节研究中背景不一致的区域所使用的调整参数不相同。

12.3　结果与讨论

12.3.1　露天煤矿裸煤区域的识别

1. 利用 POI 数据缩小研究尺度

中国广阔的国土面积和大量山体阴影等信息给工作增添了诸多难度。为了缩减提取潜在扰动区域的工作量，这里选择了 POI 数据作为缩小研究尺度的工具，它是指地图上任何具有空间地理位置且有意义的点，可以是一切的地理事物或地理现象。通常是由地图测绘人员利用 GPS 采集或者自然人申请认领，从而在地图上标识的。因此，本节结合 12.2.3 节所述产能文本数据，利用 Python 语言在高德地图的 API 上爬取了全部煤炭开采公司的 POI 数据。与此同时面临的另一个问题是，并不是全部的煤炭开采公司都位于其管辖的矿山附近，甚至事实是大部分公司都位于远离矿山的附近城镇，而这些城镇和矿山之间的距离差异很大。因此，在参考了数百个煤矿开采公司及其辖属矿山的实际距离之后，本节选定了以 100 km 为半径，将 POI 数据缓冲并融合成一个潜在的煤矿开采区域。同时利用渔网分析，将潜在煤矿开采区域分割成 100 km×100 km 的网格，并融合成 35 个 500 km×500 km 的格网。这些格网包含了全部可能发生过煤矿开采的范围。这项工作完成后总体识别面积减小了约 43.3%（识别格网/总格网数目：2355/4157），在原有基础上减少了基本一半的工作。这些工作不仅极大地消除了地物光谱特征和遥感识别方法等的影响，更是合理地缩减了研究尺度，使这项研究减少了大量不必要的工作。

2. 中国"裸煤"各省份的结构

利用 FIEC 识别的"裸煤"斑块确实很好地呈现了遥感影像中目视解译的结果，能够准确找到"裸煤"区域边界，这为后续寻找开采扰动和复垦的边界提供了诸多便利。从识别的"裸煤"斑块总体上看，中国露天煤矿主要分布在北方省份，包括内蒙古自治区、山西省、新疆维吾尔自治区、陕西省、甘肃省、青海省、北京市、河北省、山东省、黑龙江省、吉林省、辽宁省、云南省、贵州省、四川省和宁夏回族自治区，共计 16 个省（区）。其中内蒙古自治区识别的"裸煤"斑块数量最多，包含 683 个独立的斑块；其次是新疆维吾尔自治区发现 141 个斑块，第三等级数量是山西省发现 76 个斑块和云南省发现 75 个斑块。在发现的斑块中，最少的区域位于北京市、吉林省和青海省。北京市发现 6 个斑块，吉林省发现 6 个斑块，青海省发现 7 个斑块。河南省、安徽省、浙江省、江苏省、湖北省、江西省、福建省、湖南省、广东省、广西壮族自治区、海南省、西藏自治区、台湾地区，共计 13 个省（区）未发现"裸煤"斑块。本节方法识别的"裸煤"斑块分布基本符合 POI 数据提供的分布特征。南方较少的裸煤分布反映了南方存在的煤矿主要以井工开采为主，而北方地区的煤炭开采方式很可能表现出井工开采和露天开采兼容并蓄的空间格局。

3. 中国"裸煤"各省份的面积比例

仅从数量上无法弄清中国露天开采生产的格局，为此进一步统计了识别的斑块面积。从规模面积上观察各省份"裸煤"斑块可以了解到内蒙古自治区覆盖了中国 50.04% 的"裸煤"区域，总面积约为 155 868 km^2。除内蒙古自治区外，宁夏回族自治区、山西省和新疆维吾尔自治区的"裸煤"斑块面积较为可观，分别为 21 984 km^2、30 136 km^2 和 39 892 km^2，占总识别结果的 7.06%、9.68% 和 12.81%。北京市、吉林省、山东省的"裸煤"面积较小，分别仅为 72 km^2、312 km^2 和 668 km^2，各占全部总识别结果的 0.02%、0.10% 和 0.21%。其他区域如甘肃省为 1612 km^2（占总识别结果 0.52%）、河北省为 3288 km^2（占总识别结果 1.06%）、黑龙江省为 5208 km^2（占总识别结果 1.67%）、辽宁省为 4388 km^2（占总识别结果 1.41%）、青海省为 3944 km^2（占总识别结果 1.27%）、山西省为 1772 km^2（占总识别结果 0.57%）、云南省 27 779.04 km^2（占总识别结果 8.92%）、贵州省 5787.30 km^2（占总识别结果 1.86%）、四川省 70 739.66 km^2（占总识别结果 22.72%）。这些面积反映了各地的资源禀赋和实际的开采情况，做到了监测效率和效果的并存。实际上，在后续针对识别结果进行目视解译后可以证明，虽然部分地方受到山体阴影的影响仍然存在椒盐现象，但是本节找到的像素绝大多数为"裸煤"像素。当然，通过这项解译工作，也发现有很大部分识别结果是很多远离城市的工厂贮存煤炭导致的错误识别。

12.3.2　露天开采扰动和复垦提取

1. 露天开采导致的土地扰动

利用 FIEC 并结合 Landsat 长时序遥感影像，获取了全国范围内大部分的"裸煤"区域。这是后面进行开采扰动和复垦事件分析的基础和前提。同样地，本节延续了以往 LandTrendr 识别扰动和复垦事件的惯例，针对各省份露天开采的扰动范围和时序特征进行识别。通过观察识别结果可以发现，这些露天煤矿基本都位于中国北方区域，以内蒙古和山西为主。最早开采的露天矿包括西露天矿、平朔安太堡露天煤矿、伊敏露天煤矿等区域。除西露天矿已经开采殆尽外，其他区域的煤矿仍在开采，包括锡林郭勒盟煤矿等。中国露天矿开采对土地扰动的时空过程，大部分是 2002 年以后发生的。部分位于内蒙古自治区、山西省、新疆维吾尔自治区的露天煤矿在 1986 年前后就已经发生开采扰动，占总识别结果的 15.6%，而 48.9%的露天煤矿是从 1995～2005 年这十年中发生的，35.5%的露天煤矿是从 2006 年到 2020 年之间开采的。从场地尺度来看，52.1%的扰动区域都是以 2～3 个小区域分布。16.9%的露天开采扰动区域是以单个斑块为主，剩下的 31.0%的区域内扰动斑块数量大于 3 个。在这一部分研究中，通过分析采矿的扰动过程，可以清楚地展现矿业开采相关活动导致的土地覆被变化，并且这个过程的数据是在时间和空间上都是连续且清晰一致的。后续也对识别的精度进行了验证说明，所识别的开采扰动时序数据不仅是高效的，同时也是可靠的。

2. 土地复垦导致的土地扰动

同样地，和前述关于利用"裸煤"区域识别扰动数据集的方式一样，这里进一步识别了矿业开采后复垦活动的时序过程。根据识别的结果可以了解到，中国在近三十年的开采过程中，总体遵循了"边开采，边复垦"的原则。87.1%的复垦事件发生在 1988 年以后，很重要的原因是开采政策变化导致的。在 1988 年以后的复垦事件中，53.1%的复垦事件发生在 1995～2005 年，34.5%的复垦事件发生在 2006～2020 年，仅有 12.4%的复垦事件是发生在 1988～1994 年这 6 年。复垦面积总体都小于对应区域的开采扰动面积，并且斑块数量基本与对应区域吻合。从全国复垦过程发生的情况可以看出，中国开采和复垦的时间相对吻合，无论是面积还是数量在时间上并没有相差太多，中国露天煤矿开采总体遵循国家矿区开采标准。但是仍然有不少矿区存在开采后无复垦的情况，通过了解这些区域背后的事情，可以发现大部分这样的煤矿都是非法开采的，如位于青海的木里矿区，这里复垦规模远远小于开采规模。未来有必要进一步识别哪些矿区在开采和复垦效果上存在巨大的时间差，发掘开采但却未复垦或者迟复垦的区域。这对于了解矿业开采后复垦对生态环境的影响十分必要，同时也能够支撑目前矿区生态修复在理论和数据上的欠缺，为全球矿业可持续发展做出贡献。

3. 内蒙古锡林郭勒盟案例

为了进一步说明开采和复垦过程，这里以内蒙古锡林郭勒盟为例，分析了整个矿业活动过程。总体而言，锡林郭勒盟的露天煤矿主要位于锡林浩特市、西乌珠穆沁旗和东乌珠穆沁旗三个区域。其中锡林浩特市受开采扰动面积为 21.71 km^2、西乌珠穆沁旗受开采扰动面积为 32.65 km^2、东乌珠穆沁旗受开采扰动面积为 22.26 km^2。锡林浩特市已发生复垦事件面积为 15.10 km^2、西乌珠穆沁旗已发生复垦事件面积为 17.47 km^2、东乌珠穆沁旗已发生复垦事件面积为 14.85 km^2。三个地区的复垦率分别为 69.6%，53.5% 和 66.7%，表明这些区域尝试对因开采扰动导致的土地损失进行生态补偿，但是否进行"边开采，边复垦"的行动，仍然需要探索开采扰动和土地复垦的时序过程。从统计的发生扰动和恢复的逐年像素数量上看，开采扰动从 2006 年开始迅速增大，在 2008 年达到峰值，为 63.22 km^2，2012 年之后开采扰动迅速减小。植被恢复从 2010 年开始稳步上升，从 2016 年开始超过当年的开采面积，2019 年的恢复量达到峰值，共 32 852 个像素，面积为 29.57 km^2。通过每一年的累积扰动和恢复数量可以看出，总复垦数量呈现指数增长，总扰动量在 2010 年开始增长放缓，可以看到从 2015 年开始，现存的扰动量（总扰动减去总恢复）开始逐渐减小。截至 2020 年，锡林郭勒盟露天矿识别的总扰动面积为 76.62 km^2，识别的总恢复面积为 47.42 km^2。从空间上看，锡林郭勒盟的时空扰动和恢复的空间位置一般是在扰动发生的边缘，尤其是出现开采和复垦时间差异较大区域。

12.3.3　裸煤提取精度验证和评价

1. 精度验证和评价的方法

这项研究评估了基于 FIEC 所构建的中国"裸煤"数据集在识别矿区"裸煤"区域和开采复垦扰动信息的准确性。为了验证所监测区域的准确性，一方面是在 Google Earth 上随机选取样点来提取精度。本节在每个已发现"裸煤"像素的省份随机选取 100 个"裸煤"像素样点和 100 个非"裸煤"像素样点，建立混淆矩阵以计算总体精度。另一方面，将基于 FIEC 所监测的"裸煤"区域与其他土地覆被遥感数据产品进行对比。从全球随机抽取了一个案例区，比较各项产品在某一时间范围内的概括情况和细节保留程度。如果监测效果超越了其他数据集，那么基于 FIEC 和 Landsat 时序数据提取"裸煤"区域的方法将是效果显著的。

2. 整体精度情况

基于像素的遥感光谱特征所建立的中国年际"裸煤"区域数据集，充分利用了 Landsat 影像的时间尺度优势和形态学规则，筛选出更具有概括性的"裸煤"区域，并对该区域的监测精度进行说明。随机选取样点的验证表明，基于 FIEC 所概括的"裸煤"区域总体精度达到 0.88 以上（范围从 0.88 至 0.98），kappa 系数达到 0.72 以上（范围从 0.72 至 0.94），证明了该方法在识别"裸煤"区域边界的优越性（图 12.4 和表 12.1）。陕西省和四川省的总体精度最低（均为 0.88），这是由于两区域均位于受到山体阴影和植被等影响的地区。当然这不排除受区域土地覆被类型复杂，混合像元数量庞大导致的精度下降。大部分省份的总体精度均能达到 0.90 以上（内蒙古自治区为 0.91；山西省为 0.90；山东省为 0.89；新疆维吾尔自治区为 0.95；甘肃省为 0.94；青海省为 0.90；河北省为 0.96；黑龙江省为 0.93；吉林省为 0.94；辽宁省为 0.98；云南省为 0.91；贵州省为 0.90），表现出和真实"裸煤"区域边界极佳的拟合效果，验证了 FIEC 结合全球长时序遥感数据的独特优势。

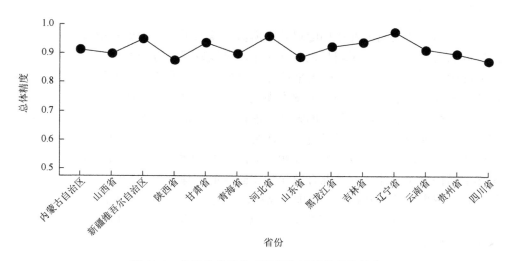

图 12.4　各细分省份的"裸煤"区域的总体精度

表 12.1　各细分省份的"裸煤"区域的精度结果

名称	总体精度	kappa 系数	用户精度	生产者精度	F1
内蒙古自治区	0.913	0.810	0.960	0.906	0.932
山西省	0.900	0.789	0.900	0.938	0.918
新疆维吾尔自治区	0.950	0.892	0.980	0.938	0.961
陕西省	0.875	0.722	0.960	0.857	0.906

名称	总体精度	kappa 系数	用户精度	生产者精度	F1
甘肃省	0.938	0.868	0.940	0.959	0.949
青海省	0.900	0.792	0.880	0.957	0.917
河北省	0.963	0.919	0.980	0.961	0.970
山东省	0.888	0.771	0.840	0.977	0.903
黑龙江省	0.925	0.844	0.900	0.978	0.938
吉林省	0.938	0.866	0.960	0.941	0.950
辽宁省	0.975	0.947	0.960	1.000	0.980
云南省	0.913	0.815	0.920	0.939	0.929
贵州省	0.900	0.792	0.880	0.957	0.917
四川省	0.875	0.740	0.860	0.935	0.896

3. 各分区精度情况

通过 Google Earth 在中国随机获取所监测露天采场内的遥感影像图，并将我们提取的累积"裸煤"区域与之进行对比，可以发现该方法的概括效果具有空间上的准确性。从识别的单个露天采场可以观察到，基于 FIEC 的长时序监测所获取的"裸煤"斑块连续统一，视觉直观上没有遗漏"裸煤"像素。此外，在那些存在过多个采场的煤矿，我们的方法也能保证对当地资源勘采的历史重现，并没有将全部"裸煤"斑块概括成统一的连续体（内蒙古）。针对中国土地覆被类型的异质条件，我们的方法也能保证 0.896 以上的 F1 分数（范围从 0.896 到 0.980）。虽然上面提到了总体精度受混合像元和 Landsat 影像周期的影响，但是我们仍然能够将"裸煤"斑块从裸地、草地、森林、居民点和耕地中区分出来。由此可见，FIEC 结合 Landsat 长时序遥感数据，可以克服绝大多数的意外情况，对于露天采煤相关工作十分助益。

12.3.4 扰动数据集精度结果评价

1. 精度验证和评价的方法

在识别了扰动区域和制作了扰动年份地图后，本节利用 Google Earth 在研究区内随机抽取精度评价样点，1986～2020 年每年选择了 100 个开采扰动样点和 60 个复垦样点。对于每个样点，通过人工目视时序影像的方式监测真实的扰动情况。通过这种方式，确定并记录了这些点是否以及何时（发生年份）发生了开采和复垦活动。然后将这个数据作为评估研究结果的可靠参考数据。通过对样点的监测数据和参考数据构造误差矩阵，它被证明是测量分类器表现最简单和最流行的方式，本节分别计算出开采扰动和复垦的精度（总体精度、生产者精度、kappa系数）。

2. 扰动复垦的精度

利用 LandTrendr 算法监测露天采场的扰动和复垦情况已经相当成熟，同样地，本节也利用该算法对中国露天煤矿的扰动和复垦事件进行识别。针对各个细分区域的扰动和复垦事件建立混淆矩阵，并输出了监测结果的分类精度（图 12.5）。全部案例区的扰动和复垦事件识别的总体精度均高于 0.73，开采扰动识别的总体精度从 0.77 到 0.83，复垦识别的总体精度从 0.73 到 0.80。所有案例扰动事件识别的精度均略高于对应区域的复垦事件。这是由于采矿扰动是一个突发的事件，而复垦则受制于植被缓慢的生长，复垦事件识别的精度略有下降。在某些研究区，扰动事件被错误地分类或存在被错误识别的扰动事件，但这些事件都只是在特定的区域发生（如新疆维吾尔自治区和内蒙古自治区）。需要声明的是，这符合LandTrendr 在扰动复垦识别研究的一贯特性，这是因为中国跨域纬度较广，受到Landsat 影像的监测周期影响。

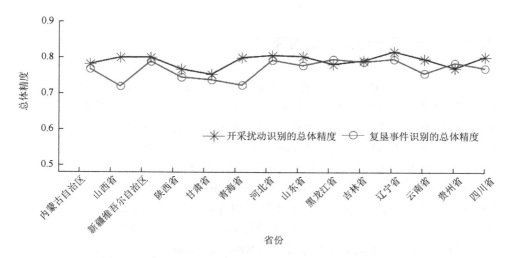

图 12.5　各细分省份的开采扰动和复垦事件识别的总体精度

本节监测了中国地区从 1986～2020 年的扰动和复垦事件，使用了数量庞大和质量复杂的 Landsat 遥感影像。受时间跨度和卫星观测条件的影响，实际上各个区域的扰动和复垦事件在时间上都存在不同的监测精度。为了更清晰地展示时间上的识别精度特征，以 3 年为一个时间间隔（除最后划分的 2018～2020 年），利用 F1 分数分别计算了各个研究区的扰动和复垦事件的观测精度。总体上可以直观发现的是，相比于复垦在各时间间隔的识别精度，扰动事件的识别精度更为集中。这是由于复垦往往是缓慢变化的，更难被 LandTrendr 算法准确识别。对于扰动边界的识别，所有评价结果都是准确的，但因其地理位置、发生年份、土地覆被会导致识别结果有所区别。总体上讲，黑龙江省开采扰动的识别精度更高，也更为集中（范围从 0.71 到 0.87）。这可能是因为这里良好的露天采场经营能力，"边开采，边复垦"的运营使得 Landsat 卫星的观测条件更为优渥。贵州省在 1990～1993 年之间出现较低的 F1 分数，同样地，山西省是在 2002～2005 年出现较低的 F1 分数。这是 LandTrendr 算法受到时间序列数据相邻年份干扰导致的精度误差。这些精度误差实际上在复垦区域识别上更为明显，山西省、甘肃省、贵州省和青海省在部分时间间隔的 F1 分数均低于 0.70。但相比传统的遥感解译方法，LandTrendr 算法仍然在复垦边界识别上具有比较良好的监测效果。陕西省的 F1 分数（范围从 0.72 到 0.81）、山东省的 F1 分数（范围从 0.73 到 0.87）和黑龙江省的 F1 分数（范围从 0.71 到 0.87）就很好地展示了这一点。

12.4   总结与展望

12.4.1   "裸煤"的生产方法可靠性

为了充分证明 FIEC 方法所提取"裸煤"斑块的精度，对比了目前可获取的 5 个相关遥感数据集对随机选取的中国露天煤矿进行说明。包括使用了武汉大学遥感院遥感信息处理研究所（Institute of Remote Sensing Information Processing，IRSIP）发布的 CLCD，它是基于 Landsat 长时序遥感影像和随机森林分类而生产出的土地覆被数据集，覆盖了中国陆地全域从 1990 年到 2019 年的土地变化。NLCD 是资源环境科学与数据中心（Resource and Environment Science and Data Center）发布的数据集，它是利用人工解译的方式对最新的 Landsat 影像分类产生的结果，所用的解译标志是上一期数据的结果。全球 30 m 土地覆盖产品（GLC_FCS）是国家基础地理信息中心（National Geomatics Center of China）开发的全球首个 30 m GLC 数据产品，在全球范围内的总体分类精度达到 80%以上，是一个可靠且被广泛应用的数据产品。Xu 等（2019）发布了逐年全球土地覆被（Annual Global Land Cover，AGLC），它是利用现有多套全球土地覆盖产品以及其他数据，结合时序变化检测和机器学习等方法研制出来的，涵盖了 2000 年到 2015 年全球 30 m 分辨率的逐年土地覆被变化数据集。此外，还使用了欧洲航天局气候变化倡议项目（European Space Agency's climate change initiative）研制的 ESACCI-LC 土地利用数据，该数据采用联合国粮食及农业组织/联合国环境规划署土地覆被分类系统（LCCS），空间分辨率为 300 m。

本节随机选取中国露天煤矿处 3 km×3 km 的矩形面积，比较分析了该矿区 2005～2015 年发生的扰动变化。案例区的假彩色图像突出了图中椭圆和矩形区域的变化，可以直观地发现椭圆内实际上新增加的扰动变化，矩形区域内 2005 年的扰动情况逐渐严重。基于 FIEC 和长时序 Landsat 影像识别的 2005～2015 年累积"裸煤"区域完好地还原了这 10 年来开采扰动所导致的变化，既精准识别了椭圆和矩形内的新增扰动，也在矩形区域内剔除了 2005 年前的扰动区域。其他数据集在这一识别过程中表现则参差不齐，NLCD、GLC_FCS、AGLC 实际上都不能准确捕捉变化监测中的拐点信息，更不必说 ESACCI-LC 只有较低的空间分辨率。总体来讲，CLCD 的表现较好，它能够捕捉到椭圆和矩形区域内新增的扰动变化，也剔除了 2005 年前存在的扰动情况。这是因为 CLCD 产品结合了时空滤波和逻辑推理的后处理方法，提供了年度产品的时空一致性，所以识别效果相对较好。但针对"裸煤"斑块的识别效率和效果却与我们的方法相去甚远。总体来说，基于 FIEC 并结合 Landsat 长时序遥感影像的方法在识别"裸煤"区域上更加精准和快速，远远优于目前广泛应用的土地覆被数据集。它是一种创新且目前不可替代的数据生产方法，对未来露天开采研究的影响不可估量。

12.4.2 数据集生产方法可靠性

露天采场中长时序和大规模开采损毁地表覆被过程极其复杂，目前仍然不清楚挖掘地下资源会带来的隐形影响。"裸煤"指数的提出使得学界认识了"裸煤"像素的光谱信息和拓扑特征，进一步使得利用遥感数据分析不一致植被背景下人类活动的时空过程成为可能。但是"裸煤"指数有它的局限性。首先，利用"裸煤"指数方法初步筛选扰动区域必须利用矿区边界信息，而采矿信息在世界范围内并不总是容易获取的。其次，"裸煤"指数仅仅利用设置阈值的方法监测干扰区域，这很难保证不存在裸地被误分和临时倾倒煤堆的情况发生。最后，该方法每年都需要一幅合适的遥感影像，数据处理过程很难说是快速和容易的。

利用数学上频率的概念，在大数定律的条件下，如果一年内 FIEC 总是大于等于 0.2 的，那么就有充分的理由说明本章所识别的区域是准确的"裸煤"区域。FIEC 的方法有自己的优势。首先，本章综合了"裸煤"指数方法的优缺点，仍然保留"裸煤"像素的光谱特征和拓扑规则。有别于"裸煤"指数确定扰动区域的方法，本章方法充分利用了 Landsat 数据的时间尺度优势，且不需要具体的采矿扰动信息。其次，FIEC 所识别的"裸煤"区域所建立的频率规则，保证了不存在裸地被误分和临时倾倒煤堆的情况发生。最后，FIEC 识别的信息经得住全球不同地理和自然气候条件的考验，能够将识别精度保持在较高的水准，更适用于全球尺度的研究。

为了清楚地比较"裸煤"指数和 FIEC 在识别真实"裸煤"斑块时的准确性，本章在 Google Earth 上随机选取了某个露天采场在 2020 年 10 月 30 日的遥感影像进行说明。根据一篇论文的方法，利用这景影像提取了当地的"裸煤"斑块。可以清楚地看到夹杂了被提取的"裸煤"像素，这反映出"裸煤"指数的方法不能剔除真实开采现场中发生的堆煤现象和建筑物阴影影响，而利用 FIEC 提取 2020 年 Landsat 时间序列数据得到的斑块，则完全剔除了采场周边建筑阴影的干扰。堆煤场同样受到本章方法所设定的形态学规则限制，完全被剔除。利用 FIEC 提取 2000～2020 年最大面积的"裸煤"斑块，它极大地囊括了历史上所发生的煤炭资源勘采事件。这对于挖掘所有围绕露天煤矿的社会经济环境影响，具有极为深刻的意义。

12.4.3　方法的应用拓展和局限

在本章的研究中，构建了一种利用 FIEC 提取露天采场中"裸煤"像素的方法。它可以在无须任何采矿信息的条件下，提取出区域内被勘采过的"裸煤"区域边界，并且在全球范围内具有很强的适应性。可以估计的是，未来它将广泛且持续地影响全球露天采矿的相关研究。因为，利用这个方法可以随时随地获取任何感兴趣区域内 30 m 高分辨率的栅格数据。这将支持更多由露天开采导致的气候变化、生态退化、耕地损失等可持续发展议题的研究将有了地理信息数据的基础。基于真实客观世界映射的分析会深入发掘和改进人与自然的关系。此外，所构建的方法具有严密的逻辑分析框架，并且已经得到了实践证实。构建的"裸煤"像素特征的指数完全可以被其他覆被要素的识别所借鉴，通过改进方法和框架实现无信息提取，包括目前已知的矿产、石料等自然资源。当然，大部分覆被要素的光谱特征分析都是未知的，这需要研究者具体分析。未来也将与各位同道，进行更多与本章方法相关的研究来填补学界在这方面的知识空白。

尽管有这些优点，基于 FIEC 和 Landsat 长时序影像的"裸煤"区域提取方法仍然会有不确定性，可能会限制其在某些场景中的使用。这既是由于一些遥感手段自身的缺陷，也包含了所构建方法的问题。在提取精度验证结果中也可以看到，干旱地区或者植被稀疏的矿区的效果更好。因此，实际上 NDVI 可能是导致精度差异的重要原因，毕竟它在表征高植被覆盖区域时容易饱和。对于植被茂密或者中小尺度的露天矿区的研究，建议开发或改进遥感指数，或者直接使用其他可获取的数据，如雷达遥感的地形指数等。同样地，也难以避免卫星遥感传感器记录影像信息时的噪声。在地物光谱差异较大的区域，也仍然会导致识别的区域产生"椒盐现象"。本节的方法会随着技术的进步而日益完善和更合理地应用。

12.4.4　露天开采的生态影响

对于煤矿区这一特殊的剧烈扰动对象而言，如何实现区域性，甚至在全国尺度上量化煤炭资源矿业开发的多尺度生态环境影响与资源环境效应，是制定科学和可持续性的资源开发与生态修复战略的基础与依据。已有研究大多以四类方法对矿区生态环境效应进行遥感监测评价，包括基于地表覆盖类型的方法、基于单一遥感光谱指数的方法、基于综合遥感指数的方法以及基于生态系统服务功能的方法。但对于受扰动生态影响边界、生态修复的效果及收益评价、生态环境损失与成本等露天开采对生态系统的综合影响缺乏进一步的系统探讨和分析。可见构建露天煤矿开发的资源环境效应单因素反演方法与多因子综合评估模型，明确露天煤炭资源开发的生态阈值与影响边界，量化资源开发的生态环境成本是十分必要的。未来有必要针对现有研究露天开采受扰动生态阈值和影响边界不清晰，生态环境损失与成本等问题，构建植被覆盖度、TCP（tree cover percentage，森林覆被指数）、生物量等典型生态参数在露天开采影响下的动态响应反演方法，系统评估开采影响下的生态系统服务损失、碳排放绩效等指标，量化资源开发的生态环境成本。

基于本章，未来我们将在露天煤矿开采对土地利用影响识别与提取的基础上，进一步量化分析露天煤矿开发对土地、典型生态指标的影响，以及煤炭资源开发对生态环境的影响边界，并分析其综合的生态成本。针对目前已有的资源环境效应分析中生态影响边界不清晰，损毁和修复的效果评价定量评估方法精度不足，以及生态环境损失与成本估算不明确等问题，研究拟结合自然地理与气候因素进行全国露天煤矿开采分区，并通过研究内容所识别的露天煤矿开采区域进行大样本采样分析，提取融合邻域空间信息、光谱信息、时序信息的特征图像，实现损毁土地及其边缘缓冲区特征的准确表达，利用梯度分析、样线分析、对照区比较分析等方法，测度植被覆盖度、TCP 指数、生物量等典型生态参数在露天开采影响下的动态响应，构建露天煤矿开采损毁扰动的评价指数与模型，量化生态影响阈值与边界；针对稀疏植被区裸土和裸岩的质量差异以及浓密植被区植物多样性导致的生态质量差异问题，构建露天煤矿区生态环境评价的植被-土壤-裸露岩石的 VIS-M 框架，并据此发展面向矿区环境的遥感综合生态指数，提高受扰动与生态修复区域的效果与收益评价精度。最后，采用能值分析、当量分析、功能分析等方法，对露天煤矿山开发导致的土地利用变化、植被退化等的生态系统服务损失、碳排放绩效进行估算，系统评估露天煤矿开发的资源环境效应。

本章参考文献

陈子峰. 2020. 煤炭企业土地复垦与生态修复发展现状及问题探讨. 环境与发展，32（6）：190-191.

丁慧. 2021. 陕北大采高煤矿沉陷区土地复垦与生态修复治理研究. 内蒙古煤炭经济，（3）：32-33.

郭云涛. 2004. 中国煤炭中长期供需分析与预测. 中国煤炭，（10）：20-23.

韩煜，王琦，赵伟，等. 2019. 草原区露天煤矿开采对土壤性质和植物群落的影响. 生态学杂志，38（11）：3425-3433.

李晶，Zipper C E，李松，等. 2015. 基于时序 NDVI 的露天煤矿区土地损毁与复垦过程特征分析. 农业工程学报，31（16）：251-257.

李万源，田佳，马琴，等. 2021. 基于 Google Earth Engine 与机器学习的黄土梯田动态监测. 浙江农林大学学报，38（4）：730-736.

刘磊，郭二民，李忠华，等. 2021. 加强"十四五"露天煤矿开采环境管理的建议. 中国煤炭，47（10）：61-66.

刘硕，李小光，宋建伟，等. 2021. 长山沟露天矿集中区土地利用时空变化的遥感监测与分析. 水土保持通报，41（4）：121-127，2.

曲彦明. 2021. 山西省阳泉市黄河流域历史遗留矿山生态修复技术分析. 西部资源，（6）：4-6.

宋子岭，范军富，王来贵，等. 2016. 露天煤矿开采现状及生态环境影响分析. 露天采矿技术，31（9）：1-4，9.

魏辅文，杜卫国，詹祥江，等. 2016. 中国典型脆弱生态修复与保护研究：珍稀动物濒危机制及保护技术. 兽类学报，36（4）：469-475.

谢和平，吴立新，郑德志. 2019. 2025 年中国能源消费及煤炭需求预测. 煤炭学报，44（7）：1949-1960.

谢苗苗，白中科，付梅臣，等. 2011. 大型露天煤矿地表扰动的温度分异效应. 煤炭学报，36（4）：643-647.

杨金中，荆青青，聂洪峰. 2016. 全国矿产资源开发状况遥感监测工作简析. 矿产勘查，7（2）：359-363.

赵鹏祥，刘广全，王得祥，等. 2003. "3S"技术用于黄土高原小流域退耕还林的方法构想. 西北林学院学报，（1）：96-98.

Ashraf S，Ali Q，Zahir A Z，et al. 2019. Phytoremediation：environmentally sustainable way for reclamation of heavy metal polluted soils. Ecotoxicology and Environmental Safety，174：714-727.

Buczyńska A. 2020. Remote sensing and GIS technologies in land reclamation and landscape planning processes on post-mining areas in the Polish and world literature. AIP Conference

Proceedings, 2209（1）: 040002.

Dara A, Baumann M, Kuemmerle T, et al. 2018. Mapping the timing of cropland abandonment and recultivation in northern Kazakhstan using annual Landsat time series. Remote Sensing of Environment, 213: 49-60.

Fernández-García V, Marcos E, Fernández-Guisuraga J M, et al. 2021. Multiple endmember spectral mixture analysis（MESMA）applied to the study of habitat diversity in the fine-grained landscapes of the Cantabrian Mountains. Remote Sensing, 13（5）: 979.

Freitas M G, Rodrigues S B, Campos-Filho E M, et al. 2019. Evaluating the success of direct seeding for tropical forest restoration over ten years. Forest Ecology and Management, 438: 224-232.

He T T, Xiao W, Zhao Y L, et al. 2020. Identification of waterlogging in Eastern China induced by mining subsidence: a case study of Google Earth Engine time-series analysis applied to the Huainan coal field. Remote Sensing of Environment, 242: 111742.

Marston M L, Kolivras K N. 2022. Identifying surface mine extent across central Appalachia using time series analysis, 1984-2015. International Journal of Applied Geospatial Research, 12（1）: 38-52.

Pandey B, Mukherjee A, Agrawal M, et al. 2019. Assessment of seasonal and site-specific variations in soil physical, chemical and biological properties around opencast coal mines. Pedosphere, 29（5）: 642-655.

Pasquarella V J, Arévalo P, Bratley K H, et al. 2022. Demystifying LandTrendr and CCDC temporal segmentation. International Journal of Applied Earth Observation and Geoinformation, 110: 102806.

Song C J, Dai C L, Wang C, et al. 2022. Characteristic analysis of the spatio-temporal distribution of key variables of the soil freeze–thaw processes over Heilongjiang Province, China. Water, 14（16）: 2573.

Tan R R, Foo D C Y. 2017. Carbon emissions pinch analysis for sustainable energy planning. Encyclopedia of Sustainable Technologies. https://doi.org/10.1016/B978-0-12-409548-9.10148-4.

Worlanyo A S, Li J F. 2021. Evaluating the environmental and economic impact of mining for post-mined land restoration and land-use: a review. Journal of Environmental Management, 279: 111623.

Xiao W, Deng X Y, He T T, et al. 2020. Mapping annual land disturbance and reclamation in a surface coal mining region using Google Earth Engine and the LandTrendr algorithm: a case study of the Shengli Coalfield in Inner Mongolia, China. Remote Sensing, 12（10）: 1612.

Xu H Q, Wang Y F, Guan H D, et al. 2019. Detecting ecological changes with a remote sensing based ecological index（RSEI）produced time series and change vector analysis. Remote Sensing, 11（20）: 2345.

Yang Z, Li J, Shen Y Y, et al. 2018. A denoising method for inter-annual NDVI time series derived from Landsat images. International Journal of Remote Sensing, 39（12）: 3816-3827.

Yu L, Xu Y D, Xue Y M, et al. 2018. Monitoring surface mining belts using multiple remote sensing datasets: a global perspective. Ore Geology Reviews, 101: 675-687.

Zhu D Y，Chen T，Zhen N，et al. 2020. Monitoring the effects of open-pit mining on the eco-environment using a moving window-based remote sensing ecological index. Environmental Science and Pollution Research，27：15716-15728.

Zhu F Y，Wang H，Li M S，et al. 2020. Characterizing the effects of climate change on short-term post-disturbance forest recovery in southern China from Landsat time-series observations （1988-2016）. Frontiers of Earth Science，14：816-827.